冷连轧带钢板形控制与检测

杨光辉　张　杰　曹建国　李洪波　编著

北京

冶金工业出版社

2015

内 容 提 要

本书共分 8 章。第 1 章主要是对冷连轧技术及板形问题的综述；第 2 章主要介绍了冷轧带钢先进板形控制和检测技术；第 3 章主要介绍了板形控制性能主要评价指标；第 4 章主要介绍了板带轧制有限元仿真模型；第 5 章主要介绍了基于遗传算法的工作辊磨损预报模型；第 6 章主要介绍了 1700mm 四辊冷连轧机组工艺改进；第 7 章主要介绍了 2180mm 六辊冷连轧机组工艺改进；第 8 章主要介绍了宽带钢冷连轧机选型配置研究。

本书适合轧钢工程技术人员、研发人员阅读，也可作为高等工科院校冶金、机械及自动化相关专业的本科生、研究生教材。

图书在版编目（CIP）数据

冷连轧带钢板形控制与检测/杨光辉等编著．—北京：冶金工业出版社，2015.1
　ISBN 978-7-5024-6758-6

Ⅰ．①冷…　Ⅱ．①杨…　Ⅲ．①冷连轧—带钢—板形控制
Ⅳ．①TG335.5

中国版本图书馆 CIP 数据核字（2014）第 276334 号

出 版 人　谭学余
地　　址　北京市东城区嵩祝院北巷 39 号　邮编　100009　电话　(010)64027926
网　　址　www.cnmip.com.cn　电子信箱　yjcbs@cnmip.com.cn
责任编辑　常国平　美术编辑　杨 帆　版式设计　孙跃红
责任校对　卿文春　责任印制　牛晓波
ISBN 978-7-5024-6758-6

冶金工业出版社出版发行；各地新华书店经销；三河市双峰印刷装订有限公司印刷
2015 年 1 月第 1 版，2015 年 1 月第 1 次印刷
787mm×1092mm　1/16；15.5 印张；373 千字；236 页
56.00 元

冶金工业出版社　投稿电话　(010)64027932　投稿信箱　tougao@cnmip.com.cn
冶金工业出版社营销中心　电话　(010)64044283　传真　(010)64027893
冶金书店　地址　北京市东四西大街46号(100010)　电话　(010)65289081(兼传真)
冶金工业出版社天猫旗舰店　yjgy.tmall.com
（本书如有印装质量问题，本社营销中心负责退换）

前　言

　　钢铁工业是国家的基础产业，它直接体现了一个国家国力的强盛。随着科学技术的日益发展，生产力水平的不断提高，工业用户对带钢的产品质量提出了越来越苛刻的要求。

　　多年的研究和生产实际表明，轧机的机型、辊形、工艺和控制模型是决定宽带钢冷连轧机板形控制性能的 4 个基本要素，并且机型是第一位、基础性和长期起作用的因素。为满足工业用户日趋严苛的带钢板形质量要求，近年来国际上涌现了 CVC、HC、PC 等多种新机型和辊形，并在冷轧带钢工业生产中得到广泛应用。武钢 1700mm 冷连轧机是我国引进的第一套现代化冷连轧机，1995 年完成了计算机控制系统改造，2004 年 3 月完成了酸轧联合机组为主要内容的技术改造：对连轧机组的第一、二和五机架进行了工作辊窜辊改造；第一、二机架采用单锥度辊边降控制技术；第五机架采用 SmartCrown 连续变凸度技术。武钢这种轧机机型布置具有先进、合理和适用的特点，在国内是仅有的，在国外也不多见。特别是武钢首次引进的由奥钢联公司开发的 SmartCrown 连续变凸度技术是世界上在宽带钢冷连轧机上的首次工业应用，给冷轧带钢板形控制提出了新的研究课题。武钢 2180mm 冷连轧机是我国 2005 年引进投入使用的先进超宽冷连轧机，整套机组机械部分由德国西马克-德马克公司（SMS-DEMAG）设计制造，部分部件由中国一重生产，控制部分由西门子（Siemens）公司引进。该冷连轧机可以对带钢厚度、板形及边降进行实时控制。在板形控制方面，该轧机具有如下特点：（1）具有丰富板形控制手段。各机架均具有压下倾斜、工作辊弯辊、中间辊弯辊和中间辊窜辊四种板形控制手段，第五机架还配备有分段冷却手段。（2）具有板形闭环控制系统，特别是第一和第五机架后分别配备了接触式应力测量辊和 SIFLAT 非接触式板形仪，板形闭环控制系统能够利用板形仪的测量值进行闭环控制，自动对上述手段进行调节。SIFLAT 非接触式板形仪是世界上在超宽带钢冷连轧机上的首次工业应用，而且 2180mm 冷连轧机是我国第二套超宽带钢冷连轧机，给冷轧带钢板形检测和控制提出了新的研究课题。

本书以 1700mm 冷连轧机和 2180mm 冷连轧机为研究对象，详细分析和介绍了目前世界上先进的冷连轧机板形控制和检测技术，体现了技术先进性，希望本书能对我们掌握当今世界上先进的板形控制技术有所帮助和指导。本书所分析和研究的内容既可作为设计同类轧机时选型的依据，也可作为同类轧机更新改造的样板，体现了很强的实用性。

本书共分 8 章。第 1 章主要是对冷连轧技术及板形问题的综述；第 2 章主要介绍冷轧带钢先进板形控制和检测技术；第 3 章主要介绍板形控制性能、主要评价指标；第 4 章主要介绍板带轧制有限元仿真模型；第 5 章主要介绍基于遗传算法的工作辊磨损预报模型；第 6 章主要介绍 1700mm 四辊冷连轧机组工艺改进；第 7 章主要介绍 2180mm 六辊冷连轧机组工艺改进；第 8 章主要介绍宽带钢冷连轧机选型配置研究。

本书参阅了大量国内外文献资料，特别是近几年的最新研究进展，结合编者本人的研究成果写成此书，在此对相关著作和文献的作者表示感谢。编者在求学和工作期间，得到了武汉钢铁集团多位领导和技术人员的大力支持，在此表示由衷的感谢。编者所在课题组的老师、博士和硕士为本书的编写付出了大量的辛勤劳动，在此一并表示感谢！

参加本书编写的有杨光辉、张杰、曹建国、李洪波。杨光辉担任主编。本书的编写得到了"北京高等学校青年英才计划（YETP0369）"和"中央高校基本科研业务费专项资金资助项目（FRF-TP-14-033A2）"的资助，在此表示衷心的感谢！

本书适合轧钢工程技术人员、研发人员阅读，也可作为大专院校有关专业的研究生、本科生的教学参考书。

限于编者的水平，不足之处在所难免，恳请读者批评指正。

编　者

2014 年 6 月于北京科技大学

目　　录

1 冷连轧技术及板形问题综述

1.1 板带材生产发展概况

随着我国经济的高速发展，钢材板带比也不断提高。现代冷轧生产技术基本上以连续化、高速化、专业化为特征，冷连轧机组是决定产品精度性能及板形的关键，机组上采用大量的先进工艺技术装备如酸洗—轧制联合机组技术、厚度控制技术 AGC（automatic cauge control）、动态变规格技术 FGC（flying gauge change）、张力控制技术 ATC（automatic tension control）、板形控制技术 PCFC（profile，contour and flatness control）等。此外，全氢罩式退火技术、连续式退火技术、彩涂技术等的应用也对提高冷轧产品的性能精度起着重要的作用，这些技术越来越多地被钢铁企业所采用。我国冷轧产品的需求逐年增长，下游航空、电气、汽车、家电、建筑等行业的快速发展对冷轧产品的数量、质量、性能、结构和规格等提出了越来越高的要求。

冷轧是带材的主要成品工序，其所生产的冷轧薄板属于高附加值钢材品种（图 1-1 和图 1-2）。如果带钢断面形状不好，出现凸度过大、楔形、镰刀弯；或者平坦度不良，出现浪形、翘曲、局部凸起等缺陷，将严重影响其他各工业部门最终产品的质量和寿命。

图 1-1　轧后冷轧钢卷　　　　　　　　　　图 1-2　彩色涂层钢板

航空、电气、汽车、民用工业对带钢板形质量有很高的要求：

（1）航空工业对其所用铝板要做严格的平坦度检验。如果飞机机翼的蒙皮铝板或钛合金板上存在着板形缺陷，那么在高速飞行下的飞机可能会由于机翼的鼓动而造成事故。

（2）电气工业对硅钢板的平坦度要求很高。如果制造变压器的硅钢片上存在着板形缺陷，将使变压器的损耗增加，容易发热，对进一步增加电源功率造成困难。

（3）汽车工业中广泛采用自动化流水线进行生产，如果钢板上存在板形缺陷，则不仅无法在自动焊接机上进行自动焊接，而且会由于输送受到阻碍而使连续生产线中断。

（4）民用工业生产的洗衣机、电冰箱、食品罐头等产品对它所用钢板的质量要求也很高，如果因为钢板板形不好而影响其外观质量，将会降低产品的价值。

1.2 生产工艺流程

冷轧生产的主要生产工序包括：热轧钢卷的酸洗、冷连轧机组、退火工序、带钢平整、精整处理线、镀层处理线，如图 1-3 所示。酸洗连轧机组一般包括开卷、矫直、焊接、酸洗、轧制、剪切和卷取等过程。其中，在轧制过程中，一般采用五机架连轧方式，其中每一机架采用四辊轧机（两个工作辊和两个支持辊）或六辊轧机（两个工作辊、两个中间辊和两个支持辊）结构。带钢在五个机架里连续轧制，由每个机架上部的液压压下缸调整每个机架内轧辊的负荷辊缝。调节各机架的带钢速度和张力，轧出所需成品厚度。当轧辊磨损或更换轧辊时，其直径发生变化，下支持辊下边有楔形调整装置，以调整轧制线水平，保持轧制水平恒定高度。利用液压压下快速控制的优越性，尽量将来料的厚差误差在第一机架上消除。第五机架为带钢的精轧机架，用以提高厚度精度和板形质量。各机架之间，以及第五机架之后都设有测厚仪和测张力辊，用来测量带钢在各个机架段的带钢厚度和各机架之间的张力。在第五机架后还设有板形测量仪，用于测量成品带钢的板形偏差。甚至在某些冷连轧机的第一机架后也设有板形测量仪，用于测量来料带钢的板形偏差。各机架的液压压下装置上附有压力传感器和位移传感器，测量每个机架的轧制力和

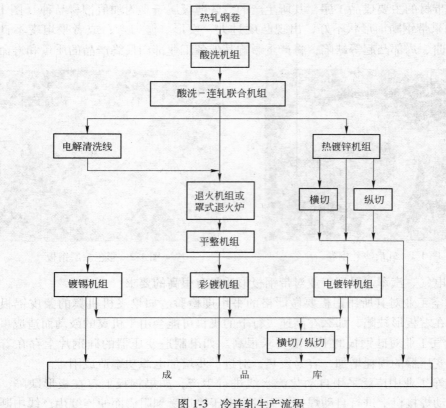

图 1-3 冷连轧生产流程

辊缝。轧制过程中的厚度自动调节，通过上述装置收集数据，并经过计算机、轧制速度调节系统、带钢张力调节系统及各机架轧制力和压下位置调节系统的综合作用完成。除了以上装置外，在每个机架内还设有工作辊正负弯辊液压缸或中间辊正负弯辊液压缸，工作辊轴向窜辊缸或中间辊轴向窜辊缸，同时还有冷却轧辊和润滑带钢用的乳化液系统。

1.3　计算机控制系统

冷连轧机的自动控制是一种复杂的机械、电力、液压的综合控制系统，控制量较多，彼此相互影响、相互制约。因此，一旦在某个机架上出现了调节量或干扰量的变化，则不仅破坏了该机架的稳定轧制，而且也会通过机架间的张力和带钢在各架的出口厚度的变化传递给其他机架，从而使整个轧机的正常轧制状态遭到破坏。为了使轧机内的带钢能够保持在良好的状态下进行轧制，以获得良好的带钢质量，采用了下列自动控制系统：带钢张力自动控制系统、带钢厚度自动控制系统、位置自动控制系统、主令速度自动控制系统、压下自动控制系统、全连续活套自动控制系统、板形自动控制系统及飞剪自动控制系统等。上述自动控制系统通过优化计算机、过程控制机、基础自动化及轧线检测仪表完成其相应的自动控制功能。冷连轧机计算机控制系统包括基础自动化级（L1）、过程控制级（L2）和生产管理级（L3）三方面的内容。

（1）基础自动化级（L1）。基础自动化级由电气和仪表自动化系统组成，主要功能是对轧制过程进行顺序控制、监测操作、人机对话和数据通讯等；基础自动化采用多台部分联网电仪一体化的 PLC 控制系统，直接面向生产过程，完成各自生产过程的实时控制，并与二机过程计算机进行实时数据通讯，接收过程计算机的模型计算结果，对生产过程进行控制；其软件功能主要包括设定值的校正和再设定、与上位过程机交换数据、显示生产过程设定值、实际值、控制系统在线诊断、故障趋势记录、故障历史记录、事故报警监视、显示传动装置状态及工艺流程等。

实现的主要功能包括：液压压下控制（APC）；液压弯辊控制（AFC）；液压窜辊控制（SHIFT）；流量 AGC 控制（包括各机架的 AGC 控制功能）；轧机顺序控制（包括酸轧联机、自动穿带、加减速、正常停车、快速停车等控制）；卷取张力和机架间张力控制；主速度级联控制等。

（2）过程控制级（L2）。过程控制级在整个计算机控制系统中占有重要的地位，实现的主要功能有：

1）与三级机通讯。接受三级机的生产命令和热轧钢卷数据，向三级机传送生产请求、过程信息和生产结果等。

2）设定值计算及过程优化。设定值计算包括主令速度和各机架的速度、张力、轧制力、压下量分配等。过程优化包括以最小能耗、最大产品为目的的速度优化和以控制精度为目的轧制程序优化（速度、张力、轧制力和压下量）。

3）向基础自动化级传送所要求的设定值。包括向各机架的基础自动化系统传送经过优化的设定值：速度、张力、轧制力、压下量等。向酸洗线 PLC 传输带钢原始数据和生产指令等。

4）板形设定。包括板形参数（辊形、窜辊、弯辊、分段冷却）设定及将板形参数设定值传输给板形控制计算机系统等功能。板形计算机系统通过窜辊控制、弯辊控制和分段冷却控制等完成对带钢板形的控制。

5）资料收集。包括全机组内各种过程数据如带钢速度、张力、厚度、轧制力等信息的收集。

6）数据库管理。包括各种历史数据和参数的管理。

7）自学习和自适应。在轧制过程中，计算机系统将每隔4～5s收集到的实际数据采用自适应功能进行一次计算，以对其控制模型进行修正，对过程重新调整。在对每种规格的带钢轧制一段时间后，过程机将收集到的数据采用自学习功能进行一次计算，以求得每种规格带钢的最佳轧制程序。

8）仿真轧制功能。在生产进行或停车时，技术人员可使用该功能，以测试新的轧制程序。该功能不向基础自动化系统输出数据，计算结果和轧制结果可显示和打印。

9）其他功能。包括各种生产报表（班报表、日报表）输出，生产过程信息输出和故障报表输出等功能。

（3）生产管理级（L3）。

1）生产管理级主要完成生产计划、生产调度、全过程跟踪和质量管理等功能，其软件功能包括发送生产命令、热轧钢卷数据、轧制数据信息。

2）接受生产请求、过程信息、生产结果信息；生产合同处理、生产计划生成、生产计划的动态管理、原料钢卷库、中间库及成品库存管理。

3）轧辊及换辊计划管理。

某2030mm冷连轧机计算机控制系统由三级组成：生产管理级、过程控制级和基础自动化级，如图1-4所示。

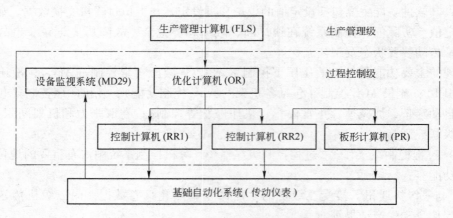

图1-4 2030mm冷连轧机计算机控制系统

1.4 板形的描述

带钢的产品质量主要包括性能、厚度、板形和表面等，其中，板形与厚度是决定带钢几何精度的两大指标。板形包含带钢平坦度（或称为平直度）、横截面凸度和边部减薄量3项内容。目前，厚度控制技术已经能够将纵向厚度偏差稳定地控制在成品厚度±1%或

±5μm甚至±2μm 的范围以内，而横截面凸度和边部减薄量则一般控制在 10~20μm 的水平。20 世纪 80 年代以来，随着汽车、家电等轻工业的发展，工业用户对板形平坦度的要求越来越高，原来的平坦度 20 I 就可以接受，而现在的要求则是 10 I 甚至 5 I。并且带钢边降作为板形控制三项基本内容之一，已经越来越受到工业用户的重视。当前，对于电工钢和造币钢等特殊钢种，由于用户对边降有严格要求，如电工钢板的边部控制精度明显高于其他冷轧薄板，Maueione 给出如下计算实例：设铁芯迭层厚度为 75mm，它由 120 片厚 0.625mm 的芯片叠成，如果冲压时钢板的边部减薄量为 0.0125mm，则 120 片积累误差就达 1.5mm，但其组装误差比此要小得多，显然，若边部精度不高会直接给生产带来麻烦。而对于其他普通钢种，改善边部状况，减小切边量，增加成材率也是发展的趋势，如对 DI 材已提出控制边降的要求。

关于板形问题的研究国内外已进行了 40 年之久。1965 年，以 Stone 提出弹性基础梁理论计算轧辊挠度，开创了板形研究的先河；1968 年 Shohet 提出的影响函数法也成为后来计算轧辊挠度的经典方法。1973 年，日本学者首次将有限元方法用于辊系变形分析中，在以后的发展中逐渐成为一种被广泛认可的精确的计算方法。但迄今为止，板形问题依然是板带轧制技术中的一个热点问题，仍需要大力的研究与开发。

板形问题研究的方面非常繁杂（图 1-5），从设备到工艺、从板形基础理论到板形控制技术、从冷轧到热轧，并且它涉及的学科非常多，从热学到摩擦学、从弹性力学到塑性力学、从计算机仿真到自动控制，均在板形研究的范围之内。经过多年的研究发现，解决板形问题要从"机型—辊形—工艺—控制"一体化的角度入手。

带钢板形（shape）所涵盖的内容很广泛，各文献对板形也有不同的定义方法。从外观表征来看，板形包括带钢横向和纵向整体形状以及局部缺陷；从表现形式看，有明板形和暗板形。它们从不同侧面对带钢形状特征做出了描述。

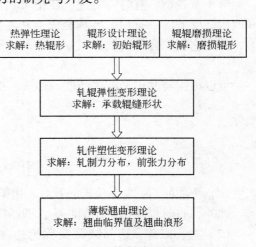

图 1-5　板形控制涉及的理论

横截面外形（profile）和平坦度（flatness）是目前用以描述带钢板形的两个最重要的指标。横截面外形反映的是沿带钢宽度方向的几何外形特征，而平坦度反映的是带钢沿长度方向的几何外形特征。这两个指标相互影响，相互转化，共同决定了带钢的板形质量，是板形控制中不可或缺的两个方面。

1.4.1　横截面外形

横截面外形的主要指标有凸度（crown）、边部减薄（edge drop）和楔形（wedge）。带钢板廓如图 1-6 所示。

（1）凸度。凸度 C 是指带钢中部标志点厚度 h_c 与两侧标志点平均厚度之差，它是反映带钢横截面外形最主要的指标。

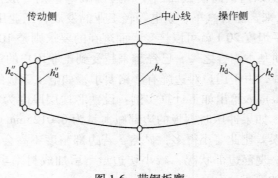

图 1-6 带钢板廓

$$C = h_c - \frac{h'_d + h''_d}{2} \qquad (1-1)$$

式中，C 为带钢凸度；h_c 为带钢中点厚度；h'_d 为带钢操作侧标志点厚度；h''_d 为带钢传动侧标志点厚度。

对于宽带钢，有时需要进一步把带钢凸度区别定义为一次凸度 C_{W1}、二次凸度 C_{W2} 和四次凸度 C_{W4}。此时，在横截面上从左侧标志点至右侧标志点的范围内测取多个厚度值，并把它们拟合为曲线：

$$h = b_0 + b_1 x + b_2 x^2 + b_4 x^4$$

可以根据需要定义各次凸度表达式。如采用车比雪夫多项式，则有：

$$\begin{cases} C_{W1} = 2b_1 \\ C_{W2} = -(b_2 + b_4) \\ C_{W4} = -\dfrac{b_4}{4} \end{cases}$$

式中，b_0，b_1，b_2，b_4 为多项式的系数，由拟合得到。

此外，有时也要用到比例凸度，即凸度与横截面中点厚度或平均厚度之比。

（2）边部减薄。边部减薄又称为边降，是指带钢边部标志点厚度与带钢边缘厚度之差。

$$\begin{cases} E_o = h'_d - h'_e \\ E_d = h''_d - h''_e \\ E = \dfrac{E_o + E_d}{2} \end{cases} \qquad (1-2)$$

式中，E 为带钢整体的边部减薄；E_o 为带钢操作侧边部减薄；E_d 为带钢传动侧边部减薄；h'_e 为带钢操作侧边缘厚度；h''_e 为带钢传动侧边缘厚度。

（3）楔形。楔形 W 是指带钢操作侧与传动侧边部标志点厚度之差。

$$W = h'_d - h''_d \qquad (1-3)$$

1.4.2 平坦度

带钢平坦度是指带钢中部纤维长度与边部纤维长度的相对延伸之差。带钢产生平坦度缺陷的内在原因是带钢沿宽度方向各纤维的延伸存在差异，导致这种纤维延伸差异产生的根本原因，是由于轧制过程中带钢通过轧机辊缝时，沿宽度方向各点的压下率不均所致。当这种纤维的不均匀延伸积累到一定程度，超过了某一阈值，就会产生表观可见的浪形。最常见的几种浪形及其形成过程如图1-7所示。

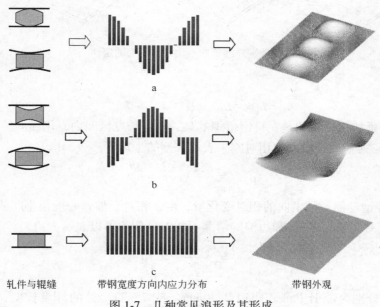

轧件与辊缝　　　　带钢宽度方向内应力分布　　　　带钢外观

图 1-7　几种常见浪形及其形成
a—中浪；b—边浪；c—平直

现代冷连轧过程中，带钢一般会被施以一定的张力，使得这种由于纤维延伸差而产生的带钢表面翘曲程度会被削弱甚至完全消除，但这并不意味着带钢不存在板形缺陷。它会随着带钢张力在后部工序的卸载而显现出来，形成各种各样的板形缺陷。因此仅凭直观的观察是不足以对带钢的板形质量做出准确判别的。由此出现了诸多原理不同、形式各异的板形检测仪器，如凸度仪、平坦度仪等。它们被安装在轧机的适当位置，在轧制过程中对带钢进行实时的板形质量检测，以利于操作人员根据需要调节板形，或是指导板形自动调节机构进行工作。

在带钢的轧制过程中和成品检验时一直使用着多种平坦度测量手段，所以也就存在着多种平坦度描述方法。

（1）相对延伸差法。带钢产生翘曲，实质上是带钢横向各纤维条的不均匀延伸造成的。将有平坦度缺陷的带钢裁成若干纵条并平铺在平直的检测台上，可明确地看出各纤维条的长度不同。

图1-8所示为最普通的3种带钢板形，表现了纤维延伸不均与平坦度之间的定性关系。

单边浪：

$$L_M < L_C < L_O \quad 或 \quad L_M > L_C > L_O \tag{1-4}$$

双边浪：

$$L_C < L_M \quad 及 \quad L_C < L_O \tag{1-5}$$

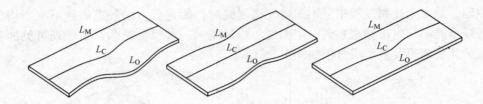

图 1-8　带钢纤维延伸不均与平坦度的定性关系

中浪：

$$L_C > L_M \quad 及 \quad L_C > L_O \tag{1-6}$$

纤维相对延伸差法指的是在自由带钢的某一取定长度区间内，用横向某一纤维条的实际长度 $L(z)$ 与其基准长度 L 的相对差来表示带钢的平坦度。

$$\rho(z) = \frac{L(z) - L}{L} = \frac{\Delta L}{L} \tag{1-7}$$

$\rho(z)$ 是带钢延伸量沿横向的相对变化量，由于相对延伸差一般很小，故将其放大 10^5 倍后，表示为 I，当只有中浪和边浪的情况下相对延伸差可以表示为：

$$\rho_0 = \frac{L_c - L_e}{\bar{L}} \times 10^5 \tag{1-8}$$

式中，L_c、L_e 分别为带钢中部和距边部 40mm（或 25mm）处的纤维长度；$\bar{L}$ 为纤维平均长度。

当 $\rho_0 = 0$ 时，表示板形良好；$\rho_0 > 0$ 时，表示产生了中浪；$\rho_0 < 0$ 时，表示产生了边浪。

（2）浪形表示法。

波高（R_w）：带钢在自然状态下浪形翘曲表面上的点偏离检测台平面的最大距离叫做波高。这种平坦度表示方法直观、容易测量，在工程中应用广泛。

波浪度（d_w）：指的是用带钢翘曲浪形的浪高 R_w 和波长 L_v 比值的百分率来表示，d_w 也叫做陡度（steepness）或者翘曲度，这个指数也是经常用的板形平坦度标准。

$$d_w = \frac{R_w}{L_v} \times 100\% \tag{1-9}$$

x 这种表示法直观且易于测量，因而被广泛采用，许多国家的带钢平坦度标准就是以 d_w 作为定义参数的。当然，浪形表示法只能用于表示"明板形"。

当图 1-9 所示浪形假设为正弦函数曲线时，波浪度 d_w 与相对延伸差 ρ 之间的关系可用以下方法求解：

因设波形曲线为正弦波，则波形 H_w 可表示为：

$$H_w = \frac{R_w}{2} \sin\left(\frac{2\pi y}{L_v}\right)$$

所以

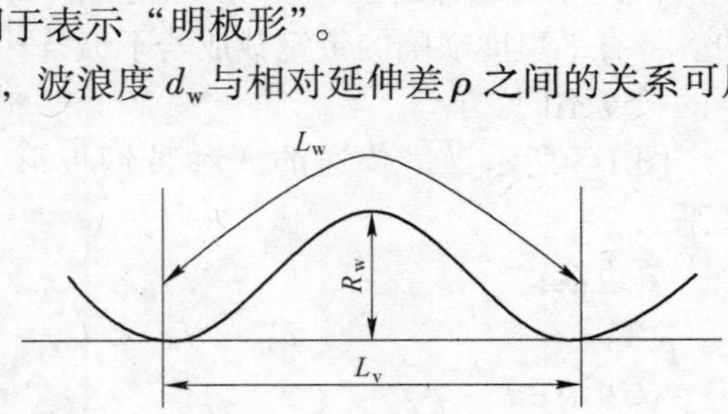

图 1-9　带钢浪形表示

$$L_w = \int_0^{L_v} \sqrt{1 + \left(\frac{\mathrm{d}H_w}{\mathrm{d}y}\right)^2}\,\mathrm{d}y = \frac{L_v}{2\pi} \int_0^{2\pi} \sqrt{1 + \left(\frac{\pi R_w}{L_v}\right)^2 \cos^2\theta}\,\mathrm{d}\theta \approx L_v \left[1 + \left(\frac{\pi R_w}{2L_v}\right)^2\right]$$

$$\rho = \frac{L_w - L_v}{L_v} \times 10^5 \approx \left(\frac{\pi R_w}{2L_v}\right)^2 \times 10^5 = \frac{\pi^2}{4} d_w^2 \times 10^5 = 2.465 \times 10^5 d_w^2 \qquad (1\text{-}10)$$

相对延伸差 ρ 的单位是 I-unit，简写为 I，$1\mathrm{I} = 10^{-5}$。

（3）张应力差表示法。当沿带钢宽度方向各纵向纤维延伸不均时，各纤维之间必然发生相互作用而产生内应力，称之为残余应力。残余应力沿横向分布必然有拉有压，当压应力大于临界屈曲应力时，就会产生浪形，否则带钢仍将保持平直。残余应力既包含了明板形的信息，也有暗板形的信息。在有张力轧制时，残余应力的分布表现为张应力分布，而带钢纤维的相对长度差在带钢受张力作用时表现为各纤维条所受张应力与平均应力之间的偏差，因此张应力差分布 $\Delta\sigma(z)$ 也可用来作为平坦度衡量的指标，如图 1-10 所示。

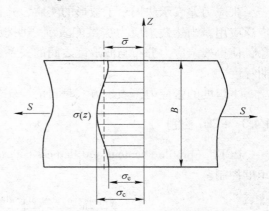

图 1-10　带钢张应力横向分布

$$\Delta\sigma(z) = \sigma(z) - \overline{\sigma} \qquad (1\text{-}11)$$

式中，$\sigma(z)$ 为张应力分布；$\overline{\sigma}$ 为平均张应力。

或者只用带材中部和边部的张应力差 $\Delta\sigma_0$ 来表示：

$$\Delta\sigma_0 = \sigma_c - \sigma_e \qquad (1\text{-}12)$$

式中，σ_c 为带材中部张应力；σ_e 为带材边部张应力。

如果认为带材由于张应力作用而产生的弹性变形为平面形变变形，则张力差与相对延伸差的关系为：

$$\begin{cases} \Delta\sigma(z) = -\dfrac{E}{1 - \mu^2}\rho(z) \\[3mm] \Delta\sigma_0 = -\dfrac{E}{1 - \mu^2}\rho_0 \end{cases} \qquad (1\text{-}13)$$

式中，E、μ 分别为带钢的弹性模量和泊松比系数。

有时将弹性拉伸应变差等价为纤维相对长度差，即 $\Delta\sigma(z) = E\rho(z) \times 10^{-5}$。此时 $\Delta\sigma(z)$ 和 $\rho(z)$ 一样是沿宽度方向上的变化量，并且总和为零。

对于宽带钢，当用应力（应变）差法表示平坦度时，为了和凸度对应并满足控制上的需要，定义了一次板形平坦度缺陷、二次板形平坦度缺陷和四次板形平坦度缺陷，并分别用 Λ_1、Λ_2 和 Λ_4 表示。各次平坦度缺陷的数学表达式可根据轧机实际设计。如采用车比雪夫多项式，则有：

$$\Delta\sigma(z) = a_0 + a_1 x + a_2 x^2 + a_4 x^4$$

$$\begin{cases} \varLambda_1 = 2a_1 \\ \varLambda_2 = a_2 + a_4 \\ \varLambda_4 = \dfrac{a_4}{4} \end{cases}$$

式中，a_0，a_1，a_2，a_4 为多项式的系数，由拟合得到。

张应力差表示法揭示了板形的实质，并且前张力分布可实现在线检测，因而该法也被广泛应用。当然残余应力法虽能表示"明板形"，但带钢翘曲后会发生"应力松弛"现象，使得残余应力分布与波浪度之间的关系非常复杂，所以残余应力法难于表明带钢的翘曲程度。

平坦度的张应力差表示方式是目前冷轧带钢生产中广泛使用的平坦度仪的测量依据。

1.4.3 PCFC 控制

PCFC（profile，contour and flatness control）是指横断面凸度和形状（见图 1-11）及平坦度控制。

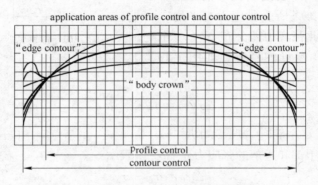

图 1-11 带钢凸度和断面形状控制范围

（1）Proflie 是指横断面凸度，即通常所说的 Crown。其定义如图 1-12 所示。

绝对 Proflie（mm）：$C_{40} = h_c - (h'_d + h''_d)/2$

相对 Proflie（%）：$C_{40REL} = C_{40}/h_c \times 100\%$

（2）Contour 指的是带钢横断面沿宽度方向上的形状，包括了带钢整个宽度范围。

（3）Flatness 指的是带钢中部纤维长度与边部纤维长度的相对延伸之差。

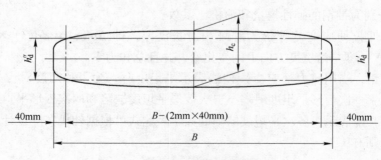

图 1-12 带钢断面形状

1.4.4　板形生成和板形良好条件

带钢轧制过程的影响因素极其复杂多样，使带钢板形生成机理的研究甚为困难。许多研究者已进行了大量有价值的研究，但是到目前问题尚未完全解决。

（1）凸度的形成。轧后钢板的凸度与辊系承载变形后形成的有载辊缝曲线密切相关。以一个四辊轧机辊系模型为例，轧机辊系承载示意图见图1-13。这个模型的力学因素有总轧制力 P、单位宽度轧制力分布 $p(x)$、弯辊力 F_w 及辊间接触压力 $q(x)$。几何因素有变位辊形 $D_v(x)$（包括CVC、HC轧辊窜辊、PC轧辊交叉和VC、NIPCO轧辊膨胀变形）、热辊形 $D_t(x)$、磨损辊形 $D_w(x)$、来料宽度 B、几何形状和

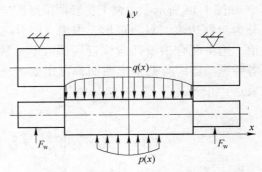

图1-13　轧机辊系承载示意图

平坦度等。对相关项进行合并可以以方程形式来表示各个影响因素和辊缝的关系：

$$g(x) = G(p(x), F_w, D_t(x), D_w(x), B, \cdots)$$

其中，$p(x)$ 是个综合因素，包含了来料横截面几何形状的影响，它和 $D_w(x)$ 是要控制的干扰量；$D_t(x)$ 有时是干扰量，但对轧辊分段冷却技术它却是和 F_w 及 $D_v(x)$ 同样重要的调控板形的控制量。各轧辊的初始辊形也由 $D_v(x)$ 综合反映。

（2）平坦度生成。具有一定厚度分布的 $H(x)$ 来料，经过一定形状 $g(x)$ 的辊缝后被轧制成具有一定的平坦性和厚度分布的钢板。轧件沿横向的压缩量分布 $H(x)-h(x)$ 会转化为一定的纵向塑性伸长率 $\varepsilon(x)$。若纵向塑性伸长率 $\varepsilon(x)$ 沿横向分布不均，轧件离开辊缝后再经弹性恢复会使得沿横向分布的各纵向纤维条长度 $L_w(x)$ 不同，进而产生沿横向分布的各纵向纤维条相对长度差 $\rho_w(x)$。沿横向分布的各纵向纤维条相对长度差 $\rho_w(x)$ 与压缩量分布 $H(x)-h(x)$ 之间存在转化函数：

$$\rho_w(x) = \varphi(H(x)-h(x)) \tag{1-14}$$

一般地，如果 $\varepsilon(x)$ 沿横向分布均匀，则 $\rho_w(x)=0$，则轧件在轧后保持平坦，否则轧后钢板将会沿横向存在纤维相对长度差 $\rho_w(x)$。存在不为零的 $\rho_w(x)$ 是板形平坦度生成的内在原因，它的存在使各纤维条之间相互制约，形成钢板内沿横向分布不均的纵向拉压内应力。当轧件沿横向最大纤维长度差没有超过临界屈曲应变差（或极限应力）时，不会发生板形屈曲变形和翘曲。否则，钢板就会发生屈曲变形，并产生翘曲。

翘曲的极限应力可用下式求得：

$$\sigma_{CR} = k_{CR} \frac{\pi^2 E}{12(1+\nu)} \left(\frac{h}{B}\right)^2$$

式中，k_{CR} 为临界应力系数，需由试验获得；E 为带钢材料的弹性模量，MPa；ν 为带钢材料的泊松比；h 为带钢的厚度，mm；B 为带钢的宽度，m。

可以看出，带钢越宽越薄越容易产生翘曲。当带钢轧制具有前后张力时，带钢内部张应力将由于存在内部应力而分布不均，只要张应力与内应力合成后尚大于零，带钢表面上

将不会产生翘曲，但一旦当张力释放后，带
钢将产生翘曲变形。这时，板形平坦度缺陷
除了表现为不均匀分布的内应力外，同时表
现为另一种明显形式——瓢曲浪形 $W(x, y)$，如图 1-14 所示。习惯上把瓢曲浪形按位置分为单侧边浪、双侧浪形、中浪、四分之一浪、边中复合浪及任意位置局部浪形。常见各种纵向连续瓢曲浪形曲面都可用如下函数表达：

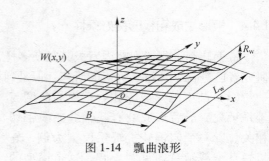

图 1-14 瓢曲浪形

$$Z = W(x, y) = W_x(x)W_y(y)$$

$$W_x(x) = r_0 + r_2\left(\frac{2x}{B}\right)^2 + r_4\left(\frac{2x}{B}\right)^4 + r_6\left(\frac{2x}{B}\right)^6 + r_8\left(\frac{2x}{B}\right)^8$$

$$W_y(y) = \frac{R_w}{2}\sin\left(\frac{2\pi y}{L_v}\right)$$

式中，r_0、r_2、r_4、r_6、r_8 分别为多项式的系数。

带钢的横截面几何形状变化与平坦度的相互转化关系，也即浪形的生成过程可用图 1-15 形象反映。其中，二次凸度对应生成双侧边浪或中浪（即二次板形平坦度缺陷），四次凸度对应生成四分之一浪或边中复合浪（即四次板形平坦度缺陷）。楔形既与带钢整体镰刀弯的生成有关，也与单侧边浪的生成有关。在板形控制中，楔形与一次板形平坦度缺陷相对应。

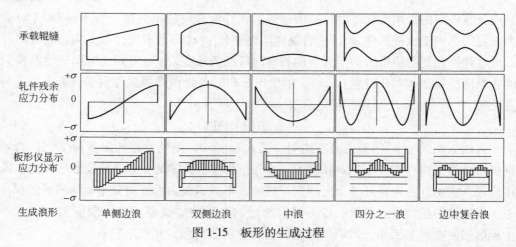

图 1-15 板形的生成过程

（3）板形良好条件。根据以上分析，只要保持带钢横截面各点的相对压下率相同，就不会产生浪形，根据图 1-16，如果忽略板形屈曲临界条件的影响，则板形良好条件的判别式可表述如下：

$$\frac{h(x)}{H(x)} = \text{const}（常量） \tag{1-15}$$

式中，$H(x)$ 为入口板廓厚度分布函数；$h(x)$ 为出口板廓厚度分布函数。

设轧件入口中点的厚度为 H_c，边部厚度为 H_e；轧件出口中点的厚度为 h_c，边部厚度

为 h_e。板形良好条件的判别式可进一步表述如下：

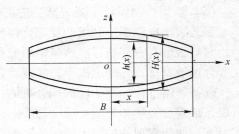

图1-16 板形良好判别式推导简图

$$\frac{h_c}{H_c} = \frac{h_e}{H_e} \quad 或 \quad \frac{h_c}{h_e} = \frac{H_c}{H_e}$$

所以 $\frac{h_c - h_e}{h_e} = \frac{H_c - H_e}{H_e} = \text{const}（常量）$

如果用凸度来表示，则有如下判别式：

$$\frac{C_h}{h} = \frac{C_H}{H} = \text{const}（常量） \qquad (1\text{-}16)$$

式中，C_h 为出口轧件凸度；C_H 为入口轧件凸度；h 为出口轧件平均厚度；H 为入口轧件平均厚度。

这就是等比例凸度轧制板形控制方法的基本原理。实际轧制中，由于轧件厚度不均匀压缩的一部分转化为纵向不均匀延伸，另一部分被金属横向流动消化，板形良好并不需比例凸度绝对相等，所以式（1-16）被改为如下的 shohet 板形良好判别式：

$$-\beta k < \delta < k \qquad (1\text{-}17)$$

$$\delta = \frac{C_H}{H} - \frac{C_h}{h}, \ k = \alpha\left(\frac{h}{B}\right)^{\gamma} \qquad (1\text{-}18)$$

式中，k 为阈值；α、β、γ 为与钢种有关的系数。

根据文献，热轧生产中低碳钢的 $\alpha = 40$、$\beta = 2$、$\gamma = 1.86$。按照式（1-17）所表示的，把不产生板形波浪缺陷的比例凸度变化区域称为"平坦度死区"，所以控制钢板比例凸度变化是板形平坦度控制的关键。

1.5　板形控制的工艺理论

板形控制技术的迅速发展，促使人们对板形理论进行深入的研究。研究板形理论的目的是建立各种影响因素同板形之间关系的数学模型，以便准确地预测和控制板形，提高板形控制的水平和质量。作为现代轧制工艺，由于控制技术和手段的不断提高，与之相对应的完整的板形控制理论模型应包括如下五方面的内容：

（1）轧件三维塑性变形理论模型：根据轧制条件，考虑金属的横向流动（宽展），建立变形区三维流动速度场、应变场、应力场和温度场等数学模型，确定轧制压力和前后张力的横向分布。

（2）轧辊弹性变形理论模型：根据轧辊的受力条件和温度条件，建立轧辊的弯曲变形、接触变形和热变形模型。根据变形协调方程，确定辊间压力分布和辊缝形状（轧后带材厚度横向分布）。

（3）轧后带材失稳判别理论模型：研究轧后带材在残余应力（前张力释放后的结果）作用下是否失稳，以决定是否对板形进行调节。以不失稳作为板形良好的条件。此模型也可称为板形判别模型。

（4）板形（缺陷）模式识别理论模型：根据轧机的板形控制性能，对轧后不良板形进行模式分类和提取，以便对不同模式的板形缺陷采取不同的控制措施。

（5）板形控制策略主要包括工艺策略和设备策略。

工艺策略也称板形和板凸度综合控制策略，即板凸度也是高精度板带材的重要质量指标，它与板形有密切联系。该策略研究在多道次轧制过程中，如何把板形和板凸度的控制任务合理地安排到各个道次上，实现综合最优控制。

设备策略也称控制手段的配合策略：先进的板形控制轧机有多种控制手段，如倾辊、弯辊、窜辊、辊形和轧辊分段冷却等。该策略研究在每一道次轧制时，在保证控制质量的前提下，如何实现各控制手段的最佳配合，以有利于设备的操作和维护。

上述 5 个模型之间相互关联。金属三维变形模型为辊系变形计算提供轧制压力分布，为板形判别提供前张力的横向分布；辊系变形理论模型为三维轧制理论计算提供轧后带材厚度的横向分布；板形判别模型进行板形是否良好的判断；而板形识别模型将表现出的不良板形进行细分，分离出一次、二次、四次甚至更高次不良板形，为控制策略提供依据；控制策略模型是为改善板形而采取的控制方案。

将上述 5 个分支理论模型结合起来，形成板形控制的理论体系和机理模型。各分支模型的主要作用及其相互联系如图 1-17 所示。

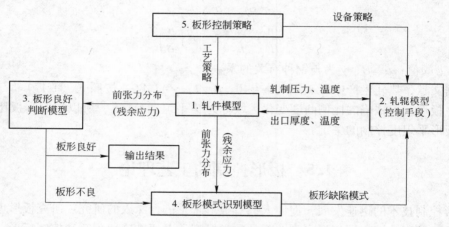

图 1-17　板形控制机理模型

2 冷轧带钢先进板形控制和检测技术

2.1 轧 机 机 型

从 20 世纪 50 年代末采用液压弯辊技术控制板形以来，改进设备成为控制板形的主要手段。世界各国先后开发了许多种控制板形的技术，使板形实物水平得到不断提高，从这些技术特点来看，主要有以下几方面：垂直平面弯辊系统；水平面工作辊弯辊系统；轧辊交叉系统；阶梯支持辊技术；轧辊分段冷却技术；轴向移动柱形轧辊技术；轴向移动非柱形轧辊技术；轴向移动带辊套的轧辊技术；柔性轧辊技术；柔性边部支持辊控制板形技术等。

带钢板形包括横截面外形（profile）和平坦度（flatness）两个项目，凸度（crown）和边部减薄（edge drop）是横截面外形的主要参数。板形控制系统的主要功能是在不超出带钢要求的平坦度精度范围内轧制出期望的横截面形状。20 世纪 50 年代末出现了液压弯辊装置；60 年代末出现了阶梯支持辊；自 70 年代以来，国际上涌现出的各种形式的新型轧机和轧辊，诸如日本日立公司开发的 HC 六辊轧机，德国西马克发明的连续变凸度的 CVC 轧机、奥钢联发明的连续变凸度的 SmartCrown 轧机、日本三菱发明的双辊交叉 PC 轧机、欧洲开发的 DSR 轧辊、日本住友公司发明的 VC 轧辊、北京科技大学与武钢、宝钢合作开发的 VCR 支持辊等，其重点都主要突出在板形控制装备和技术的进步。从表 2-1 可以看出各个代表轧机的基本特征和主要差异。

表 2-1　具有代表性轧机的比较

轧 机	名 称	基 本 特 点
HC	HC 轧机	通过中间辊或工作辊轴向窜移来有效减少和消除"有害接触区"，从而使辊缝刚度增大，保证在轧制条件（来料板形、轧制品种规格、轧制压力……）变化时辊缝的形状和尺寸保持稳定，以轧出良好的板形
HCW	（HC 系列）	四辊轧机：工作辊窜移+工作辊弯辊
HCM	（HC 系列）	六辊轧机：中间辊窜移+工作辊弯辊
HCMW	（HC 系列）	六辊轧机：工作辊窜移+中间辊窜移+工作辊弯辊
UCM	（HC 系列）	六辊轧机：中间辊窜移+工作辊弯辊+中间辊弯辊
UCMW	（HC 系列）	六辊轧机：工作辊窜移+中间辊窜移+工作辊弯辊+中间辊弯辊
K-WRS	锥形工作辊抽动轧机	其工作辊辊形一端为锥形（taper），上下工作辊反对称布置，根据带钢的宽度调节工作辊窜动的位置，从而降低带钢凸度、减少边部减损，达到调节板形的目的
UPC	万能凸度轧机	工作辊磨削成雪茄形（cigar shape），上下工作辊反对称。通过抽动工作辊来改变辊缝的形状，从而来达到调节板形的目的

轧机	名称	基　本　特　点
CVC	可连续变动轧辊凸度轧机	工作辊磨削成纺锤形（或称 S 形），上下工作辊反对称。通过抽动工作辊来改变辊缝的形状，从而来达到调节板形的目的
SmartCrown	可连续变动轧辊凸度轧机	工作辊磨削成纺锤形（或称 S 形），上下工作辊反对称。通过抽动工作辊来改变辊缝的形状，从而来达到调节板形的目的
PC	对辊交叉四辊轧机	上支持辊和上工作辊为一组，轴线平行；下支持辊和下工作辊为一组，轴线平行。上、下两组轧辊相互交叉成一定的角度。改变轧辊的交叉角度，就可以改变辊缝形状，所以可以改变板凸度和板形
VC	可变凸度轧辊轧机	向轧辊轴与辊套间缝隙处注入高压油，通过液压装置调节液体压力变化，从而来补偿轧辊凸度达到控制板形的目的
VCR	变接触长度轧辊轧机	利用研制的一种新型特殊的支持辊轮廓曲线，使其辊系在受轧制力作用时工作辊与支持辊之间的接触线的长度能与带钢宽度的变化自动适应，以减少和消除辊间两端部的有害接触，使辊缝形状对轧制压力的波动表现出较高的刚性，而对弯辊力的调节表现较大的灵敏性，从而达到增加板形调控能力和改善板形的目的
SC	自补偿轧辊轧机	其轧辊由一轴套（sleeve）紧套在轴芯（arbor）上。在轧辊的中部，轴套、轴芯密合无隙。在轧辊的端部，轴芯和轴套的缝隙逐渐递增。当轧辊受到载荷时，轴芯和轴套之间的缝隙会自动减小以补偿轧辊变形挠度，改变轧辊凸度从而达到调节板形的目的
NIPCO	辊缝控制轧辊轧机	由固定轴、自由回转辊套、静压轴承（支撑垫）构成控制轧辊，在各个支撑垫工作压力的作用下，固定轴发生弯曲，改变轧制总压力和压力分布来达到调节板形的目的
DSR	辊缝控制轧辊轧机	其板形控制思想及结构均与 NIPCO 相似。DSR 技术的核心是动态板形支持辊。由旋转的辊套、固定芯轴、几个压块（一般为 7 个）。这 7 个压块既是压下机构，又是板形调节机构。芯轴和压块之间通过液压缸相连接，液压缸的压力通过压块与辊套内壁之间的动压油膜传递到辊套经过来实现支持辊对工作辊支承力的调控
SRM	三菱套辊轧机	其支持辊中有一偏心轴，上面依据不同的偏心量安装有 5 个轴承，轴承外面即为支持辊辊面的薄壁套筒。通过液压调节偏心量来有效控制平坦度
CR	组合配辊＋弯辊轧机	上下共有 12 个轧辊，其中每个支持辊均由 5 个辊片组成。通过支持辊片不同偏心压下调节辊缝形状，从而使得各种板形得到改善
MC	多凸度轧机	其板形的控制原理与 CR 轧机相似，其支持辊结构类似于 VC 轧机。整机外形与普通四辊轧机类似，在上下支持辊的传动侧增加了一对扭转装置。MC 轧机采用支持辊的偏心轴来改变辊形来达到调节板形的目的
IC	可变凸度轧辊轧机	IC 技术的核心也是 IC 轧辊，一般是支持辊。和 VC 轧辊相似 IC 轧辊也是采用中空的结构。轧辊的外层辊套热装到芯轴上，内衬一更薄辊套或衬焊接在外层辊套上，这样，在两层辊套之间形成一空腔。通过辊径处的增压器将低压油转换成高压油注入空腔中。外层辊套在高压油作用下膨胀，产生所需要的轧辊凸度。基于 IC 技术的思想，开发了自充液的液压可胀凸度辊（ICHC）和液压机械式可胀凸度辊（ICHM）

连续式冷连轧机有四机架、五机架和六机架等几种配置形式。一般四机架连轧机由于总变形量小，大都用于生产比较厚的带钢，成品的厚度在 0.35mm 以上。而五机架和六机

架连轧机主要用于生产薄规格产品，成品厚度最薄可达 0.15mm。随着对薄规格产品的需要量越来越多，对成品质量要求越来越高，四机架的冷连轧机已逐渐被五机架冷连轧机取而代之。而六机架冷连轧机无论在生产薄规格带钢的能力方面，还是在实际生产速度的提高方面，并不比五机架冷连轧机具有太大的优越性，因此五机架冷连轧机便成为当今带钢冷连轧机的主流机型配置。

表 2-2 为目前我国主要冷轧带钢酸轧联合机组概况。可以看出，酸轧联合机组高达 17 套，说明酸轧联合机组有取代其他机组类型的趋势。并且对于冷连轧机来说，由于各种机型的出现，在冷连轧机布置上产生了一系列方案，主要有以下几种：

(1) 传统五机架四辊轧机；

(2) CVC 四辊轧机或六辊轧机；

(3) HC 四辊轧机或六辊轧机；

(4) 混合型冷连轧机，采用 HC 轧机、CVC 轧机及传统四辊轧机的组合。

表 2-2 我国主要冷轧带钢酸轧联合机组概况

冷轧厂	冷连轧机组	轧机规格/mm	设计能力/万吨·年$^{-1}$	投产/改造年份 轧机形式	主要产品及产量/万吨
宝钢	五机架四辊	2030	210	1989 全连续式连轧机组	冷轧产品150，热镀锌产品25，电镀锌产品9，彩涂板16，压型板10
	一~三机架四辊+四~五机架六辊 CVC4+CVC6	1420	72.28	1994 酸-轧联合机组	电镀锡产品40，冷硬卷产品32.28
	五机架六辊 UCMW	1550	140	2000 酸-轧联合机组	冷轧产品45，热镀锌产品35，电镀锌产品25，电工钢产品35
	五机架六辊 UCM	1800	170	2005 酸-轧联合机组	冷轧产品90，热镀锌产品80
	五机架四辊 一机架 WRC 和 WRS	1220	70	1984/2000 常规冷连轧机组	冷轧产品61，电镀锡产品16
武钢	五机架四辊（改造）	1700	178	1978/2003 酸-轧联合机组	普通冷轧板115，热镀锌板25，电工钢20
	五机架六辊 CVC6	2230	215	2005 酸-轧联合机组	汽车板卷90，热镀锌板卷105，彩涂板20
鞍钢	一机架六辊（1700）+四机架四辊（1676改造）HCM+四辊	1676	180	1990/2000 酸-轧联合机组	冷轧产品100，热镀锌产品50，彩涂产品30
	五机架六辊 UCM	1780	150	2003 酸-轧联合机组	冷轧产品70，热镀锌产品80
	五机架六辊 UCM	1500	100	2005 酸-轧联合机组	中、低牌号无取向硅钢80，冷硬卷产品20
	一、五机架六辊（UCM）+二~四机架四辊（HCW）	2130	200	2006 酸-轧联合机组	冷轧产品97，冷硬卷103

冷轧厂	冷连轧机组	轧机 规格/mm	设计能力 /万吨·年$^{-1}$	投产/改造年份 轧机形式	主要产品及产量/万吨
本钢	四机架四辊 （改造）	1676	120	1995/2004 酸-轧联合机组	冷轧产品 70，热镀锌产品 43， 彩涂产品 17
	五机架六辊 UCM	1970	190	2005 酸-轧联合机组	冷轧卷 90，热镀锌产品 60，彩 涂产品 20，冷硬卷 20
包钢	五机架六辊 CVC6	1700	130	2005 酸-轧联合机组	冷轧产品 90，热镀锌产品 30， 彩涂产品 10
攀钢	四机架六辊 UCM	1220	100	1995/2003 酸-轧联合机组	冷轧产品 50，热镀锌产品 50
马钢	四机架六辊 UCM	1720	150	2004 酸-轧联合机组	冷轧产品 80，热镀锌产品 70
涟钢	四机架六辊 UCM	1750	150	2005 酸-轧联合机组	冷轧产品 80，热镀锌产品 55， 彩涂板 15
邯钢	五机架六辊 CVC6	1780	137	2005 酸-轧联合机组	冷轧产品 80，热镀锌产品 36， 彩涂板 12，冷硬卷 15
唐钢	五机架六辊 UCM	1750	200	2006 酸-轧联合机组	冷轧产品 35，热镀锌产品 135， 彩涂板 30

由表 2-2 可以看出，迄今 HC 轧机、CVC 轧机和 PC 轧机等多种不同类型的轧机得以同时并存并互相竞争，说明每种类型既有其长，又有其短，均不具有独家优势。那么，究竟什么样的冷连轧机机型配置更好一些，也就是说，既能够满足板形控制性能的要求，又能够节省投资成本，降低生产费用，这样一个关键问题摆在各生产方面前。科学的轧机选型应该是在掌握板形控制规律和现有各种板形控制性能特点的前提下，在现有全部可能的配置方案中选择最能满足选择目标的机型方案，所选的方案可以是供货商推荐的固定模式，也可以不是供货商推荐的固定模式而是各种现有要素的新组合，此时的新组合也就是生产方对于机型的组合式创新。并且所选的机型能够节省投资成本，降低生产费用，适合现场使用。

2.2　柔性和刚性辊缝

2.2.1　影响辊缝曲线的因素

在实际轧制过程中（图 2-1），有许多因素影响两个轧辊沿辊身长度方向各点之间处开度的大小，即承载辊缝形状，也是钢板的板廓形状。板材横向厚差和板形都是由轧机承载辊缝形状变化引起的。钢板生产过程中为了获得平坦和厚度均匀的钢板，在轧制过程中沿轧辊长度方向两轧辊之间各点的开度相等，即保持承载辊缝均匀，但在实际轧制过程中，有许多因素影响两个轧辊之间的开口度。因此必须通过轧辊设计预先考虑有关情况，以保证在轧制过程中承载辊缝均匀。影响承载辊缝形状的主要因素包括轧辊弹性弯曲变形、轧辊弹性压扁、轧辊辊身温度不均匀引起不均匀热膨胀和轧辊不均匀磨损等，如图 2-2~图 2-4 所示。

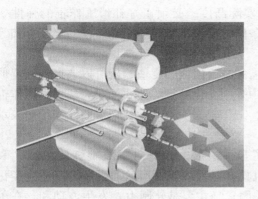

图 2-1 轧制过程示意图

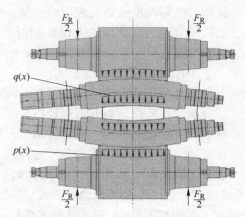

图 2-2 轧辊弹性弯曲变形和弹性压扁

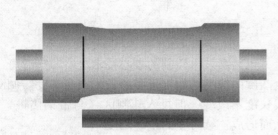

图 2-3 轧辊不均匀磨损

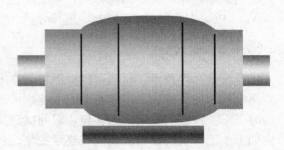

图 2-4 轧辊不均匀热膨胀

（1）轧辊弹性弯曲变形。圆柱体轧辊受轧制力产生弯曲以及弹性压扁，导致钢板中部厚，边部薄。为弥补此种缺陷，辊形应设计为凸形。

（2）轧辊辊身温度不均匀引起不均匀热膨胀。轧制时轧件变形功转化的热量、轧件与轧辊摩擦而产生的热量均使轧辊受热，冷却水、乳化液、空气又会使轧辊冷却。由于辊身长度上受热和冷却不一致，对于热连轧，辊身中部温度高，两端低，热膨胀程度不均匀，使钢板中部薄，边部厚。为弥补此种缺陷，辊形应设计为凹形。

（3）轧辊不均匀磨损。轧辊和轧件的材料，轧辊表面硬度和粗糙度，轧制压力和轧制速度，轧件与工作辊之间及支持辊与工作辊之间的滑动速度，都会使轧辊中部磨损快，边部磨损慢，弥补此种缺陷，辊形应设计为凸形。

（4）轧辊弹性压扁。轧辊与轧辊之间以及轧辊与轧件之间都会产生弹性压扁。影响辊缝形状的不是压扁的绝对值，而是压扁沿辊身长度方向的差值。由于工作辊和支持辊之间的接触长度大于工作辊和轧件的接触长度，以及轧制压力沿辊身长度方向不均匀分布，使得弹性压扁值沿辊身长度方向也不是均匀分布的。研究表明，带钢宽度 B 与轧辊辊身长度 L 的比值 B/L，以及工作辊直径 D_1 与支持辊直径 D_2 的比值 D_1/D_2 越小，工作辊与支持辊间的辊间压力及压扁沿辊身分布越不均匀。当然，辊间压扁与辊形及轧辊间的相对位置（轧辊窜辊与交叉）也有很大关系。

虽然一般不直接调整弹性压扁去控制板形，但一些板形控制方法，如轧辊弹性弯曲控制和辊形控制等都会引起弹性压扁的改变。

轧辊的实际凸度是指轧辊原始凸度、热凸度及凸度磨损量的代数和。为了保证沿带钢宽度上的厚度均匀，从理论上说轧制时轧辊的实际凸度，必须正好补偿工作辊的弹性变形、弹性弯曲与弹性压扁。故辊形设计的基本条件是使轧制时上、下工作辊的挠度总和等于上、下工作辊实际总凸度的1/2。

求出弥补轧辊变形造成钢板厚度不均匀所需的凸度值或凹度值，就可以选择合理辊形形式、分配总辊形值。有时四辊轧机辊形设计中采用简化处理的形式一般有两种，工作辊带有辊形，支持辊为平辊；或支持辊带有辊形，工作辊为平辊。设计辊形曲线需给出表示沿辊身长度方向的辊廓形状的数学方程式。

近年来我国在板形理论的研究方面取得了显著进展，并提出了"辊缝调节域"和"辊缝刚度"这一重要的概念。前者反映了轧机具有对受载辊缝形状加以调控以适应变化的能力（即辊缝柔性）；后者反映了轧机对有关因素（主要是轧制力）发生波动和存在干扰时辊缝形状保持稳定的能力（即辊缝刚性）。利用该概念对当前最有代表性的几种机型（CVC、PC、HC、WRS、VCR）进行分析。

2.2.2 柔性辊缝型

连续变凸度技术，是新一代板形控制技术，也是高技术轧制的核心技术之一。连续可变凸度技术的关键在于工作辊磨削的连续可变凸度曲线型初始辊形和加长的辊身长度。调控时上下工作辊沿轴向反向移位，辊间接触线长度不改变，但投入轧制区（与带钢接触）内的上下工作辊的辊身曲线段在连续变化，从而形成连续可变的辊缝凸度。

连续可变凸度技术最突出的特点就是可连续改变辊缝凸度，一套轧辊就能满足不同轧制规程的凸度要求。目前在宽带钢生产中，一般要求板带横截面形状对称于轧机中心线。因此常规工作辊磨削辊形一般采用对称形状。而连续可变凸度轧机工作辊采用特殊的非对称形状，上下工作辊辊面曲线方程相同，但反向180°放置，它不仅可以满足其基本要求，还能通过轴向移动连续改变辊缝形状。因此，凡是满足上述基本原理的反对称函数辊形曲线均可达到与连续可变凸度技术通用的效果，如两条正负相反的抛物线相切、一条三次方曲线、一条正弦曲线等。

CVC 是 continuously variable crown 的缩写，是一种凸度连续可变技术，如图 2-5 所示，它是由德国 SMS Schloemann-Siemag 开发出来的。辊形设计是关键。通过特殊 S 形工作辊的轴向窜移来达到连续变化空辊缝正、负凸度的目的。文献中更是提出了 VCAS 辊形，它不仅包括了 CVC 和 UPC（该技术与 CVC 技术很相似，也是利用工作辊的相对移动实现辊缝凸度的连续变化，不过 UPC 采用雪茄形轧辊）辊形，而且可以灵活地导出其他更为实用的辊形。

CVC 轧机就是有一对轧辊的凸度是连续可调的。CVC 轧辊辊形为曲线，近似瓶形，上下辊相同，装成一正一反，互为 180°，构成 S 形辊缝。通过轴向反向移动上下轧辊，就可实现轧辊凸度连续变化与控制。当轧辊未抽动时，辊缝略呈 S 形，轧辊工作凸度等于零，即为平形或中性凸度；当上辊向右下辊向左移动等距离时，即小头抽出时，则形成凹辊缝，此时中间辊缝变小，轧辊工作凸度大于零，称正凸度控制；反之，如果上辊向左下辊向右移动等距离即大头抽出时，则形成辊凸度为负的轧辊，轧辊工作凸度小于零，称为负凸度控制。由此可见，调节 CVC 轧辊的抽动方向和距离，就可调节原始辊凸度的正负与大小，相当于一对轧辊具有可变的原始辊凸度。因此，利用抽辊可以连续改变辊缝形状，相当于工作辊的凸度可连续改变，如图 2-5a 所示。CVC 轧机机型主要包括四辊 CVC 轧机和六辊 CVC 轧机。通常情况下，四辊 CVC 轧机的工作辊为 CVC 辊形，而六辊 CVC 轧机的中间辊为 CVC 辊形，如图 2-5b 所示。

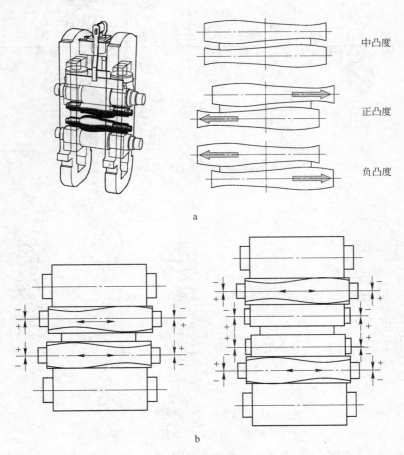

图 2-5　CVC 机型

a—CVC 轧机示意图；b—四辊和六辊轧机 CVC 辊形应用比较

某 1420mmCVC 冷连轧机组是某厂三期工程于 1993 年从德国西马克公司（SMS）引进的第二套 CVC 冷连轧机组。1420mm 冷连轧机组由五个机架组成，前三机架为四辊轧机，后两机架为六辊轧机，在第一机架和第五机架出口处安装有张应力测量辊。机组的具体设置如图 2-6 所示。

SmartCrown 技术是又一种连续变凸度技术，它在国外的铝带轧机上有工业应用，在宽带钢冷、热连轧机的首次拟工业移植应用是在我国的某冷轧厂。它的技术原理与 CVC 非常相似，两种系统都是利用工作辊横向窜辊来调节无载和有载辊缝形状以将期望的凸度传递给带材。SmartCrown 辊和 CVC 辊都是不对称加工的，表现为有特点的瓶形。上辊和下辊的加工是完全相同的，但安装方向则相反。

PC（pair cross）技术是由日本 Mitsubishi 重工及 Nippon 制铁联合开发研制出来的，如图 2-7 所示。在四辊轧机上，轴线相互平行的上工作辊和上支持辊与轴线也是相互平行

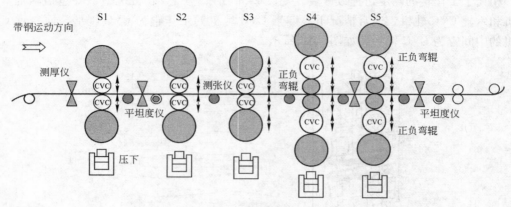

图 2-6　某 1420mm 冷连轧机组轧机配置示意图

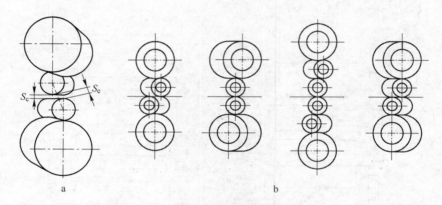

图 2-7　PC 机型

a—轧辊辊缝示意图；b—各种轧辊交叉法

的下工作辊和下支持辊交叉布置成一个角度，即成对交叉。轧机通过上下常规平辊的交叉达到连续改变辊缝凸度的目的（图 2-7a）。交叉后的空载辊缝凸度可表示为：

$$C_W = S_c - S_e = -\frac{B^2}{2D_W} \times 10^{-3} \tan^2\theta \approx -\frac{B^2}{2D_W} \times 10^{-3}\theta^2$$

式中，S_c 为轧辊中部辊缝；S_e 为轧辊边部辊缝；B 为带钢宽度，mm；D_W 为工作辊直径，mm；θ 为交叉角度，（°）。

从上式看出，空载辊缝凸度与轧件宽度的平方成正比。因此，PC 轧机适合轧制宽度大的轧件。假如工作辊的直径为 600mm，交叉角 $\theta = 0.3°$。当带钢宽度为 1000mm 时，空载辊缝凸度为 -0.25mm；当带钢宽度为 1500mm 时，空载辊缝凸度为 -0.57mm。

PC 轧机轧辊的交叉角一般为 0° ~ 1.5°。由于采用平辊，辊形加工简单。但是，轧辊的交叉也会带来较大的轴向力，需要采用专门的轴向限位装置。PC 轧机通过调节轧辊的交叉角来实现凸度和平直度控制在工业生产中应用较为广泛，在热轧和冷轧中都有应用（图 2-7b）。与现有的其他板形控制方式相比，轧辊交叉技术的凸度可控范围和板形控制能力都比较大，特别是在轧制宽带时，其凸度可控范围远远大于其他板形控制方式。

　　CVC 和 PC 轧机采用的机构不同，但其目的和调控性能却相同，即为了使辊缝曲线有较大的可调节范围。它们的辊缝调节域大小有所差异；但其辊缝刚度特性基本相近，均为低刚度型。因此它们的板形控制性能在原理上不相上下，同属高柔度、低刚度辊缝型，即柔性辊缝型。

2.2.3　刚性辊缝型

　　对于一般的轧机而言，工作辊与支持辊之间的接触线都存在着超出轧制宽度以外的部分，这一悬臂段的作用，是造成辊缝过度挠曲及轧制力波动引起辊缝凸度不稳定的主要原因，因而这一悬臂段被称为"有害接触区"。由日本 Hitachi 开发的 HC（high crown control）轧机采用工作辊或中间辊的轴向窜移，消除了"有害接触区"，从而有效地降低了辊缝凸度，同时提高了辊缝刚度，如图 2-8a 和图 2-8b 所示。因此，其板形控制性能属低凸度、高刚度辊缝型，即刚性辊缝型。

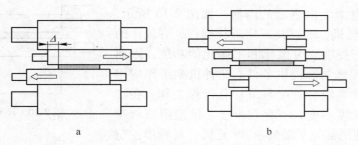

图 2-8　HC 轧机
a—四辊；b—六辊

　　根据窜辊对象（工作辊/中间辊）、弯辊对象（工作辊/中间辊）的不同组合，HC 轧机家族中可以分为 HCW、HCM、HCMW、UCM、UCMW 五种类型，如图 2-9a～e 所示。其中，代号中的"W"代表工作辊（work roll），"M"代表中间辊（intermediate roll）。代号中的"UC"代表万能凸度控制（universal crown control），"HC"代表高凸度控制（high crown control），UC 系列是在 HC 系列基础上增加了中间辊弯辊。

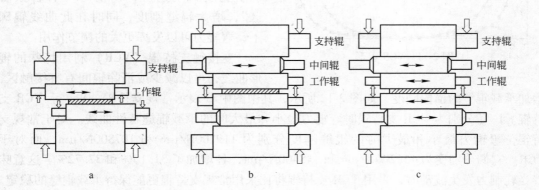

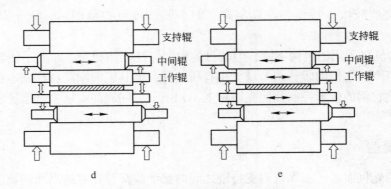

图 2-9　HC 衍生系列轧机原理简图

a—HCW；b—HCM；c—HCMW；d—UCM；e—UCMW

2.2.4　刚柔辊缝兼备型

K-WRS 轧机本是由 HC 类型轧机衍生而来，它是由日本的 Hitachi 和 Kawasaki 联合开发出来。但随着发展，该种机型也派生出自己的内涵，如图 2-10 所示。使用常规 WRS 轧机，通过其工作辊长行程、有规律的轴向窜移而具有使磨损分散化和平缓化的功能，因而能为"自由规程轧制"提供条件。此种机型工作辊辊身长度等于支持辊辊身长度与窜移总行程之和，在窜移过程中接触长度不变，不存在变接触机型因窜移带来的缺点。但使用常规平辊的 WRS 轧机，对板形控制

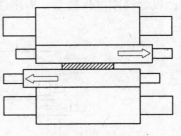

图 2-10　K-WRS 机型

无特定作用，但若采用一些具有特殊辊廓曲线的支持辊和工作辊，如 VCR 支持辊或 DSR 支持辊，则兼有了"刚性辊缝"与"柔性辊缝"的双重效果。

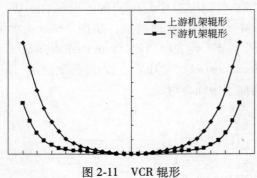

图 2-11　VCR 辊形

（1）VCR 支持辊。VCR（Varying Contact Roll）变接触支持辊是通过特殊设计的支持辊辊廓曲线，如图 2-11 所示。它是基于辊系弹性变形特性，使在受力状态下支持辊与工作辊之间的接触线长度能与轧制宽度自动适应，以消除"有害接触区"，增大辊缝刚度，同时在此曲线辊廓下，弯辊力可以发挥更大的调节作用。

变接触支持辊（VCR）利用特殊的辊形曲线，可以减少或消除辊间有害接触区，增加承载辊缝的横向刚度，如图 2-12 所示，其中图中 C 表示常规支持辊，V 表示 VCR 支持辊。I、J 分别为 VCR 支持辊时弯辊力最小和最大时的承载辊缝特性曲线。对于常规支持辊，弯辊力最小和最大时的辊缝刚度分别为 119100N/μm 和 107800N/μm，而对于 VCR，它们分别变为 156200N/μm 和 148400N/μm，各增加了 31.10% 和 37.72%。这意味着当轧制力发生波动时，采用 VCR 支持辊将比采用常规支持辊更能保持承载辊缝的稳定。

同时，由图中可以看出，采用 VCR 可以增加弯辊的调节效果。对于常规支持辊，弯辊力由最小变为最大时将导致 190μm 辊缝凸度的变化，采用 VCR 后，弯辊力的调节范围变为 210μm，增加了 10.53%。

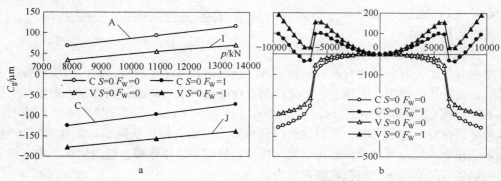

图 2-12 VCR 对辊缝横向刚度和全辊缝形状的影响
a—辊缝横向刚度；b—全辊缝形状

VCR 支持辊通过合理的辊形，改变辊间接触状态，使得工作辊换辊周期内接触压力的峰值和变化幅度都下降，如图 2-13 所示，其中图中 CON 表示常规凸度支持辊，VCR 表示 VCR 支持辊，WEAR 表示磨损后支持辊。对于常规无凸度的支持辊，当工作辊无磨损和弯辊力为零时，见图 2-13a，其辊间接触压力稍微比 VCR 支持辊有利，但这种情况在实际轧制中几乎不存在。通常情况下工作辊既有磨损又施加了弯辊力。图 2-13d 为磨损最严重和弯辊力最大的极限情况，此时，VCR 支持辊的辊间接触压力分布比常规支持辊的要好。将两种情况综合考虑，采用 VCR 支持辊后，辊间接触压力尖峰值下降了 28.18%，辊间接触压力的均方差下降了 5.31%。说明 VCR 支持辊相对常规支持辊而言，可以减少轧辊的疲劳破坏，延长其服役周期。

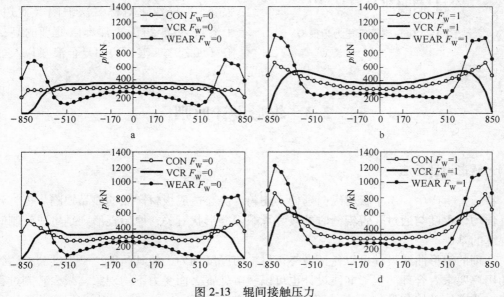

图 2-13 辊间接触压力
a—工作辊无磨损、弯辊力最小；b—工作辊无磨损、弯辊力最大；
c—工作辊磨损最大、弯辊力最小；d—工作辊磨损最大、弯辊力最大

（2）DSR 支持辊。DSR（dynamic shape roll）动态板形辊是 CLECIM 公司开发的一种轧辊，其结构主要包括辊套（金属套筒）、辊轴、液压缸、平衡缸等，如图 2-14 所示。

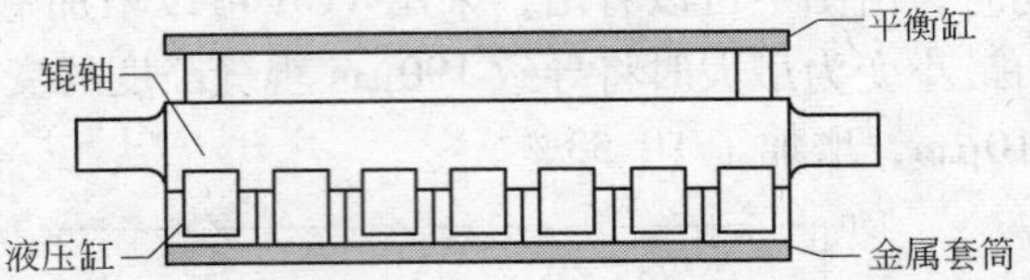

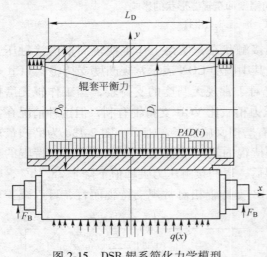

图 2-14　DSR 辊结构示意图

正常轧制时，在工作辊的带动下，通过摩擦力带动金属套筒绕着固定辊轴旋转。套筒内共有 7 个压块，每个压块装备了一个液压缸，此液压缸固定在辊轴上。板形控制系统通过对液压缸流量的控制，调整每个压块的压下。7 个压块共同作用于套筒，使其压在上工作辊上。这样通过控制多个压块的压力分布就可以调整辊缝的形状，从而达到控制板形的目的。在压块同套筒之间可以通过动、静压系统建立一层油膜轴承，避免套筒与压块直接接触发生摩擦，以免烧坏。在套筒和辊轴的两端装有两套轴承，以吸收轴向应力。

DSR 动态板形辊代替传统中的支持辊，通过支持辊压力分布的动态调节（图 2-15），使辊缝兼具有"刚"和"柔"两种特性。

1）能针对不同的轧制宽度消除工作辊和支持辊之间的有害接触区，从而增大辊缝刚度，使辊缝在轧制力变动时保持相对稳定，即刚性辊缝。

2）能针对辊缝全线或特定的局部区域，柔性地调节支持辊压力的横向分布，从而能适应各种轧制条件的变化，即柔性辊缝。既能纠正对称二次缺陷（双边浪、中浪），也能纠正通常难以处理的高次缺陷（四分之一浪、边中复合浪）以及非对称缺陷。

图 2-15　DSR 辊系简化力学模型

2.3　辊形设计原则

2.3.1　辊形设计方法

在板带生产中，由于板材纵向延伸不均匀，势必造成板材产品的成品缺陷。板材各部分延伸均匀程度与通过轧辊辊缝时的实际承载辊缝形状有关，原始辊形则是生成轧制时承载辊缝的基础。

合理的辊形曲线设计可以保证最终板材横向厚度均匀，使其凸度、平坦度公差达到苛刻的用户要求。合理的辊形曲线设计也可以缓解轧辊表面受力不均现象，减少轧制过程中的磨损或者使其均匀磨损，直接降低成本。同时减少不良产品率，提高优质产品的命中率。辊形设计研究的实质是对轧辊的初始辊形进行设计和研究。

工作辊直接决定着空载辊缝的形状，也决定着它与支持辊或者中间辊的接触状态并影响承载辊缝的形状。在带钢生产中，辊形的变化是钢板形变化的主要干扰因素之一。工作辊常用的初始辊形较为简单，其形状一般为正余弦函数或者抛物线形。合理的工作辊初始辊形应该使各规格的带钢的机架出口凸度可控制在板形控制锥内部。

支持辊初始辊形设计能够调整工作辊与支持辊（四辊轧机）或中间辊（六辊轧机）之间的接触状态。比较相同凸度的工作辊和支持辊，支持辊对板凸度的影响会小一点。支持辊是间接地影响承载辊缝曲线的。支持辊的服役周期较长，一般为 4~6 周，磨损较工作辊和中间辊严重。支持辊的辊形相对稳定，对板形控制有着长期的影响。在服役后期，支持辊磨损加剧，凸度减小，甚至出现了负凸度，影响了板形调控性能。研究表明，磨损和辊间接触压力有着较大的关系，因此如果采用适当的支持辊辊形，可以降低支持辊的不均匀磨损，提高轧机的板形控制性能。支持辊、中间辊、工作辊接触线超出带钢宽度的部分会造成辊缝凸度过大和辊缝在轧制力波动下不能保持稳定的重要因素。

为了减少这个危害，先后出现了 BRCM（back roll crown mill）技术、NBCM（new backup roll crown mill）技术，但是都有着各自的缺点。BCM 只能轧制单一宽度的带钢，且容易造成辊间接触压力分布不均，造成轧辊的表面剥落，NBCM 容易造成辊系不稳定。设计出特殊的支持辊辊形可以减少有害接触区的影响，减少辊缝的挠曲变形，从而很好的控制承载辊缝形状，也应能保证在线服役时间内轧机板形控制性能尽量不变。VCR 变接触支持辊技术就能够使接触线长度与钢板宽度自动适应，有效减少有害接触区，能够使辊间接触压力分布均匀。

2.3.2 轧辊辊形

如果带钢在轧制后的弹性恢复忽略不计，则带钢横截面几何外形取决于轧制过程中承载辊缝的形状。承载辊缝的形状决定于轧辊原始辊形和轧制时在带钢抵抗变形的压力作用下，轧辊的弹性变形（包括弹性弯曲及弹性压扁）、轧辊的热膨胀及轧辊辊身表面的磨损状况。

传统的工作辊辊形设计涉及两个问题：一是轧辊形状的选择；二是选用凸度的值。对于支持辊的辊形设计传统上都是使用平辊，有时候选择一定凸度值的抛物线辊形。

辊形设计的主要目的，在于确定合理的轧辊原始磨削凸度，以便轧制时通过调节轧辊温度及其他控制措施，对轧辊的弹性变形和磨损进行补偿，从而获得板形良好、厚度精度较高的产品。

板带轧机轧辊辊形有原始辊形和工作辊形之分。一般把在常温下磨削出来的辊形称为初始辊形，用 ΔD_0 表示，把在轧制中由于热膨胀和磨损等原因使辊形发生变化后的实际辊形称为工作辊形，用 ΔD 表示。工作辊形 ΔD 为：

$$\Delta D = \Delta D_0 + \Delta D_热 + \Delta D_磨 + S$$

式中，ΔD_0 为原始辊形，凸形为正，凹形为负，圆柱形为零；$\Delta D_热$ 为热凸度，凸度为正，凹形为负；$\Delta D_磨$ 为磨损凹度；S 为弹性压扁。

2.3.3 轴向移位变凸度技术

轴向移位变凸度（variable crown by axial shifting）技术是目前提高轧机板形控制能力

的有效方法。一对 VCAS 工作辊由于本身特殊的非对称形状，在轴向相对移动时，辊缝形状发生变化，达到板形控制目的。

常见的 VCAS 轧机有 CVC、CVC plus、SmartCrown 和 UPC 等，非对称辊形设计是上述系统发展过程中所面临的关键问题。轴向移位变凸度技术的特点是利用一套轧辊满足不同轧制规程的凸度要求，其辊形参数即决定了凸度控制能力。

2.3.3.1　工作辊辊形设计原则

常见的工作辊辊形设计原则有如下几种：

（1）辊径差最小化。轧辊辊径差较大会导致带钢中留有残余应力，一般在轧辊辊形设计时，为减小残余应力，提高带钢质量，常采用辊径差最小化作为设计原则。工作辊的辊身中间部分是板带轧制区域，辊径差较大容易造成板带轧制时的不稳定。有时在设计辊形时，也需要适当加大工作辊两端边部的辊径差来减小中间部分的辊径差，而边部辊形曲线通过修形改善即可。

（2）凸度比恒定。凸度比通常情况下不恒定，凸度比随窜辊位置的变化而变化，并且在窜辊过程中，二次凸度发生变化，四次凸度同时也发生变化，二次凸度和四次凸度存在耦合，给板形控制带来了困难。

（3）轴向力最小化。轴向移位变凸度技术所采用辊形曲线通常情况下为不对称辊形，辊形的不对称性导致不可避免地会产生轴向力，对板带生产工艺产生不利影响。经调查发现，工作辊轴向力过载还是轴承烧损的主要原因，严重时可能引起轧辊损坏，产生更大损失。因此，在轧辊辊形设计中，应该尽量减小轴向力，使其产生的影响达到最小。

2.3.3.2　基于最小轴向力的工作辊辊形设计流程

带钢作用于轧辊的力如图 2-16 所示。

由图可得：

$$\frac{\mathrm{d}F_2}{\mathrm{d}F_1} = \frac{\mathrm{d}y}{\mathrm{d}x}$$

式中，$\mathrm{d}F_1$ 为轧制应力单元；$\mathrm{d}F_2$ 为轴向应力单元。

假设具体的轧制过程中，轧制力为常数，即

$$\frac{\mathrm{d}F_1}{\mathrm{d}x} = p_0。$$

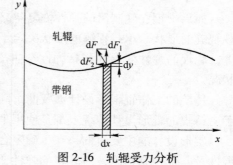

图 2-16　轧辊受力分析

作用于宽度为 $2b$ 的带钢上的总轴向力：

$$F_2 = \int_{y_{u1}(L-b)}^{y_{u1}(L+b)} p_0 \mathrm{d}y = p_0 \left[y_{u1}(L+b) - y_{u1}(L-b) \right]$$

定义辊形对轴向力大小的影响系数 R 为：

$$R = \left[y_{u1}(L+b) - y_{u1}(L-b) \right]^2$$

代入具体的辊形曲线，可发现 R 值就只与辊形曲线的一次项系数 b 和 s 的取值有关。

轴向力最小化的思想通过可用来求解 CVC、CVC plus、SmartCrown 及 UPC 轧机辊形曲线的一次项系数，利用数值解法，根据辊形对轴向力大小的影响系数 R 最小化原则确定一次项系数的的值：

（1）确定出 n 个一次项系数值，计算每个值在 s 和 b 允许范围内所对应的最大 R 值；

（2）比较不同一次项系数值所对应的不同最大 R 值，从中确定出最小的 R 值，对应

于最小 R 值的即为所求。

2.3.3.3 基于最小轴向力的 CVC 工作辊辊形设计

如图 2-17 所示，CVC 轧机辊形曲线呈 S 形，上、下辊反对称布置，通过 S 形工作辊的轴向窜辊得到连续变化的辊缝形状。

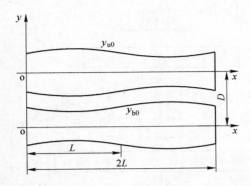

图 2-17 CVC 轧机辊形曲线

CVC 辊形曲线参数的确定。上、下辊朝相反方向相对移动距离 s，上、下辊辊形曲线分别为：

$$y_{u1}(x) = A_0 + A_1(x - s) + A_2(x - s)^2 + A_3(x - s)^3$$
$$y_{b1}(x) = A_0 + A_1(2L - x - s) + A_2(2L - x - s)^2 + A_3(2L - x - s)^3$$

轧辊轴向窜辊后的辊缝函数为：

$$g(x) = D - y_{u1}(x) - y_{b1}(x)$$
$$= 2[3A_3(s - L) - A_2](x - L)^2 + 2(A_3(s - L)^3 - A_2(s - L)^2 + A_1(s - L) - A_0) + D$$

辊缝的等效凸度为：

$$C_e = g(0) - g(L) = 6A_3 L^2 s - (6A_3 L + 2A_2)L^2$$

(1) A_2 和 A_3 的确定。假定轧辊轴向窜辊范围和其对应的凸度取值范围分别为 $[C_1, C_2]$ 和 $[S_1, S_2]$。

凸度与轧辊轴向移动位移之间存在线性关系：

$$\begin{cases} C_1 = C_e(S_1) = 6A_3 L^2 S_1 - (6A_3 L + 2A_2)L^2 \\ C_2 = C_e(S_2) = 6A_3 L^2 S_2 - (6A_3 L + 2A_2)L^2 \end{cases}$$

联立方程解得：

$$A_2 = -\frac{C_1}{2L^2} + 3A_3(S_1 - L) \; ; \; A_3 = \frac{C_1 - C_2}{6L^2(S_1 - S_2)}$$

(2) A_1 的确定。利用轴向力最小化原理，定义辊形对轴向力大小的影响系数 R：

$$R = [y_{u1}(L + b) - y_{u1}(L - b)]^2 = 4b^2[A_1 + 2A_2(L - s) + 3A_3(L - s)^2 + A_3 b^2]^2$$

R 的值就只与 A_1、b 和 s 的取值有关。利用数值解法，根据辊形对轴向力大小的影响系数 R 最小化原则确定 A_1 的值：

1) 确定出 n 个 A_1，计算每个 A_1 值在 s 和 b 允许范围内所对应的最大 R 值；

2）比较不同 A_1 值所对应的不同最大 R 值，从中确定出最小的 R 值，对应于最小 R 值的 A_1 即为所求。

A_1 求解流程图如图 2-18 所示。

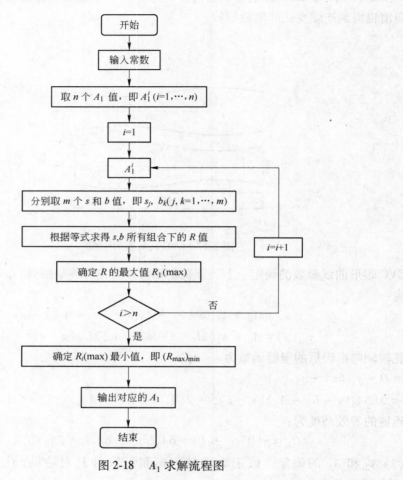

图 2-18　A_1 求解流程图

（3）A_0 的确定。轧辊无轴向移动情况下，CVC 轧辊中心辊径等于名义直径，即 $y_{u0}(L) = \dfrac{D_R}{2}$，则 $A_0 = \dfrac{D_R}{2} - A_1 L - A_2 L^2 - A_3 L^3$。

2.3.3.4　CVC 辊形曲线分析

表 2-3 列出了基于最小轴向力所计算的辊形数据。

表 2-3　CVC 辊形系数计算结果

参　数	计算结果/mm
A_0	354.8484
A_1	4.3991×10^{-5}
A_2	3.8549×10^{-6}
A_3	-1.0420×10^{-7}

图 2-19 是基于最小轴向力所计算的 CVC 工作辊辊形曲线。图 2-20 显示了基于最小轴向力所设计的 CVC 工作辊辊形曲线在不同带钢宽度下轴向力的分布情况。

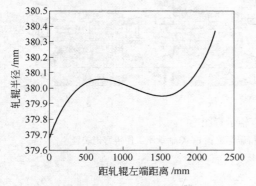

图 2-19　CVC 轧机的工作辊辊形曲线

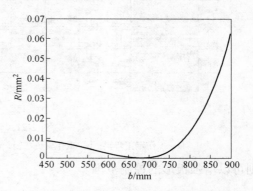

图 2-20　CVC 轧机工作辊各处轴向力分布

2.4　轧制工艺控制手段

机型和辊形都需要相应的轧制工艺配合才能最大程度地发挥其效能。在冷连轧生产板形控制中，液压弯辊和液压窜辊是两个最主要的工艺控制手段。

2.4.1　液压弯辊

液压弯辊最早应用于橡胶、塑料、造纸等工业部门，以后才逐步应用到金属加工中来，并发展成为一个行之有效的板形控制方法。其基本原理是：通过向工作辊或支持辊辊颈施加液压弯辊力，使轧辊产生附加弯曲，来瞬时地改变轧辊的有效凸度，从而改变承载辊缝形状和轧后带钢的延伸沿横向的分布，以补偿由于轧制压力和轧辊温度等工艺因素的变化而产生的辊缝形状的变化，保证生产出高精度的产品。由于工作辊表面直接与带钢接触，构筑了带钢横截面形状，因此工作辊弯辊（包括正弯、负弯，如图 2-21a、b 所示）成为生产中应用最为普遍的弯辊形式。支持辊弯辊（图 2-21c）也是液压弯辊的一种形式，但是由于其结构复杂，机架承受的负荷大，使其应用受到一定限制，目前在生产中应用不多。此外，为了提高弯辊力的调控能力，解决常规工作辊弯辊轴承座应力和变形不均、承受负荷较大的问题，日本石川岛播磨重工业公司开发了双轴承座工作辊弯辊装置（DC-WRB，图 2-21d），可在对设备改动不大的情况下提高弯辊力的调控功效，改善工作辊轴承座的受力状况。由于效果显著、响应快，液压弯辊装置已成为板带轧机上应用最广泛的板形调节手段，一些先进的机型如 HC 轧机、CVC 轧机等只有与液压弯辊配合才能最大程度地发挥其板形调节能力。只要根据具体的工艺条件来适当地选择液压弯辊力，就可以达到改善板形的目的。

弯辊分为正弯辊和负弯辊两种。正的弯辊力方向与轧制力方向相同，引起的轧辊弯曲与轧制力引起的弯曲方向相反。采用正弯辊后，辊缝凸度变小，借助弯辊力使轧辊弯曲，这相当于增加了工作辊的原始凸度。正的弯辊力方向与轧制力方向相反，其作用与正弯辊相反。由于正弯辊的设备简单，使用方便，所以采用的比较多。如果再增加反弯辊机构，

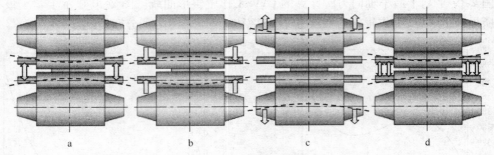

图 2-21　液压弯辊示意图

a—工作辊正弯辊；b—工作辊负弯辊；c—支持辊弯辊；d—双轴承座工作辊弯辊装置

则可以增强板形的控制范围。

2.4.2　液压窜辊

窜辊系统在不同类型的轧机中所起的作用不尽相同，大体可分为以下三类：

（1）带有特殊辊形的工作辊窜辊，如 CVC 等（图 2-22a），可实现辊缝凸度的连续变化，扩大凸度调节范围。

（2）HC 轧机的窜辊，工作辊在窜移过程中与支持辊的接触线长度与带钢宽度相适应（图 2-22b），其作用是消除带钢与轧辊接触区以外的有害接触区，提高辊缝刚度。

（3）WRS 轧机的工作辊长行程窜辊，工作辊在窜移过程中与支持辊的接触线长度始终保持不变（图 2-22c），其作用是通过工作辊的轴向窜移使工作辊磨损分散均匀化，同时还可通过工作辊端部辊廓曲线形状的特殊设计达到打破工作辊磨损箱形，降低带钢边部减薄的目的，为实现自由规程轧制创造条件。

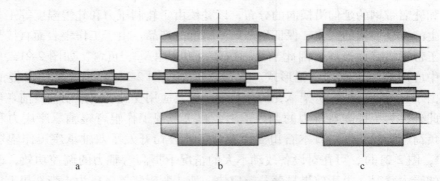

图 2-22　典型窜辊机构

a—CVC；b—HC；c—WRS

2.4.3　弯辊和窜辊结构

液压弯辊和液压窜辊已成为现代板带轧机上最普遍的两种板形调节手段并在生产中得到了广泛应用。正确地使用这两种调控手段，制定合理的弯辊工艺制度和窜辊工艺制度，将有助于板带产品质量及生产效率的提高，并为实现自由规程轧制创造条件。图 2-23 为窜辊和弯辊结构示意图。

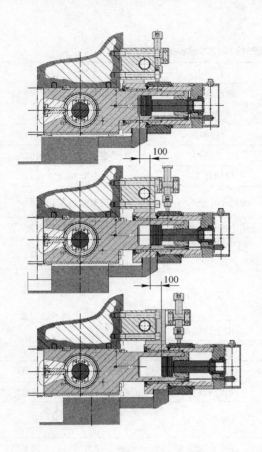

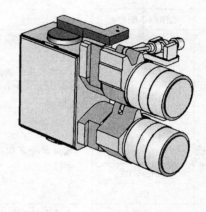

a

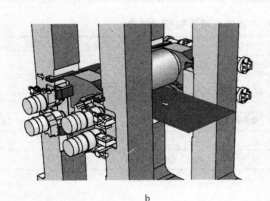

b

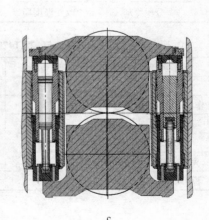

c

图 2-23　窜辊和弯辊结构示意图

a—窜辊结构；b—窜弯结构；c—弯辊结构

2.4.4　丰富的板形控制手段

　　板形控制手段有多种，如表 2-4 所示，其中液压弯辊、轧辊窜辊、压下倾斜、工作辊热辊形、VCR 支持辊、初始辊形配置等广泛应用。某 1420mmCVC 冷连轧机组配备了多种板形调控手段，具体见表 2-5，表中 WR 表示"work roll"，即工作辊，IR 表示"intermediate roll"，即中间辊。

表 2-4 板形控制技术

名 称		原 理	应 用	特 点
压下倾斜		整体改变辊缝形状	广泛应用	只针对单侧边浪侧弯
液压弯辊	支持辊	轧辊弯曲有效改变辊缝形状	使用少	弯曲力大
	中间辊		广泛应用	灵活有效，中部作用明显
	工作辊		广泛应用	灵活有效，边部作用明显
	工作辊单侧弯曲		使用较少	形成非对称调节效果
支持辊辊形	BCM，SC VBL，IB-UR，IC	改变辊形或轧辊弯曲特性	使用不广泛	结构复杂，作用有限
	VCR，VCL	自动改变接触线长度	用于冷轧及热轧	简单有效，改造方便
	VC NIPCO，DSR	以外力方式无级调节支持辊辊形	用于低轧制力场合，使用少	结构复杂，密封难
轧辊窜辊	HC 系列 UC 系列 CVC 系列	轧辊窜辊直接或间接改变辊缝形状	广泛应用	灵活方便，调节能力强
	FPC-WPS		用于热轧	
	PC		用于热轧	
工艺手段	初始辊形配置	直接改变辊缝形状	一般都有应用	预先考虑，非在线工作
	优化规程	分配压下量时考虑板形	一般都有应用	预先考虑，非在线工作
	改变张力分布	改变张应力分布影响板形	使用少	作用有限
	分段冷却	改变温度场	使用广泛	可控制任意浪形，但滞后大

表 2-5 某 1420CVC 冷连轧机组板形控制技术

板形调控手段	第一机架	第二机架	第三机架	第四机架	第五机架
压下倾斜	有	有	有	有	有
工作辊（WR）正负弯辊	有	有	有	有	有
中间辊（IR）正负弯辊	无	无	无	无	无
CVC 技术	有（WR）	有（WR）	有（WR）	有（IR）	有（IR）
WR 精细分段冷却	无	无	无	无	无
板形闭环反馈控制	有	无	无	无	有

2.5 板形控制策略

2.5.1 控制模型

在冷轧机具有多种板形控制设备后，如何利用这些设备在最大程度上消除板形缺陷成为一个重要问题，即板形控制策略问题。板形控制策略是整个板形控制系统的核心，负责协调和控制各种板形控制手段。板形预设定控制模型和实时控制模型是板形控制策略的两个主要模型。

（1）预设定控制模型。板形预设定模型可在带钢进入升速轧制阶段之前，对各种轧制参数进行调整。其主要作用是为板形的实时控制创造一个良好的初始条件，保证带钢的板形质量。

在最初的板形控制实践中，人们采用静态的或动态的负荷分配法对轧制规程进行优化，进而建立板形预设定模型。由于轧制规程设定中可调节因素仅为机架间负荷分配，且设定计算结果需要同时保证带钢的出口厚度，因此这种板形设定方法的调节范围较小，很难取得较高的控制精度。

随着技术的发展，液压弯辊、HC 技术、CVC 窜辊等板形调节技术相继出现，并得到广泛应用。由于这些手段具有较强的调节功能，且调节动作对厚度控制基本不产生影响，使得板形设定模型逐渐从轧制规程设定模型中脱离出来，成为独立运行的模块。另外，自适应、自学习等功能也被结合到板形设定模型中来，从而大大提高了板形设定控制的精确度和稳定性。

（2）实时控制模型。板形实时控制分为开环控制和闭环控制两种方式。开环控制又叫"前馈控制"，是以弯辊力补偿轧制力波动对平坦度造成的影响。但由于控制效果有限，板形开环控制一般仅作为闭环控制的补充。

板形检测装置在生产中得到应用以后，板形闭环控制系统由于在控制效果上具有优势，逐渐发展成为板形实时控制的主要方式。其发展大致经历了三个发展阶段。

第一阶段处于 20 世纪 60~70 年代，以 BISRA 的板形控制系统和日立的 HC 轧机板形控制系统为代表。二者均采用了非接触式张应力测量装置，其检测结果通过最小二乘拟合被转化为四次多项式用于板形控制。

在 BISRA 板形控制系统中，张应力检测结果被拟合为：

$$\sigma(x) = \sigma_c + ax^2 + bx^4$$

系统中用于板形控制的手段包括开卷机张力调节和弯辊力调节，这两种板形控制手段均可对板形参数 a、b 产生影响。在得到板形控制手段对板形参数 a、b 的影响系数后，可建立两个板形调节量与张应力偏差之间的关系方程，通过方程组求解即可求得两种板形控制手段的调节量，从而使 a、b 最小。

在 HC 轧机板形控制系统中，板形检测装置可提供 25 点的纤维相对长度差分布，这一分布被转化为四次多项式：

$$y = \lambda_0 + \lambda_1 x + \lambda_2 x^2 + \lambda_3 x^3 + \lambda_4 x^4$$

式中，λ_2、λ_4分别表示对称板形分量；λ_1、λ_3分别表示非对称板形分量。

为突出板形参数的物理意义，对 $\lambda_1 \sim \lambda_4$ 作了以下线性变换：

$$\Lambda_1 = \lambda_1 + \lambda_3$$

$$\Lambda_2 = \lambda_2 + \lambda_4$$

该系统通过压下偏斜装置控制板形测量值中的非对称分量，通过工作辊弯辊、中间辊弯辊控制对称分量。考虑到在一个控制周期内的板形调节动作不足以完全消除本周期的板形偏差，本系统采用了登山搜索法以寻求最优解。为此，系统对于对称板形分量和非对称板形分量分别建立了评价函数，使评价函数达到最小的搜索点便是板形调节量计算的最优解。

在这一代板形闭环控制模型中，一般都采用多项式形式对板形测量值作近似性处理，这样做的主要原因在于板形测量的精度不足。采用多项式拟合结果可以减小测量误差带来的影响，同时可有效地减少信息量，使得板形控制计算可以由当时内存很少、运算速度很低的计算机完成。

20 世纪 80 年代以来，板形检测技术有了新的进步，板形控制手段日益丰富，由此带来了板形闭环控制模型的革新。某 2030mm 冷连轧机第五机架板形闭环控制系统采用了第二代板形闭环控制模型。该轧机为四辊 CVC 轧机，可进行压下倾斜、工作辊弯辊、工作辊 CVC 窜辊以及分段冷却等板形调节，板形测量装置为 ASEA 多段接触式张应力测量辊。测量辊的测量信号经最小二乘拟合被转化为不完全多项式：

$$y(x) = a_0 + a_1 x + a_2 x^2 + a_4 x^4 + f(x)$$

该控制模型引入了目标板形的概念，板形调节只用于补偿板形测量值与目标值之间的偏差。目标板形中可以包括系统测量误差以及下道工序对本工序的板形要求，它的应用反映了板形测量技术以及板形控制工艺的进步，对于板形控制有着重要意义。

在该系统的原设计中，板形偏差的二次分量和四次分量是依靠弯辊和 CVC 窜辊联合加以控制的。系统实际运行中，出于简化操作的考虑，只将两种板形控制手段用于二次板形偏差的控制，四次板形偏差及拟合计算后剩余的板形偏差则由分段冷却加以控制。

第二代板形闭环控制模型（图 2-24）的一个突出的特点是对板形测量信息的充分利用。模型中虽也将板形偏差拟合为多项式进行处理，但认为板形测量是足够精确的，因此拟合计算后剩余的板形偏差仍被用于冷却调节量计算。而在第一代控制模型中，板形拟合的作用是消除测量误差，因而没有必要对剩余偏差进行控制。第二代控制模型的这一进步反映了板形控制在向精确化方向发展。

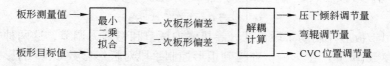

图 2-24 第二代板形闭环控制过程

20 世纪 90 年代是板形闭环控制模型发展的第三阶段，这一时期，板形测量技术已相当成熟，控制模型中开始以效应函数表示板形控制手段的调节性能。并以带钢应力分布的模（或称欧氏范数）最小作为控制目标，即：

$$\sigma = \sigma_0 + a_1 Eff_1 + \cdots + a_m Eff_m$$

$$\min \sum_{i=1}^{n} \sigma_i^2$$

式中，σ_0 为调整前带钢应力分布；σ 为调整后带钢应力分布；a_m 为各种调节手段调整量；Eff_m 为各种调节手段效应向量。

在控制模型中，可通过并行计算和顺序计算两种不同的算法求解各种手段的调节量。

（1）并行计算。并行计算中，若效应函数向量组 $[Eff_1, \cdots, Eff_m]$ 为线性无关向量组，则上式可以用最小二乘法解：

$$[a_1, \cdots, a_m]^T = -(E^T E)^{-1} E^T \times \sigma_0$$

式中，E 为矩阵 $[Eff_1, \cdots, Eff_m]$。

（2）顺序计算。顺序计算中，控制模型按某种特定的序列计算各调节手段的调节量，板形剩余偏差的最小化反映在各次调节量计算中。如定义调节量计算序列为 a_1，a_2，$\cdots$，a_n，则顺序控制模式下每一步的板形控制目标可表示为：

$$Q_i = \sum_{k=1}^{n} \left\{ \left[\sigma_0[k] + \sum_{j=1}^{i-1} a_j \times Eff_j[k] \right] + a_i \times Eff_i[k] \right\}^2$$

式中，Q_i 为第 i 步的板形应力的欧氏范数。

根据上式所规定的板形控制目标，按其先后顺序逐一求解即可求得各调节手段调节量即可。顺序计算模式对效应函数向量组的线性无关性不作要求，这使该计算模式具有广泛的适用性。但在此模式下，板形的控制效果与计算序列的选择有关，需根据设备状况以及各调节手段的调控特性对计算序列作合理的安排。通常首先采用作用速度快，效果明显的手段。

无论采用并行算法还是顺序算法，通过各种机械手段仍无法消除的带钢应力将用于确定相应区段冷却喷嘴的开关状态，从而实现精细冷却调节。

基于效应函数的板形闭环控制策略可由图 2-25 表示，与传统板形闭环控制策略相比有两点不同：

图 2-25　基于效应函数的
板形闭环控制策略

1）最小二乘拟合算法不再用于板形偏差模式识别，而是直接用于调节量计算。从而取消了原来的板形偏差模式识别过程；

2）对板形控制手段调节性能的识别不再局限于一次、二次、四次板形偏差，可对任意形态的板形进行调节。

效应函数是对板形调节效果的直接描述，与以往所采用的板形参数的描述方式有着本质的不同。效应函数的应用导致了板形控制模型的革新，使得板形控制效果的进一步提高成为可能。这一类模型已应用于我国宝钢 1420mm、武钢 1700mm 等冷轧带钢生产企业，同时在铝带轧机上也得到了应用。武钢 2180mm 冷连轧机在第一和第五机架后分别装备了 ABB 板形测量辊和 SI-FLAT 非接触板形仪，也配备了采用效应函数策略的板形实时控制系统。

2.5.2　数学模型

现代冷轧机一般都有两个或者两个以上的板形调控手段，因此设定计算时必须考虑这些调控手段的综合运用，以达到最佳的板形控制效果。板形控制策略的设定根据板形调控手段的数量和各自特点，以确定调控手段的优先权，计算的初始值和极限值。

一般冷轧机计算的基本过程为，根据各调控手段的优先权，按照选定的初始值，先计算具有高优先权的手段，对辊缝进行调节。当这种调节量达到极限还是不能满足辊缝凸度要求时，就启动次优先级的调控手段，以此类推，直到调控手段都得到使用。

由于一般依据响应慢、灵敏度小、轧制过程中不能动态调整的因素为最优先的调控手段。CVC6 轧机优先权划分为 CVC 窜辊、中间辊弯辊、工作辊弯辊。

1420mm 冷连轧机组板形控制系统具有一套完备的数学模型系统。利用数学模型进行预报设定，在轧制过程中对模型进行自适应与自学习，从而使预报精度越来越高，轧制过程也越来越稳定。

2.5.2.1　弯辊和 CVC 设定模型

（1）首先计算实际辊缝凸度和目标辊缝凸度的偏差：

$$dev = Targetprofile - Startprofile$$

$$fl\_dev = \frac{\Sigma\,(Startprofile - Targetprofile)^2}{no}$$

式中，Σ 表示 $\sum\limits_{i=0}^{no}$，以下各式表示方法相同。

dev 用于计算板形调控机构的设定值。fl_dev 用于判断设定值计算的条件，即当 $fl\_dev \leqslant FL\_DEV\_LIMIT$ 时，认为板形调控机构的设定值已达到要求，不再进行计算。

（2）计算 ONE ACTUATOR 模式下的板形调控机构设定值：

$$dAct1\_1 = \frac{\Sigma\,(dev \times eff1)}{\Sigma\,(eff1)^2}$$

式中，$eff1$ 为板形调控机构 1 的效率因子。

（3）计算 TWO ACTUATOR 模式下的板形调控机构设定值。

按照下述方法计算板形调控机构 1 和板形调控机构 2 的设定值：

$$det1 = \Sigma\,(eff1)^2 \times \Sigma\,(eff2)^2 - [\Sigma(eff1 \times eff2)]^2,\ det2 = \frac{\Sigma\,(eff1\text{-}eff2)^2}{no}$$

有下列三种情况：

$det1 \neq 0$，则：

$$dAct1 = \frac{\Sigma\,(eff2)^2 \times \Sigma\,(eff1 \times dev) - \Sigma\,(eff1 \times eff2) \times \Sigma\,(eff2 \times dev)}{det1}$$

$$dAct2 = \frac{\Sigma\,(eff1)^2 \times \Sigma\,(eff2 \times dev) - \Sigma\,(eff1 \times eff2) \times \Sigma\,(eff1 \times dev)}{det1}$$

$det1 = 0$，$det2 \neq 0$，则：

$$dAct1 = \frac{\Sigma\,(dev \times eff1)}{\Sigma\,(eff1)^2}$$

$$dAct2 = \frac{\Sigma\,(dev \times eff2)}{\Sigma\,(eff2)^2}$$

$det1 = 0$，$det2 = 0$，则：

$$dAct1 = \frac{\Sigma\,(dev \times eff1)}{\Sigma\,(eff1)^2}$$

$$dAct2 = 0$$

（4）计算调节后辊缝凸度与目标辊缝凸度之间的偏差：

$$dev = Targetprofile - Startprofile$$

$$fl\_dev = \frac{\Sigma\,(Startprofile - Targetprofile)^2}{no}$$

判断偏差是否达到要求。如果达到要求，停止计算，否则，用新的偏差值继续进行计算。

2.5.2.2 辊缝形状模型

$$pws(i) = \begin{cases} F\_WR\_R(i) + KONTUR\_WR\_R(i) - K\_WR(i) + K\_WR(0) \\ F\_WR\_L(i) + KONTUR\_WR\_L(i) - K\_WR(i) + K\_WR(0) \end{cases}$$

式中，$pws(i)$ 为辊缝形状；$F\_WR\_R(i)$ 为工作辊右侧挠曲线；$KONTUR\_WR\_R(i)$ 为工作辊右侧初始凸度；$F\_WR\_L(i)$ 为工作辊左侧挠曲线；$KONTUR\_WR\_L(i)$ 为工作辊左侧初始凸度；$K\_WR(i)$ 为工作辊压扁量；$K\_WR(0)$ 为工作辊中心点处的压扁量。

工作辊初始凸度：

$$KONTUR\_WR(i) = (((((S_5 \cdot x + S_4) \cdot x + S_3) \cdot x + S_2) \cdot x + S_1) \cdot x +$$
$$TCR(i) + WCR(i)$$
$$x = i \cdot d_x$$

其中，S_5、S_4、S_3、S_2、S_1 为轧辊磨削系数；$TCR(i)$ 为轧辊热凸度；$WCR(i)$ 为轧辊磨损凸度。

2.5.2.3 轧辊热辊形模型

轧辊的热辊形是由轧辊内部温度分布场和轧辊材料热膨胀参数决定的。轧辊内部温度场计算具有一定难度，因为其涉及轧辊与带钢、冷却液、空气及其他轧辊之间的热交换过程，是一个非线性问题。本模型采用标准的二维有限差分法，将轧辊沿轴向分为有限个等段，沿径向分为若干层等截面积的圆筒，建立离散化轧辊热模型。在每个离散单元体内进行假设，采用迭代法确定各单元体的温度。其中的有限差分法计算公式可从有关材料或专著中查到。得出温度场后，按线膨胀计算每个单元体的变形，叠加得出轧辊热辊形。

$$DM(i) = \frac{DM_0 \times \sum_{j=0}^{N-1} \alpha \times [t(i)(j) - t_0(i)(j)]}{N} \quad (i = 1, 2, \cdots, M)$$

式中，DM_0 为轧辊初始直径；α 为线膨胀系数；$t(i)(j)$ 为第 i、j 单元体的温度；$t_0(i)(j)$ 为第 i、j 单元体的初始温度；N 为径向圆筒的层数；M 为轴向的段数。

2.5.2.4 轧辊磨损辊形模型

采用统计模型，并将轧辊沿轴向均匀离散化。

轧辊直径磨损量：

$$\Delta D_w(i)(k) = \Delta L(k) \times K_w \times F_l(i)$$

式中，i 为表示轴向第 i 段；k 为表示第 k 次计算 ΔD_w 的值；$\Delta L(k)$ 为第 $k-1$ 次计算到第 k 次计算之间轧制的长度；K_w 为磨损系数；$F_l(i)$ 为轧辊上第 i 段的单位长度负载。

2.5.2.5 弯辊和 CVC 反馈控制模型

1420mm 轧机反馈控制模型以板形应力为依据，根据接力控制的原则，确定各个控制手段的调节量，以求板形应力尽可能逼近目标曲线。

接力控制的顺序在第五机架为：压下倾斜，工作辊弯辊，中间辊弯辊和中间辊 CVC 窜辊；在第一机架为：压下倾斜，工作辊弯辊和工作辊 CVC 窜辊。

首先计算板形应力与目标曲线之间的偏差——板形应力偏差，并将其转化为板廓偏差。通过在板廓偏差和各控制手段的调节量之间作最小二乘拟合，就可以确定各控制手段的调节量。

本次调节量计算循环结束后，按接力控制的顺序开始计算下一个控制手段的调节量，此时板廓偏差需作更新，即要从原有值中减去可由上次计算中得出的调节量消除的部分，并在新的板廓偏差的基础上进行下一轮调节量的计算。

在所有控制手段的调节量计算完毕后，进行调节量输出。残余的板廓偏差在第五机架控制中被转化为板形应力形式的冷却控制偏差，用以实施冷却控制。

2.5.2.6　板形控制目标生成模型

板形控制目标由离散值表示如下：

$$y(i) = y_0(i) + y_1(i) + y_2(i) + y_E(i) + y_C(i) - y_{ave}$$

式中

$$y_0(i) = Amp \times \left[\frac{x(i)}{B}\right]^2$$

$$y_1(i) = Tit \times \left[\frac{x(i)}{B}\right]$$

$$y_2(i) = Qua \times \left[\frac{x(i)}{B}\right]^2$$

$$y_E(i) = Edg \times \left[\frac{x(i) - x(i_E)}{x(i_{max}) - x(i_E)}\right]^2$$

$$y_C(i) = Crown \times \frac{d - d_{min}}{d_{max} - d_{min}} \times \left[\frac{x(i)}{B}\right]^2$$

式中，Amp、Tit、Qua、Edg、$Crown$ 为人为给定系数值；B 为板宽；$x(i)$ 为第 i 区段的坐标值；i_E 为边部区域的起始段；i_{max} 为最大区段数；d 为当前钢卷直径；d_{min}、d_{max} 为最小和最大钢卷直径；y_0、y_E、y_C 也可以是预先存放的离散值。

2.5.2.7　冷却控制模型

1420mm 轧机的分段冷却由五机架入口的四排冷却梁提供，共分为 25 个冷却区段。四排冷却梁中的两排用于上工作辊冷却，两排用于下工作辊冷却。每排冷却梁有 25 个喷嘴。各喷嘴位置与张应力测量辊的分段相对应。

其控制方法是由冷却区分配的板形偏差量根据一定的数学模型计算冷却水总流量，进而得到各冷却区的喷嘴打开比例 open_ratio [I]（0<open_ratio [I] <1），每个区的最大打开比例为 100%，最小打开比例可通过软件设定。当该冷却区的喷嘴打开比例介于 10%~50% 时，由其对应的一排冷却阀上的喷嘴按照脉冲方式打开，以保证该区的喷嘴打开比例。当喷嘴打开比例介于 50%~100% 时，一排冷却阀上的喷嘴完全打开，另一排冷却阀上的喷嘴按脉冲方式打开，以保证该区的喷嘴打开比例。脉冲方式是通过对喷嘴打开比例 open_ratio [I] 进行转化，变成冷却阀开启时间（冷却周期×喷嘴打开比例），进而控制喷嘴开关时间间隔以达到调节流量的目的。

在进行冷却量控制计算前，要确定冷却区的数量，冷却区数目与有效覆盖的测量区数目相同。工作辊脉冲冷却模式是冷却控制调节器输出冷却量设定值。通过脉冲冷却方式实现工作辊冷却。其工作原理是：首先计算分配给冷却控制消除的板形偏差量，据此计算冷却调节器设定点；由冷却调节器的输出（即流量）计算各个冷却区上分配的冷却量（即喷嘴打开比例），然后确定工作辊冷却排的脉冲冷却量，最后确定脉冲时间及输出控制信号，控制电磁阀的动作。

2.5.2.8 计算冷却控制消除的板形偏差量

（1）在冷却阀脉冲方式工作条件下，冷却控制偏差的计算范围从操作侧第一个有效覆盖区到传动侧第一个有效覆盖区。

$$rest\_error[i] = error[i] - \sum d\_act \times \inf[i] \times k \quad (i = z\_os \sim z\_ds)$$

式中，rest_error 为冷却控制偏差（即剩余板形偏差）；error 为板形偏差；d_act 为（倾斜压下、工作辊弯辊、中间辊弯辊、中间辊 CVC 窜辊）；inf 为影响因子；k 为各手段的调节作用系数。

（2）计算冷却调节器设定点。首先求出全部冷却区用于冷却控制的平均偏移量。将上一节计算得到的每个冷却区对应的冷却板形偏差在全部冷却区范围内求和，加上冷却偏移量，除以 11（冷却控制共有 10 个实际值缓冲器），得到冷却控制量的均值 bufav。然后计算调节器的输出值，每区的冷却控制量均值乘以增益后加上全部冷却量修正值，之后进行边界校核，使计算得出的调节器输出量不超过冷却量的上下限。

$$regoutbuf[i] = bufav[i] \times r + adbe \quad (i = z\_os \sim z\_ds)$$

式中，regoutbuf 为调节器输出；bufav 为冷却控制量均值；r 为计算增益；adbe 为全部冷却量修正值。

全部冷却量是各个冷却区冷却量之和，若计算结果介于最大与最小冷却总量之间，全部冷却量修正值 adbe 等于固定值。否则，如下式计算修正值：

$$adbe = 5.0 \times \left(\frac{minsum + maxsum}{2} - coolsum \right) \times kp/n\_cz$$

式中，minsum 为最小冷却总量；maxsum 为最大冷却总量；coolsum 为冷却总量；kp 为计算增益；n_cz 为带钢覆盖冷却区段数。

（3）计算每个冷却区分配的冷却量。每个冷却区分配的冷却量 cooz 计算如下：

$$cooz[i] = max\_cooz \times open\_ratio[i]$$

$$open\_ratio[i] = \frac{regoutbuf[i] - min}{max - min} \quad (i = z\_os \sim z\_ds)$$

式中，open_ratio 为喷嘴打开比例；cooz 为冷却流量；regoutbuf 为冷却调节器输出值；max_cooz 为单个冷却区最大冷却流量；max 为冷却调节器的最大输出值；min 为冷却调节器的最小输出值。

将计算结果与单个冷却区的最小冷却量 minperzone 进行比较，如果 cooz 小于 minperzone，cooz 就等于单个冷却区的最小冷却量。

（4）计算冷却排脉冲冷却量。如果冷却排中的冷却阀为自动控制，则该冷却阀的冷却量即为 cooz；如果该阀为手动调节，则该阀的冷却量为冷却阀最大冷却量乘以手动脉冲冷却量。计算机在全部冷却排上分配冷却量，如果某冷却区的冷却量不小于工作辊第 1 排冷却阀的最大流量，则对应这一排冷却阀的脉冲流量等于 1。然后，从这个冷却区的全部冷却量中减去第 1 排中该区冷却阀的最大流量，再将剩余的冷却量与第 2 排冷却阀中该区冷却阀最大流量的比值作为第 2 排冷却阀的脉冲流量，如果某冷却区的冷却量小于第 1 排冷却阀中的该区冷却阀的最大流量，则冷却阀的脉冲流量等于该区冷却量与第 1 排冷却阀的最大流量之比。

（5）确定电磁阀脉冲时间及控制信号输出。如果满足脉冲冷却条件，则接受计算的冷却量，并计算分配到工作辊冷却排、冷却阀上的脉冲时间，然后将定时器数值与最小脉冲周期和名义冷却时间进行校核，得到的结果经调用冷却输出模式，把冷却控制信号输出到过程外设，控制电磁阀的开闭。另外，根据生产实际的应用，相应的还要考虑一些其他因素对数学模型的影响。例如，为保证轧制力恒定，避免引起厚度控制的混乱，须要求 n 个板形控制机构的调节量之和为零；为避免板形自动控制系统出现振荡，需要对控制模型进行修正；由于某个控制机构需要手动调节，而需要对控制模型加以修正等。

2.6　平坦度和板廓检测技术

2.6.1　平坦度检测技术

冷轧带钢通常在较大的张力下轧制，加之带钢又比较薄，在张力作用下，板形缺陷因弹性延伸大多体现为张应力分布不均，通常采用测带钢宽度方向的张力（应力）场的方法检测冷轧带钢板形。

一般而言，对板形检测的主要要求是：高精度、良好的适应性、安装方便、结构简单、易于维护及对带钢不造成任何损伤。因此，板形检测是一个比较困难的问题，造成这种困难的原因是多方面的。板形本身受到许多因素的影响，板形缺陷又有各种复杂的表现形式，这就给精确检测带来了困难。在生产中轧机的操作环境十分恶劣，剧烈而复杂的振动，水、油、灰尘等介质的侵入，往往会降低检测精度甚至损坏板形检测装置。

对冷轧带钢板形检测与控制的研究始于 20 世纪 50 年代。直到 1967 年，才由瑞典 ASEA 公司（ABB 公司前身）研制出第一台测量冷轧带钢板形的多段接触辊式板形仪。此后，各国都投入了大量的人力和物力用以开发板形检测设备，英国、法国、德国和日本等国都相继开发出了自己的板形检测装置。

尽管冷轧带钢板形仪有各种不同的板形检测方法，构造也各不相同，但根据带钢和板形检测装置的相互接触关系，可以归为两大类型：接触式和非接触式。

2.6.1.1　接触式检测技术

接触式板形检测原理如图 2-26 所示。带钢与测量辊直接接触并形成一定包角，受到张力作用的带钢将对测量辊产生径向力。通过沿测量辊轴向分布的传感器测出测量辊不同区域所受的径向力，即可换算出带钢板形分布。

这种检测方法的工作前提是带钢在前张力作用下完全被拉伸平直（否则测到的是带钢平坦度缺陷部分），即带钢在张力作用下无翘曲浪形。并假设：

（1）带钢沿横向处与测量辊表面以包角 α 接触绕过；

（2）忽略带钢绕过测量辊时的张力损耗，认为测量辊前后带钢张力大小分布完全相同；

（3）带钢横截面为矩形，厚度均为 h；

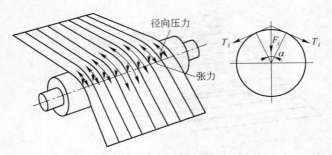

图 2-26 接触式板形测量示意图

（4）前张应力 σ_i 在与其测量区域相对应的带钢横截面内均匀分布。

设测量辊上各测量区域内的带钢张力为 T_i，测量辊所受径向压力为 F_i，则有：

$$T_i = \frac{F_i}{2\sin\left(\dfrac{\alpha}{2}\right)}$$

则带钢总前张力 T_s 为：

$$T_s = \frac{\sum\limits_{i=1}^{n} F_i}{2\sin\left(\dfrac{\alpha}{2}\right)}$$

则各测量段对应的带钢张应力为：

$$\sigma_i = \frac{T_i}{b_m h} = \frac{F_i}{2\sin\left(\dfrac{\alpha}{2}\right) bh}$$

式中，b_m 为测量区域宽度；h 为带钢厚度；α 为带钢在测量辊上的包角。

带钢平均张应力为：

$$\overline{\sigma} = \frac{1}{n}\sum_{i=1}^{n}\sigma_i = \frac{1}{n} \times \frac{T_s}{bh}$$

式中，n 为测量区域数量。

各测量区域带钢张应力偏差为：

$$\Delta\sigma_i = \sigma_i - \overline{\sigma} = \frac{F_i}{2\sin\left(\dfrac{\alpha}{2}\right) bh} - \frac{1}{n} \times \frac{T_s}{bh} = \left(\frac{nF_i}{2\sin\left(\dfrac{\alpha}{2}\right) T_s} - 1\right)\frac{T_s}{nbh}$$

$$= \left(\frac{nF_i - 2\sin\left(\dfrac{\alpha}{2}\right) T_s}{2\sin\left(\dfrac{\alpha}{2}\right) T_s}\right)\frac{T_s}{nbh} = \left(\frac{nF_i - \sum\limits_{i=1}^{n} F_i}{\sum\limits_{1}^{n} F_i}\right)\frac{T_s}{nbh} = \left(\frac{F_i - \dfrac{1}{n}\sum\limits_{i=1}^{n} F_i}{\dfrac{1}{n}\sum\limits_{1}^{n} F_i}\right)\frac{T_s}{Bh}$$

由上式可以看出，包角 α（随卷径增加而减小）并不影响此种板形平坦度仪的测量结果，即 $\Delta\sigma_i$。$\Delta\sigma_i$ 也就是板形检测应力 $\sigma_f(i)$。

如图 2-27 将带钢沿横向分成 n 个条元分别对应平坦度仪的 n 个测量区段。

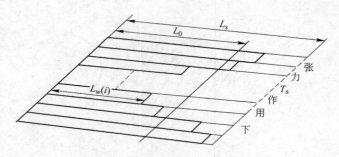

图 2-27 带钢条元模型

假设自由状态下各条元的长度分别为 $L_w(i)$，n 个条元的理想平均长度为 L_0，在前张力作用下所有条元的长度 $L_w(i)$ 都被弹性拉伸为统一的长度 L_s。那么根据虎克定律，$\Delta\sigma_i$、$\overline{\sigma}$ 及 $\sigma_f(i)$ 都可以近似用条元长度表示：

$$\sigma_i = E\frac{L_s - L_w(i)}{L_w(i)}$$

$$\overline{\sigma} = \frac{1}{n}\sum_{i=1}^{n}\sigma_i \approx E\frac{L_s - L_0}{L_0}$$

$$\sigma_f(i) = \Delta\sigma_i \approx E\frac{L_0 - L_w(i)}{L_0} = E\rho(i)$$

式中，E 为弹性模量。

则带钢板形值可表示为：

$$\rho(i) = \frac{\Delta\sigma_i}{E} = \left(\frac{F_i - \frac{1}{n}\sum_{i=1}^{n}F_i}{\frac{1}{n}\sum_{i=1}^{n}F_i}\right)\frac{T_s}{EBh}$$

接触式板形检测装置由于和板带直接接触，检测到的板形信号比较直接，可靠度高，因此测量的板形指标比较精确。但是接触式板形检测装置在检测过程中易划伤板带表面，造成板带新的缺陷，而且造价昂贵，维护困难，尤其是备件太昂贵；接触辊辊面磨损后必须重磨，磨后须进行技术要求很高的重标定；此外，在维修和更换传感器时，轧机必须停车，严重影响生产。

目前在冷轧带钢领域应用最为广泛的接触式板形仪是瑞典的 ABB 板形仪和德国的 BFI 板形仪。

（1）ABB 板形仪。测量辊是 ABB 板形检测系统最主要的组成，也是板形测量成功的关键。如图 2-28 所示，测量辊是由一整块钢制成，在辊身上开了四道槽（沿圆周等距分布），将传感器放在槽中，外边用钢环保护，最外边用包覆橡胶或其他材料将其包起。测量辊按测量需要分成若干个测量区域，每个区域的宽度为 52mm 或 26mm，每个区域的每一段槽内各有 1 个压磁式传感器，即共有 4 个在圆周上成等距分布的传感器，因此，测量辊每旋转一周可以对带钢板形测量 4 次。当带钢张紧时，每个测量区域分别测到一个压力，再根据板形计算模型，将测量值的分布转换为带钢板形的分布。

（2）BFI 板形仪。BFI 板形仪的测量辊是在一个整体实心的圆柱上挖出一些小孔，在小孔中埋入压电式传感器，并由螺栓固定，如图 2-29 所示。特种螺栓对传感器施加的预应力使其处于线性测量范围之内。通过中心孔可将所有的传感器和在测量辊一端的放大器连接起来。

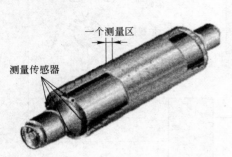

图 2-28 ABB 板形仪测量辊

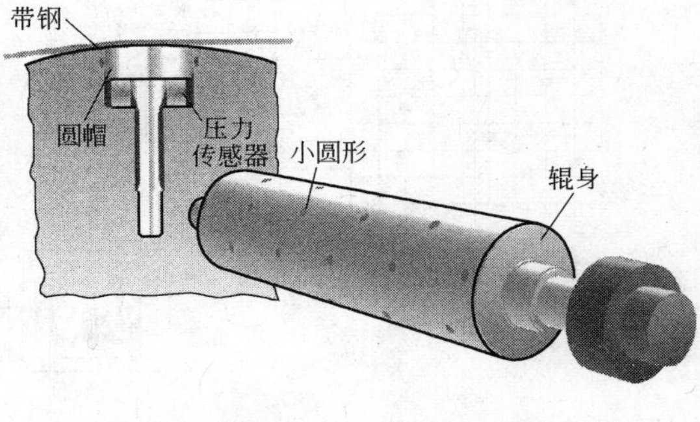

图 2-29 BFI 板形仪测量辊

BFI 测量辊由德国 BFI 研究所研制，其测量原理是石英晶体的压电效应。BFI 张应力测量辊为实心辊体，通过辊面上埋入的压晶体管压力传感器测量带钢对辊面的压力，具有优良的测量线性度和抗干扰能力。测量辊辊面分 25 个测量段，每个测量段的宽度为 50mm。一个测量段内只配置一个压力传感器，25 个压力传感器按一定的规律分布于辊面的 6 个角度位置上，并被划分为 A、B、C、D、E5 个通道。每个通道内包括 3~6 个传感器，各传感器在辊面上的角度位置均不相同（图 2-30），因此，一个通道内的传感器可共享一个放大器。25 个传感器所测得的模拟电压信号被合并为 5 路信号，经放大器放大后被转换为数字量并进行编码处理，编码后的脉冲信号通过红外线传输由转动的测量辊无接触地传送至固定的接收器上，再经译码后存入 PCM 缓冲区。在测量各个信道压力信号的同时，系统内的位置传感器同步记录测量辊的角位移，使压力信号测量值能够与测量辊角度位置一一对应。BFI 板形仪所测量数据的获取、传输和处理过程如图 2-31 所示。

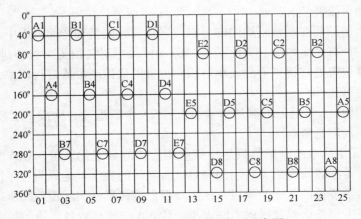

图 2-30 BFI 测量辊传感器布置示意图

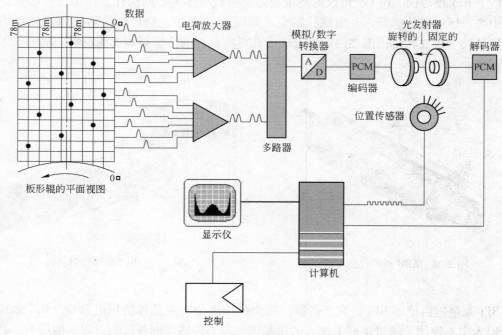

图 2-31　BFI 板形仪所测量数据的获取、传输和处理过程

　　PCM 单元中具有两个相互切换的缓冲区，用于内存板形测量数据。每个 PCM 缓冲区可以记录 16 个信道的数字量，其中前 5 个记录信道与测量辊的 5 个测量通道相对应，每个信道的记录包括轧辊转动一圈中 360 个角度位置处的测量值。MEVA 模块从 PCM 缓冲区中读取 4°、40°、80°、…、320°、359°等 10 个角度位置上的测量值，这其中除 4°、120°、240°、359°等 4 个角度位置外，其他位置均布置有测量辊传感器。在理想状态下 4 个没有布置传感器的角度位置处测量值应该为零，但由于多种因素影响，5 个通道的测量值中都已经叠加了噪声信号，使得 4 个角度位置上的测量值实际上不全为零。以 4 个角度位置上测得的噪声信号为依据，MEVA 模块通过分析计算得出叠加于 5 个测量信道之上的线性噪声和正弦型噪声，并在记录信道测量值序列中去除这两部分噪声以实现对信道测量值的线性补偿和正弦补偿。

　　由于各压力传感器在测量辊周向的分布位置各异，测量辊转动一周中带钢张力的变化就会对张应力的计算产生影响。为此，在 MEVA 模块中对各信道测量值进行了张力补偿，即根据各个角度位置处带钢张力的大小对相应位置的信道测量值进行调整，以保证不同测量段内测量值的可比性。

　　经以上处理后，5 个通道的测量值被分配至 25 个测量段，构成一套反映测量辊转动一周中板形状况的测量资料。

　　从 PCM 单元中读取的测量值只是模拟电压信号的数字化表示。MEVA 模块中，根据数字量测量值与传感器所受压力之间的关系，将测得的数字量还原为各区段所承受的径向力。对于带钢边部覆盖的两个测量段，还需要根据该区段的实际覆盖率求取名义径向力。

　　根据各区段带钢截面积及径向力的大小，MEVA 模块求取各区段的径向应力，即径向力与带钢截面积的比值，用于计算平坦度应力分布：

$$\Delta\delta[i] = \frac{F}{B \cdot h} \times \frac{f[i] - \bar{f}}{\bar{f}} \quad (i = z_{OS}, \cdots, z_{DS})$$

式中，$\Delta\delta$ 为平坦度应力，MPa；F 为带钢张力，kN；B 为带钢宽度，m；h 为带钢厚度，mm；f 为径向应力，MPa；$\bar{f}$ 为径向应力均值，MPa；z_{OS} 为操作侧边部区段；z_{DS} 为驱动侧边部区段。

　　如果测量辊的安装位置发生偏斜，按上式计算所得的平坦度应力中将会包含一个附加的线性成分，MEVA 模块中，可以通过几何补偿消除这一部分影响。

　　此外，比较具有代表性的接触式板形仪还有英国的 DAVY 空气轴承式板形仪，它主要应用在精密铝箔的生产中。DAVY 空气轴承式板形仪检测辊的中心是一根轴，外面套着辊套。在轴与轴套之间留有一定间隙，间隙里充以高压空气，带材张力变化引起间隙变化，使气体的压力产生变化，以此检测出带材的张力分布。在较小的接触张应力下，该板形仪能够进行板形在线张力检测，这一点是其他类型的板形检测设备所不具有的，因此其比较适合于精密箔材的生产。

2.6.1.2　非接触式检测技术

　　目前所提出的非接触式冷轧带钢板形检测方法有很多，主要有气流激振-涡流测幅法、脉冲涡流测厚（测幅）法、次声级激振测频法、带振动能谱检测法等，但真正研制成功并投入工业生产的并不多。

　　（1）非接触式的磁力板形仪。金属本身具有磁弹性效应，即在外力作用下，金属的磁性能（磁导率、剩磁、矫顽力等）将要发生变化。冷轧带钢生产时，若带钢存在板形缺陷，则沿带钢宽度方向上应力分布不均匀，这就必然导致各点的磁导率、剩磁和矫顽力不相同，并且与张力大小存在着一定的线性关系。于是就可以通过测量磁导率、剩磁和矫顽力来测量带钢上的张力分布。如图 2-32 所示就是安装在英国钢铁公司奥伯厂的由英国 BISRA 研制的磁导率式冷轧板形检测装置结构示意图。

　　磁导率式板形检测装置的每个探头由励磁头和检测头两部分组成，分别分布在带钢

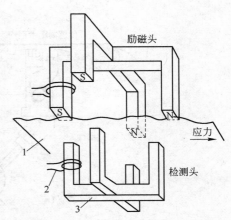

图 2-32　磁导率式冷轧板形
检测装置结构示意图
1—带钢；2—线圈（每臂一个）；3—叠片铁芯

的上、下部。每个磁头又由互相垂直的两个 U 形磁铁组成：一个 U 形磁铁平行于轧制方向，另一个垂直于轧制方向。4 个臂上各有一个线圈：励磁头上的线圈电流要求恒定，以维持励磁头磁场强度不变。检测头上线圈的电压是感应产生的，它随钢板张应力的大小而变化。为了便于检测张力分布，将磁头做成一对互相垂直的 U 形磁铁，两个线圈的电压差就反映了带钢张应力的变化。这种板形检测装置缺点是应力测量误差大。

　　非接触式板形仪的硬件结构相对简单而易于维护，造价及备件相对便宜得多；传感器为非转动件，安装方便；非接触式不会划伤板面。但非接触式板形仪的板形信号为非直接

信号，处理不好容易失真。

（2）SI-FLAT 板形仪。气流激振－涡流测幅方法是目前应用最为成功的方法，它的主要载体是德国西门子（Siemens）公司的 SI-FLAT 板形仪，如图 2-33 所示。西门子公司从 1998 年开始启动了新型板形仪的开发计划，成功研制了非接触式板形测量系统 SI-FLAT，并于 1999 年进行了试运行及进一步的完善工作，从 2000 年开始正式投入实际生

图 2-33　SI-FLAT 板形仪

产应用。自从武钢冷轧线首次采用 SI-FLAT 板形仪以来，国内已先后有多条生产线也采用了 SI-FLAT 板形仪。

1）板形仪检测原理。SI-FLAT 板形仪通过对带钢施加激励，使带钢产生受迫振动，测量出带钢沿宽度方向的受迫振动振幅。这些振幅的大小及分布与带钢张应力分布相关，故可通过板形计算模型来将振幅测量值转换为板形。

2）板形检测系统。SI-FLAT 板形检测系统主要包括：带有气孔和位移测量传感器的感应装置；用于产生低压的风机；从风机到压力平衡罐的空气管道；用于风机和调节器的传动控制设备；用于信号处理和板形分布计算的计算机装置。SI-FLAT 板形仪测量示意图如图 2-34 所示。

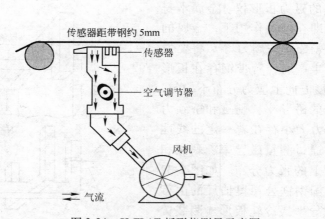

图 2-34　SI-FLAT 板形仪测量示意图

　　如图 2-34 所示，该板形仪是在带钢下方 5mm 左右安装一块用于测量带钢振幅的平板，该平板装有非接触式电涡流传感器，通过一台变频风机把带钢与平板之间的空气抽走，在带钢下侧和平板之间形成低压。利用空气通道中由变频电机控制转速的空气调节器（如图 2-35 所示），使带钢下部的空气产生 3~10Hz（须避开带钢的共振频率）的正弦型周期振荡，从而造成带钢产生同频率的周期振动。针对不同规格的带钢，通过调节风机使带钢的平均振幅保持在 100~200 μm 的范围。用电涡流传感器测量出带钢的振幅，并通过 FFT（快速傅里叶变换）计算出带钢在激振频率下的受迫振动振幅，再将带钢的受迫振动振幅通过板形计算模型转换为带钢的板形。

　　以国内某冷连轧机组采用的 SI-FLAT 板形仪为例，其最大测量宽度可达 2100mm，适

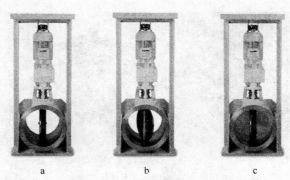

图 2-35 SI-FLAT 板形仪空气调节器
a—全开；b—半开；c—全闭

用温度最高可达 80℃。共有 110 个电涡流传感器，传感器根据安装的位置可以分为 3 个区域——工作侧区域 W、中心区域 C 和传动侧区域 D，如图 2-36 所示。在中心区域 C 有 10 个传感器，传感器的间距为 60mm；在区域 W 和区域 D 分别各有 50 个传感器，传感器的间距为 15mm。由于传感器的直径大小为 18mm，大于区域 W 和区域 D 的传感器间距，所以在区域 W 和区域 D，传感器采取间隔性双排布置的方式。与在冷轧带钢应用最为广泛的 ABB 板形仪相比，SI-FLAT 板形仪的传感器布置间距更小，使得对相同宽度带钢的检测点更多，理论上能更好地反映板形分布，这一点对于带钢边部区域尤为重要。

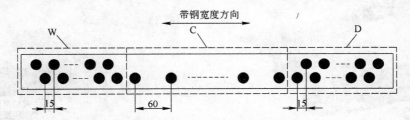

图 2-36 电涡流传感器沿带钢宽度方向布置情况

3）板形计算模型解析分析

西门子公司提供的板形计算模型为：

$$\rho(i) = \frac{\overline{\sigma}}{E}\left(\frac{\dfrac{1}{A(i)} - \overline{\dfrac{1}{A}}}{\overline{\dfrac{1}{A}}}\right)$$

式中，$\rho(i)$ 为相对延伸差法所表示的板形；$\overline{\sigma}$ 为带钢平均张应力；$A(i)$ 为带钢第 i 个测量区受迫振动振幅；$\overline{\dfrac{1}{A}}$ 为带钢各测量区振幅倒数的平均值。

在 2180mm 冷连轧机组，SI-FLAT 板形仪布置在第 5 机架（S5）后，位于导向辊和夹送辊之间，如图 2-37 所示。S5 的板形闭环控制是冷连轧板形控制最为关键的部分，而闭环控制精度又首先取决于板形检测精度，SI-FLAT 板形仪在整个板形控制系统中具有十分重要的地位。

图 2-37　SI-FLAT 板形仪现场布置情况

在 SI-FLAT 使用中，空气调节器也可采用椭圆形轴，如图 2-38 所示。其在现场的使用情况如图 2-39 所示。SI-FLAT 板形仪目前在国内外的使用安装情况见表 2-6。

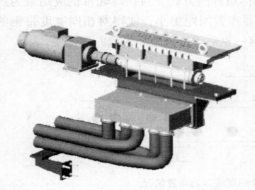

图 2-38　SI-FLAT 板形仪空气调节器

图 2-39　SI-FLAT 板形仪空气调节器

表 2-6　用于不同材料和轧机类型的 SI-FLAT 板形仪安装情况

年份	厂　家	材料	机　型	厚度/mm	最大宽度/mm
2005	ThyssenKrupp Nirosta	不锈钢	森吉米尔轧机	0.15~4.0	1320
2005	鞍钢	碳钢	用于连续退火线的平整机	0.23~2.3	1980
2004	Alcan Gottingen	铝	处理线	0.15~0.5	2000
2004	Ugine/ALZ Gueugnon	不锈钢	森吉米尔轧机	0.20~4.5	1340
2004	武钢	碳钢	用于连续退火线的平整机	0.30~2.5	2080
2003	武钢	碳钢	冷连轧机	0.30~2.5	2080
2003	鞍钢	碳钢	四辊可逆轧机	0.20~3.0	1700
2003	鞍钢	碳钢	四辊可逆轧机	0.20~3.0	1100
2002	Rheinzink	锌	冷连轧机	0.40~2.0	1250
2000	Avesta Polarit	不锈钢	森吉米尔轧机	0.30~6.5	1320
2000	Wieland Chicago	有色金属	四辊可逆轧机	0.20~2.5	470
2000	Krupp VDM	碳钢	六辊可逆轧机	0.15~4.0	830
1999	Wieland Ulm（pilot）	有色金属	四辊可逆轧机	0.20~2.5	830

而在冷轧带钢领域使用较为广泛的板形检测设备中，采用气流激振-涡流测幅式检测方法的 SI-FLAT 板形仪因其非接触测量的优点，得到了越来越多的应用。但与开发时间更长、应用更多的接触式板形仪相比，国内外对这种板形检测系统的研究还不多，特别是对这种板形检测方法缺少系统深入的理论研究，表现在生产实践中就是对系统的检测结果存在怀疑，但又无法确定。

2.6.1.3 板形仪对比分析

接触式和非接触式板形仪对比见表 2-7。

表 2-7 几种板形仪的比较

类　别	SI-FLAT 板形仪	BFI 板形仪	ABB 板形仪
测量原理	非接触式，测量带钢振动幅值： （1）无带钢损伤； （2）使用寿命长，维护量低	接触式，测量带钢在转向辊上的径向力： （1）物理接触会引起带钢表面的损伤； （2）应力辊需要定期磨削，使用寿命受限制	
传感器	非接触式的涡流传感器	压电传感器	压磁传感器
	通过风机的功率保持平均感应振幅恒定。传感器总是工作在优化范围，保证最好精度	传感器设计按最大径向力来考虑。对于薄带钢产生的信号低，降低了测量精度； 增益切换开关能补偿部分测量精度的损失	
传感器布置	传感器沿带钢宽度方向布置成一条线： （1）大约 2ms 获取所有传感器的数据； （2）高测量速度	传感器分布在应力辊的圆周上。 （1）应力辊旋转一周得一数据； （2）低速时测量速度低	沿带钢宽度方向每一周布置 4 排传感器： （1）每一区有 4 个传感器； （2）低速时测量速度低
信号变送单元	传感器和电缆固定在测量横梁上。 （1）没有精度损失（不需要旋转变送单元）； （2）信号转换部分不需要维护； （3）单个传感器可以在现场更换，节省投资以及维护费用	传感器、电子放大板和信号变送单元随应力辊一起旋转： （1）没有精度损失（采用光电旋转变送单元）； （2）在应力辊内的传感电子单元损坏的风险高 传感器坏了只能返厂修复。为确保正常生产，应力辊需要备用	传感器随应力辊一起旋转，信号变送单元采用滑环形式： （1）精度有损失（信号变送单元采用滑环形式）； （2）维护滑环变送器的费用高
张力波动/振动的敏感性	测量信号通过速度可控的风机和调制电机产生调制频率低于带钢在张力下的频率。张力波动引起的振动能通过 FFT 分析过滤掉	测量信号是带有噪声的带钢张力作用产生的。压力传感器不能区别板形本身的变化还是张力波动，需要采用平均的方式来获得稳定的测量	
沿带钢宽度方向的精度	传感器的直径为 18mm，最小距离 12.5mm： （1）自由选择传感器的距离（最小距离 12.5mm）； （2）最好精度的可能性（市场上有竞争力）	传感器的距离大约 18mm，最小距离 20mm： （1）自由选择传感器的距离（最小距离 20mm）； （2）精度高，价格合理	可选择的传感器的宽度（26mm/52mm）： （1）只有两种距离可选； （2）精度高、价格高（距离为 26 mm 时）

类 别	SI-FLAT 板形仪	BFI 板形仪	ABB 板形仪
干扰及补偿	带钢边部分布的变化在工厂里测量和补偿。没有其他干扰	在张力作用下应力辊变形的误差通过特殊的传感器和额外的正弦进行补偿	在张力作用下应力辊变形的误差通过相应的传感器补偿
特 色	集成带钢边部探测	对于边部探测，需要额外的测量装置（额外的电气、接口和位置）	
现有的机组/生产在线增加板形仪	（1）系统不得不考虑已存在的现场环境。设计和安装增加费用； （2）如果需要带钢边部检测，不需要额外的修改。它已经集成了边部检测	（1）系统容易安装，可以顶替已经存在的转向辊； （2）如果需要带钢边部检测，已存在的工厂不得不准备安装额外的测量装置	
维 护	（1）无接触系统不需要磨削； （2）如果需要，所有传感器的标定快而简单； （3）只需要单个传感器的备件	（1）应力辊定期需要磨削； （2）每次磨削完后每个传感器需要标定； （3）在磨削和修复应力辊时需要备用辊	

2.6.2 板廓检测技术

对于板廓的检测一般采用多点X射线（或γ射线）测厚的方法。多点测厚可按多种型式进行。常用的一种型式是采用固定式测厚仪测量带钢中点厚度，以扫描式测厚仪测量带钢横向的厚度分布。这种测量型式的设备投资较少，且可以得到连续的板廓曲线，但在对运动带钢进行测量时，带钢纵向板廓的变化会反映到测量结果中来，因此无法准确测得带钢纵向某一局部位置的板廓值。

为得到更精确的板廓测量结果，目前多采用扇形X射线源与X射线接收数组相结合的测量方式（图2-40）。采用这种测量方式可以得到各个瞬间带钢横向一系列测量点的厚度测量值，带钢边部厚度的急剧变化也能在测量记录中得到很好的反映。因此，这种测量方式可以被应用于板廓的实时控制中。

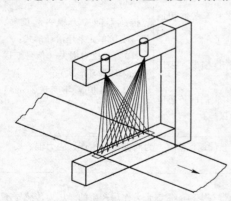

图2-40 带钢板廓的多点测量

2.7 板形控制目标曲线设定

在带钢轧制过程中，由于各种因素的影响，带钢的纵向延伸在宽度方向上经常是不均匀的，导致产生沿横向分布不均匀纵向残余应力差。如果残余应力差沿横向分布不均匀程度超过一定范围，就会引起带钢翘曲变形，形成板形缺陷。若轧制时能由板形检测装置测量并显示出与张应力横向分布相对应的轧后带钢纵向残余应力的横向分布，则可控制带钢的板形状态。然而实际情况并不理想，由于各种因素的影响及后续机组的特殊要求，轧后带钢的实际板形与轧制时在线实测的板形有一定差别。设定板形目标曲线的目的是要补偿这些因素的影响，并且能满足下道工序要求，即采用对应于一定板形缺陷的板形目标曲线，这样实际板形才能平坦。

2.7.1　常用板形控制目标设定方法

板形标准曲线实质代表着带材内部纵向残余应力沿横向的分布曲线，是板形控制的目标和方向。武钢 1700mm 冷连轧机组采用的 ABB 板形控制系统使用了两种方式来设定板形标准曲线，它们都是在计算机终端通过板形对话系统来实现的，既可以设定也可以修改。在标准化的生产中，板形标准曲线也可以同其他工艺参数一样存储在轧制表中，主要的设定方法有如下两种：

（1）逐段设定法。ABB 板形仪提供了若干由散点坐标构成的目标曲线来获得所期望的板形，原则上人们利用这种方法能设定任意形式的板形标准曲线。因此，操作人员按照一定的带材宽度 B，对测量辊上被带材覆盖的所有测量区段（设其总数为 n）依次给定板形应力的数值 σ_i（$i=1$，2，…，n），这时的板形标准曲线实际上就是轧后带材残余内应力的分布曲线，在带材最终完全处于自由状态，不再承受诸如卷取张力的纵向外载荷作用时，它应该满足在其断面上自相平衡的条件，即应有：

$$\sum_{i=1}^{n} \sigma_i = 0$$

（2）参数设定法。根据板形控制的经验及研究成果，ABB 系统常常将轧后残余应力分布表示成多项式函数的形式，即：

$$\sigma(x) = ax^4 + bx^2 + cx + d$$

式中，a、b、c、d 均为板形函数的系数。

利用对函数中各系数的输入来设定板形控制的目标，这就是板形标准曲线的参数设定法，同样由轧后带材残余内应力自相平衡的条件，上式还应满足：

$$\int_0^B \sigma(x)\,\mathrm{d}x = 0$$

逐段设定法虽然可以具有任意的形式，但由于它必须与带钢宽度相对应，因此应用时有一定的局限性，而且在设定时需要逐段输入，比较麻烦。

参数设定法具有设定简便、输入参数少的优点，但这种方式下的函数各系数值无明确的板形控制意义，一旦设定后调整不易。

以上两种设定方法的特点：均采用固定目标曲线族的形式，在板形控制计算机中存储若干条固定的曲线形式，生产中预选曲线代码以调出目标曲线，在轧制及调节过程中目标值不再发生改变。其缺点主要是：

1）目标函数的各参数的物理意义不明确，使得现场操作带有一定的盲目性，操作人员只能凭经验和感觉进行修正；

2）板形目标无法适应于进行动态变规格的全连续轧机上；即使是对于普通的多机架连轧机组也无法满足其在轧制过程由于原材料波动、轧制工艺影响和成品板形标准而对板形控制的动态要求。

2.7.2 补偿检测

为研究板形控制目标曲线，就需要确定各种因素对目标曲线的影响。在板形闭环控制程序中，是通过设定的控制目标与测量反馈信号的偏差来确定执行机构的调节动作方向和调节量大小，最终使板形评价函数 J 达到最小值，从而完成板形调控过程。其中评价函数 J 为：

$$J = f(\sigma_{target} - \sigma_p)$$

式中，σ_{target} 为设定的目标应力；σ_p 为板形应力。

在实际情况中，除了板形应力 σ_p 以外，还不可避免的包含各种附加应力 σ_A，包括带钢横向不均匀温度附加应力 σ_T，带钢卷取附加应力 σ_C 等。这些附加应力使得实测应力为 σ_p^*，即：

$$\sigma_p^* = \sigma_p + \sigma_A$$

一般而言，在测量系统中直接进行补偿比较困难，且能够实施的补偿形状也较单一，且不易调整。但可以通过调节板形控制目标进行补偿，一是补偿的形状与附加应力形状吻合，二是调整灵活。所以对附加应力的补偿多放在板形控制目标中进行，即：

$$J = f(\sigma_p - \sigma_{target}) = f(\sigma_p^* - \sigma_A - \sigma_{target}) = f[\sigma_p^* - (\sigma_A + \sigma_{target})] = f(\sigma_p^* - \sigma_{target}^*)$$

补偿检测包括板形测量信号中的温度、偏斜影响的补偿，由于偏斜影响可通过手动来调节，因此重点考虑温度影响的补偿。轧制过程中，在宽度方向上存在温差，必将引起带钢沿横向出现不均匀的热延伸，其反映为卷取张力沿横向产生不均匀温度附加应力。这一不均匀温度附加应力（或应变）与温差成正比，在一定条件下，带钢横向两点间存在 1℃ 的温度差将导致 2.5MPa 的应力差（或 1.2I）。

理论计算尤其在线预测带钢温度场不易实现，因此采取在生产现场采集大量实测数据的方法确定带钢温度场，如图 2-41 所示。然后按规格分类，对带钢横向温度分布规律进行分析，总结出其中的共性，把形成的温度场值补偿到目标曲线中。

针对带钢宽度方向上各部位的温度值，采用基于最小二乘法的四次多项式拟合，可得其横向温度分布函数，即：

$$T(x) = a_0 + a_1 x + a_2 x^2 + a_3 x^3 + a_4 x^4$$

式中，x 是已经归一化的横轴坐标值，$x \in [-1, 1]$，传动侧、四分之一点、中点、四分之一点和操作侧的坐标值分别为 -1、-0.5、0、0.5、1。

通过统计分析得出横向带钢温度函数 $T(x)$ 后，即可计算出带钢横向附加热应变 $\varepsilon(x)$：

$$\varepsilon(x) = -\alpha_T T(x)$$

式中，α_T 为线膨胀系数，$\alpha_T = 1.2 \times 10^{-5} \mu m \cdot m^{-1} \cdot ℃^{-1}$。

温度附加应力 $\sigma_T(x)$ 为：

$$\sigma_T(x) = E\varepsilon(x) = -E\alpha_T(a_1 x + a_2 x^2 + a_3 x^3 + a_4 x^4)$$

2.7.3 下道工序要求

不同用途的带钢对应不同的板形要求，目标曲线设定也应有所不同。对于罩式退火机

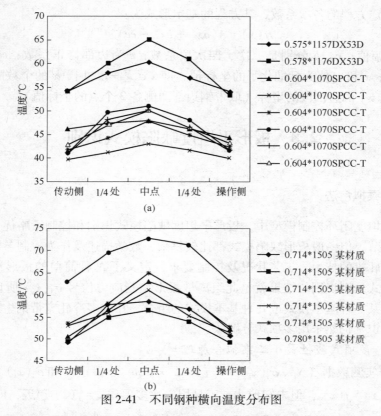

图 2-41 不同钢种横向温度分布图

组用冷轧卷，设定板形目标曲线时主要考虑保持钢卷层间压力均匀，尽量减少由于板形不良造成罩式退火发生黏结的概率，同时考虑板形满足平整机组工艺的要求。采用边浪目标板形有利于钢卷罩式退火过程中受热均匀，最终保持层间压力均匀，此外，边浪板形可在平整机组加工中消除。所以，罩式退火机组用带钢采用微边浪控制。

对于热镀锌机组和平整机组用冷轧卷，设定目标曲线应有利于退火炉内带钢横向张力分布均匀。由经验可知退火炉内带钢以正温差为主（中部温度高，边部温度低），所以应采用与温差大小对应的双边浪控制。

成品带钢则采用微中浪控制，因为所轧带钢的边部与中间部分的温度差有可能会造成双边浪，通过采用微中浪轧制以抵消温差所造成的双边浪。所以，无论从产品的美观性还是考虑失稳临界值，都是合理的。

2.7.4 轧制过程要求

对于较薄规格，要求采用"松边"轧制原则，即板形应力分布不应在带钢边缘产生过大的应力集中，其目的是防止薄板轧制中的断带事故，因此目标曲线应能在线产生松边应力分布效果，但尽量不使轧后带钢发生屈曲。

2.7.5 现场使用的目标曲线

武钢 1700mm 冷连轧机组现有的板形控制系统总共可以设定 51 条目标曲线，其中 35 号~51 号曲线由散点坐标构成，可逐点输入目标值；1 号~34 号曲线由数学方程式来表达，可人工设定方程的各项系数，其方程的基本形式为：

$$\sigma(x) = A(ax^2 + bx^4 - ce)$$

式中，A 代表幅值；a，b 分别是二次、四次项系数；c 为边部修正系数；ce 为边部修正量，$ce = c * x_1$；x 和 x_1 值为标准化了的坐标值，即 $x \in [-1, 1]$，x 的个数随带钢宽度而变化，x_1 为需修正的边部段的坐标（取带钢边部两侧各 3 个点的坐标值）。

2.8　板形平坦度缺陷模式识别

2.8.1　最小二乘拟合法

在板形平坦度闭环控制模型中，板形平坦度缺陷模式识别和控制策略优化是彼此相关的两个重要环节。但一般板形缺陷模式都比较复杂，数学描述及作为控制参数使用均不方便。根据被控轧机的技术、工艺状况及控制要求，定义了 N 种简单的板形平坦度缺陷模式作为基本模式，则识别的结果就是此组离散板形检测应力信号 $\sigma_f(x_i)$ 所反映的板形平坦度缺陷属于某一种基本模式或几种基本模式的组合。在许多冷轧宽带钢生产中，板形平坦度缺陷模式识别仍然采用多项式分解法。

2.8.1.1　多项式线性最小二乘拟合原理

对于 m 个实测数据 $(x_i, \sigma_f(x_i))$ $(i = 1, \cdots, m)$，假定 x_i 和 $\sigma_f(x_i)$ 之间存在某种函数关系：$\sigma_f(x) = f(x)$，但未知形式，于是用 n 次多项式 $y = f(x)$ 逼近，即：

$$y = f(x) = a_0 + a_1 x + \cdots + a_j x^j + \cdots + a_n x^n$$

把各实测资料 $(x_i, \sigma_f(x_i))$ 代入上式，就可得下列方程组，即：

$$\sigma_f(x_i) = \sum_{j=0}^{n} a_j x_i^j \qquad (i = 1, \cdots, m)$$

上式实际上是一个由 m 个方程组成的关于 a_0，a_1，$\cdots$，a_n 的 $n+1$ 元线性非齐次方程组。在对离散资料的拟合分析中要求 $m > n + 1$，甚至 m 远远大于 $n + 1$，只有如此数据拟合才有意义。但是，当 $m > n + 1$ 时，上式方程组成为一个矛盾方程组，即不存在一般意义下的解 a_j $(j = 0, 1, \cdots, n)$，可同时满足 m 个方程。当：

$$Q = \sum_{i=1}^{m} w_i \left[\sigma_f(x_i) - \sum_{j=0}^{n} a_j x_i^j \right]^2$$

且 $Q = \min\{Q: a_j, j = 0, 1, \cdots, n\}$ 时，此种逼近称为线性最小二乘逼近，这种离散数据的处理方法称为线性最小二乘拟合。其中加权系数 w_i 是用来反映各实测资料的可信度及对逼近过程的贡献，但一般取 $w_i = 1.0$ $(i = 1, \cdots, m)$。

可见，其原理就是对于一定的 n 次多项式，寻找一组解 $(a_0, a_1, \cdots, a_j, \cdots, a_n)$ 使得上式取得极小值 $Q_{\min}$。所以，让 Q 对 a_k 求偏导数并令其等于零，可得方程组：

$$\sum_{j=0}^{n} \sum_{i=1}^{m} x_i^{k+j} a_j = \sum_{i=1}^{m} x_i^k \sigma_f(x_i) \qquad (k = 0, 1, \cdots, n)$$

上式实际是一个由 $n + 1$ 个方程组组成的关于 $(a_0, a_1, \cdots, a_j, \cdots, a_n)$ 的 $n + 1$ 元线性非齐次方程组。

从上述推导可知，对于一个确定的 n 值（$n < m - 1$）总存在一组解 a_j^n（$j = 0, 1, \cdots, n$），使得 $Q = Q_{\min}$。而实际上 n 值是人为预先选择的，对于不同的 n 值，就存在不同的解组 a_j^n 使得 Q 等于不同的 $Q_{\min}$ 值。

2.8.1.2 常用于识别模式的多项式

板形自动控制系统于 20 世纪 70 年代初首次用于冷轧带钢生产以来，一直都使用多项式拟合板形平坦度缺陷模式识别法。并且根据多项式的形式可分为两大类：不完全普通多项式拟合和特殊多项式（多为正交多项式系）拟合。具体分类见表 2-8。表中的系数 a_1，a_2，$\cdots$，就是识别所得的板形特征参数，它们都由最小二乘拟合方法确定。

表 2-8 多项式的形式分类

形式名称	表 达 式	使用场合
不完全普通 多项式拟合类	$\sigma_{\mathrm{f}}(x) = \sigma_0 + a_2 x^2 + a_4 x^4$	在应用最早 BISRA 系统中使用
	$\sigma_{\mathrm{f}}(x) = \sigma_0 + a_1 x + a_2 x^2 + a_8 x^8$	VC 轧机
	$\sigma_{\mathrm{f}}(x) = \sigma_0 + a_1 x + a_2 x^2 + a_4 x^8$	四辊 CVC 轧机
特殊多项式拟合类	$\sigma_{\mathrm{f}}(x) = \sigma_0 + a_1 x + a_2(2x^2 - 1) + a_4[8x^4 - (8x^2 + 1)]$	六辊 HCM 轧机
	$\sigma_{\mathrm{f}}(x) = \sigma_0 + a_1 x + \dfrac{a_2}{2}(3x^2 - 1) + \dfrac{a_3}{2}(5x^3 - 3x) + \dfrac{a_4}{8}(35x^4 - 30x^2 + 3)$	用于具有不对称 弯曲工作辊技术
	$\sigma_{\mathrm{f}}(x) = \sigma_0 + a_1 x + a_2(2x^2 - 1) + a_3(4x^3 - 3x) + a_4(8x^4 - 8x^2 + 1)$	

在特殊多项式识别法中，如果选择的识别多项式是由一个正交多项式系的不同阶次子多项式 $\phi_j(x)$（$j = 1, \cdots, N$）组成的，如表 2-8 中用于四辊 CVC 轧机和六辊 HCM 轧机的多项式，那么也可以利用正交多项式系的如下特征来确定系数 a_j：

$$\int_{-1}^{1} \phi_j(x)\phi_i(x)\,\mathrm{d}x = \begin{cases} C_j & i = j \\ 0 & i \neq j \end{cases}$$

如果 $\sigma_{\mathrm{f}}(x)$ 可以由一组已知正交多项式完全表示，即：

$$\sigma_{\mathrm{f}}(x) = \sum_{j=1}^{N} a_j \phi_j(x)$$

那么

$$a_j = \frac{\displaystyle\int_{-1}^{1} \sigma_{\mathrm{f}}(x)\phi_j(x)\,\mathrm{d}x}{C_j} \approx \frac{\displaystyle\sum_{i=1}^{m} \sigma_{\mathrm{f}}(x_i) \cdot \phi_j(x_i) \cdot \frac{2}{m-1}}{C_j} \quad (j = 1, \cdots, N)$$

通过上述方法避免最小二乘逼近的复杂运算而直接分解得到板形特征参数系数 a_j。但是从其数学本质上来看，这种方法仍是一种多项式拟合法，只是其系数 a_j 的求解在利用了正交性后简单了。同样是多项式拟合，由于最小二乘法求得的 a_j 是最优解，所以正交分解法的拟合（逼近）误差理应比最小二乘法的拟合（逼近）误差更大。目前在数学领域已知的正交多项式系中能适用于板形平坦度缺陷识别的并不多。随着板形控制技术的发展，选用正交多项式系建立板形平坦度缺陷模型将被其他更为准确的方法所取代。

2.8.2　BP 神经网络

近年来人工智能（artifitial intelligence，简称 AI）在轧制中的应用引起了人们的广泛关注，人工智能技术是一种新的信息处理和控制技术。目前应用的人工智能技术主要是指人工神经网络（aitifitial neural newtork，简称 ANN）、专家系统（expert system，简称 ES）、模糊逻辑与模糊控制（fuzzy logic/fuzzy control，简称 FL/FC）和遗传算法（genetic algorithm，简称 GA）。它们可以单独使用或结合使用，也可以与数学模型相结合，应用于轧钢生产过程，进行过程的诊断、优化、控制。

2.8.2.1　神经网络基本原理

人工神经元（artificial neuron）是神经网络的基本元素，其原理可以用图 2-42 表示。图中 $x_1 \sim x_n$ 是从其他神经元传来的输入信号，w_{ij} 表示从神经元 j 到神经元 i 的连接权值，θ 表示一个阈值（threshold），或称为偏置（bias）。则神经元 i 的输出与输入的关系表示为：

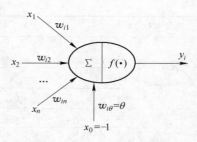

图 2-42　人工神经元模型

$$Net_i = \sum_{j=1}^{n} w_{ij} x_j - \theta$$

$$y_i = f(Net_i)$$

图中，y_i 表示神经元 i 的输出，函数 f 称为激活函数（activation function）或转移函数（transfer function），Net 称为净激活（net activation）。若将阈值 θ 看成是神经元 i 的一个输入 x_0 的权重 $w_{i\theta}$，则上面的式子可以简化为：

$$Net_i = \sum_{j=0}^{n} w_{ij} x_j$$

$$y_i = f(Net_i)$$

若神经元的净激活 Net 为正，称该神经元处于激活状态，若净激活 Net 为负，则称神经元处于抑制状态。

2.8.2.2　常用激活函数

激活函数的选择是构建神经网络过程中的重要环节，常用的激活函数见表 2-9。

表 2-9　常用的激活函数

序号	激活函数或转移函数	函数表达式
1	线性函数 （liner function）	$f(x) = kx + c$
2	斜面函数 （ramp function）	$f(x) = \begin{cases} T & x > c \\ kx & |x| \leqslant c \\ -T & x < -c \end{cases}$
3	阈值函数 （threshold function）	$f(x) = \begin{cases} 1 & x \geqslant c \\ 0 & x < c \end{cases}$
4	对数 S 形函数 （logarithmic sigmoid function）	$f(x) = \dfrac{1}{1 + e^{-\alpha x}} \quad (0 < f(x) < 1)$
5	双正切（或双极）S 形函数 （hyperbolic sigmoid function）	$f(x) = \dfrac{2}{1 + e^{-\alpha x}} - 1 \quad (-1 < f(x) < 1)$

表 2-9 中的前 3 个激活函数都属于线性函数，后 2 个为常用的非线性激活函数。

对数 S 形激活函数的导函数：

$$f'(x) = \frac{\alpha e^{-\alpha x}}{(1 + e^{-\alpha x})^2} = \alpha f(x)[1 - f(x)]$$

双正切 S 形激活函数的导函数：

$$f'(x) = \frac{2\alpha e^{-\alpha x}}{(1 + e^{-\alpha x})^2} = \frac{\alpha[1 - f(x)^2]}{2}$$

对数 S 形函数与双正切 S 形函数的图像如图 2-43 所示。对数 S 形函数与双正切 S 形函数主要区别在于函数的值域，双正切 S 形函数值域是（-1，1），而对数 S 形函数值域是（0，1）。由于对数 S 形函数与双正切 S 形函数都是处处可导的（导函数是连续函数），因此适合用在 BP 神经网络中（BP 算法要求激活函数处处可导）。

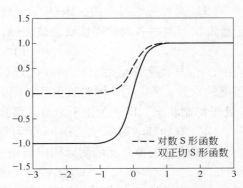

图 2-43　对数 S 形函数与双正切 S 形函数图像

2.8.2.3　神经网络分类

神经网络是由大量的神经元互联而构成的网络。根据网络中神经元的互联方式，常见网络结构主要可以分为 3 类：前馈神经网络（feedforward neural networks）、反馈神经网络（feedback neural networks）和自组织网络（self-organizing neural networks）。

前馈网络也称前向网络。这种网络只在训练过程会有反馈信号，而在分类过程中数据只能向前传送，直到到达输出层，层间没有向后的反馈信号，因此被称为前馈网络。感知机与 BP 神经网络就属于前馈网络。

反馈型神经网络是一种从输出到输入具有反馈连接的神经网络，其结构比前馈网络要复杂得多。典型的反馈型神经网络有：Elman 网络和 Hopfield 网络。

自组织神经网络是一种无导师学习网络。它通过自动寻找样本中的内在规律和本质属性，自组织、自适应地改变网络参数与结构。

2.8.2.4　神经网络工作方式

神经网络运作过程分为学习和工作两种状态。

（1）神经网络的学习状态。网络的学习主要是指使用学习算法来调整神经元间的连接权，使得网络输出更符合实际。学习算法分为有导师学习（supervised learning）与无导师学习（unsupervised learning）两类。

有导师学习算法将一组训练集（training set）送入网络，根据网络的实际输出与期望输出间的差别来调整连接权。有导师学习算法的主要步骤包括：

1）从样本集合中取一个样本 (A_i, B_i)；

2）计算网络的实际输出 O；

3）求 $D = B_i - O$；

4）根据 D 调整权矩阵 W；

5）对每个样本重复上述过程，直到对整个样本集来说，误差不超过规定范围。

BP 算法就是一种出色的有导师学习算法。

无导师学习抽取样本集合中蕴含的统计特性，并以神经元之间的连接权的形式存于网络中。

Hebb 学习规则是一种经典的无导师学习算法。

（2）神经网络的工作状态。神经元间的连接权不变，神经网络作为分类器、预测器等使用。

下面简要介绍一下 Hebb 学习规则与 Delta 学习规则。

（3）无导师学习算法：Hebb 学习规则。Hebb 算法核心思想是，当两个神经元同时处于激发状态时两者间的连接权会被加强，否则被减弱。Hebb 学习规则可表示为：

$$w_{ij}(t+1) = w_{ij}(t) + \alpha y_j(t) y_i(t)$$

式中，w_{ij} 表示神经元 j 到神经元 i 的连接权；y_i 与 y_j 为两个神经元的输出；α 是表示学习速度的常数。若 y_i 与 y_j 同时被激活，即 y_i 与 y_j 同时为正，那么 w_{ij} 将增大。若 y_i 被激活，而 y_j 处于抑制状态，即 y_i 为正 y_j 为负，那么 w_{ij} 将变小。

（4）有导师学习算法：Delta 学习规则。Delta 学习规则是一种简单的有导师学习算法，该算法根据神经元的实际输出与期望输出差别来调整连接权，其数学表示如下：

$$w_{ij}(t+1) = w_{ij}(t) + \alpha(d_i - y_i) x_j(t)$$

式中，w_{ij} 表示神经元 j 到神经元 i 的连接权；d_i 是神经元 i 的期望输出；y_i 是神经元 i 的实际输出；x_j 表示神经元 j 状态，若神经元 j 处于激活态则 x_j 为 1，若处于抑制状态则 x_j 为 0 或 -1（根据激活函数而定）；α 是表示学习速度的常数。假设 x_j 为 1，若 d_i 比 y_i 大，那么 w_{ij} 将增大，若 d_i 比 y_i 小，那么 w_{ij} 将变小。

Delta 规则简单讲来就是：若神经元实际输出比期望输出大，则减小所有输入为正的连接的权重，增大所有输入为负的连接的权重。反之，若神经元实际输出比期望输出小，则增大所有输入为正的连接的权重，减小所有输入为负的连接的权重。这个增大或减小的幅度就根据上面的式子来计算。

2.8.2.5　BP 网络算法实现

BP（Backpropagation）网络是一种单向传播的多层前向网络。网络除了输入输出节点外，有一层或多层的隐含节点，同一层的节点之间没有任何耦合。输入信号从输入层节点依次传过各隐含层节点，然后传到输出节点，每一层节点的输出只影响下一层节点的输出，每个节点都具有单个神经元结构。标准的 BP 网络由输入层、输出层和一层中间（隐含层）组成，如图 2-44 所示。

BP 网络的神经元特性可以有多种不同形式，但最常用的是净输入表达式：

$$Net_i = x_i，i 表示输入层$$

$$Net_j = \sum w_{ji} O_i，j 表示隐含层$$

$$Net_k = \sum w_{kj} O_j，k 表示隐含层$$

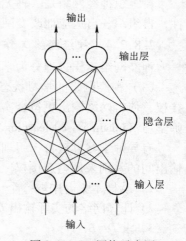

输出

输出层

隐含层

输入层

输入

图 2-44　BP 网络示意图

式中，x_i 为外界对网络输入层中第 i 元的输入信号。

BP 网络的输入层、隐含层和输出层的传递函数分别为：

$$O_i = Net_i$$

$$O_j = f_j(Net_j)$$

$$O_k = f_k(Net_k)$$

BP 网络的学习算法是有监督训练的误差反向传播学习算法，简称 BP 算法。其基本思想是以网络的实际输出和标准输出的均方差最小为目标，采用梯度搜索技术修正权值，寻找最佳的权系数。它的学习过程其实是反复交替进行的两个相反过程：前馈计算各层输出值，反向传播计算误差值并同时修正权值。

BP 网络权值修正公式的推导如下：

设有 P 个训练用标准样本，对于第 p 个样本，其实际输出为 $\{O_{pk}\}$，期望输出为 $\{t_{pk}\}$，对于此样本，其误差平方为：

$$E_p = \frac{1}{2} \sum_{k=1}^{K} (t_{pk} - O_{pk})^2$$

对于系统的总平均误差为：

$$E = \frac{1}{2P} \sum_{p=1}^{P} \sum_{k=1}^{K} (t_{pk} - O_{pk})^2$$

可见，系统最小误差的梯度搜索方向是使系统的总平均误差 E 达到最小值，但目前 BP 网络经常采用的是使 E_p 达到最小值的算法，这种算法被称为 Delta 规则。

为了使 E_p 减小，其权值应沿 E_p 函数的负梯度方向修改，用 Δw_{kj} 表示 w_{kj} 的变化值，所以有（为了方便书写，下面公式的推导中将下标 p 不写）：

$$\Delta w_{kj} = -\eta \frac{\partial E}{\partial w_{kj}} = -\eta \frac{\partial E}{\partial Net_k} \times \frac{\partial Net_k}{\partial w_{kj}} \quad (\eta \text{ 为大于零的因子})$$

因为

$$Net_k = \sum w_{jk} O_j$$

所以

$$\frac{\partial Net_k}{\partial w_{kj}} = \frac{\partial}{\partial w_{kj}} \sum w_{kj} O_j = O_j$$

定义

$$\delta_k = -\frac{\partial E}{\partial Net_k}$$

所以

$$\Delta w_{kj} = \eta \delta_k O_j$$

所以

$$\delta_k = -\frac{\partial E}{\partial Net_k} = -\frac{\partial E}{\partial O_k} \times \frac{\partial O_k}{\partial Net_k} = (t_k - O_k) f'_k(Net_k)$$

那么对于任意输出层单元 k 有

$$\Delta w_{kj} = \eta (t_k - O_k) f'_k(Net_k) O_j$$

同理对于隐含层单元 j 有

$$\Delta w_{ji} = \eta \delta_j O_i$$

其中

$$\delta_j = -\frac{\partial E}{\partial Net_j} = -\frac{\partial E}{\partial O_j} \times \frac{\partial O_j}{\partial Net_j} = -\frac{\partial E}{\partial O_j} f'_j(Net_j)$$

又因为

$$\frac{\partial E}{\partial O_j} = \sum_{k=1}^{K} \frac{\partial E}{\partial Net_k} \times \frac{\partial Net_k}{\partial O_j} = \sum_{k=1}^{K} \frac{\partial E}{\partial Net_k} \times \frac{\partial}{\partial O_j} (\sum w_{kj} O_j) = -\sum_{k=1}^{K} (\delta_k w_{kj})$$

因此

$$\delta_j = f'_j(Net_j) \sum_{k=1}^{K} (\delta_k w_{kj})$$

所以

$$\Delta w_{ji} = \eta f'_j(Net_j) \sum_{k=1}^{K} (\delta_k w_{kj}) O_i$$

于是推导得到了权修正公式。

从 δ 的公式可以看出，中间层的 δ_j 要依据上一层 δ_k 的计算结果。因此，运算是从最高层即输出层开始，其次调整输出层权值，反向传播计算隐含层，直至最底层，即第一个隐含层。进而调整中间层权值，反向传播计算直至输入层。

实际使用中，BP 网络的输入层、隐含层和输出层经常采用的传递函数分别为：

$$O_i = Net_i$$

$$O_j = f_j(Net_j) = \frac{1}{1 + e^{-(Net_j - \theta_j)/\theta_0}}$$

$$O_k = f_k(Net_k) = \frac{1}{1 + e^{-(Net_k - \theta_k)/\theta_0}}$$

式中，θ_j、θ_k 为阈值；θ_0 为偏置值。并且有

$$\frac{\partial O_j}{\partial Net_j} = f'_j(Net_j) = \frac{f_j(1 - f_j)}{\theta_0}$$

$$\frac{\partial O_k}{\partial Net_k} = f'_k(Net_k) = \frac{f_k(1 - f_k)}{\theta_0}$$

所以

$$\delta_k = -\frac{\partial E}{\partial Net_k} = -\frac{\partial E}{\partial O_k} \times \frac{\partial O_k}{\partial Net_k} = (t_k - O_k) \frac{f_k(1 - f_k)}{\theta_0}$$

$$\delta_j = \sum_{k=1}^{K} (\delta_k w_{kj}) \frac{f_j(1 - f_j)}{\theta_0}$$

在计算机模拟过程中，权值 w_{kj} 和 w_{ji} 的调整一般通过迭代方法实现，即

$$w_{kj}(n + 1) = w_{kj}(n) + \eta \delta_k O_j$$

$$w_{ji}(n + 1) = w_{ji}(n) + \eta \delta_j O_i$$

在改进的 BP 算法中，权值调整公式中有时加入一个惯性项（动量项）$\alpha \Delta w_{kj}(n)$ 和 $\alpha \Delta w_{ji}(n)$，其作用是令每次权重系数调整量与上次权重调整系数相联系，从而造成一种"惯性效应"，其权重调整系数可以写成：

$$\Delta w_{kj}(n + 1) = \eta \delta_k O_j + \alpha [w_{kj}(n) - w_{kj}(n - 1)]$$

$$= \eta \delta_k O_j + \alpha \Delta w_{kj}(n)$$

$$w_{kj}(n + 1) = w_{kj}(n) + \Delta w_{kj}(n + 1)$$

$$\Delta w_{ji}(n + 1) = \eta \delta_j O_i + \alpha [w_{ji}(n) - w_{ji}(n - 1)]$$

$$= \eta \delta_j O_i + \alpha \Delta w_{ji}(n)$$

$$w_{ji}(n + 1) = w_{ji}(n) + \Delta w_{ji}(n + 1)$$

根据以上的基本公式可以总结为便于计算机模拟的如下算法过程。按其功能分为学习

阶段和工作阶段两个独立部分。

（1）学习阶段。

1）网络的初始化。确定各层的神经元数，确定 θ_0、η、α，用一定范围的随机数对网络权值 $\{w_{ji}\}$、$\{w_{kj}\}$ 及阈值 θ_j、θ_k 设置初始值；给出系统误差上限值 $e_{\max}$ 和学习次数上限值 $n_{\max}$。

2）输入第一个学习样本。

3）根据所输入学习样本的输入信号前馈计算隐含层单元 j 的净输入 Net_j 及相应的输出 O_j。

4）根据隐含层的输出前馈计算输出层单元 k 的净输入 Net_k 及相应的输出 O_k。

5）计算输出层的输出与此学习样本的标准输出的误差 δ_k。

6）反向传播误差 δ_k；由 δ_k、O_j 和原 $\{w_{kj}\}$ 计算隐含层单元 j 的误差 δ_j。

7）根据 δ_k、O_j 修正隐含层到输出层的权值 $\{w_{kj}\}$。

8）根据 δ_j、O_i 修正输入层到隐含层的权值 $\{w_{ji}\}$。

9）输入下一个学习样本并返回到3）。

10）如果全部学习样本都已学习过，则检验系统误差是否小于其上限值 $e_{\max}$？如果是，则转向12），否则转向11）。

11）检验学习次数是否超过其上限值 $n_{\max}$？如果是，则转向12），否则返回2）。

12）存盘记录网络结构、所有权值、阈值及其他有关数据，结束学习阶段。

（2）工作阶段。

1）读入学习阶段的记录结果：网络结构、权值、阈值等。

2）输入工作样本。

3）根据工作样本的输入信号前馈计算隐含层的输出值 O_j。

4）正向传播计算工作结果即输出层的输出 O_k。

5）有无新的工作样本输入？如有则返回2），否则转向6）。

6）输出结果，结束工作。

2.8.2.6　BP 网络有关常数的确定

（1）神经网络输入层、输出层神经元个数，可根据所研究的对象的输入输出信息确定。而隐含层的拓扑结构（层的个数、每层神经元的个数）目前尚无确切的方法和理论，通常是凭对学习样本和工作样本的误差交叉评价的交叉试错法选取。对于只有一个隐含层的 BP 网络，可参考下式给出隐含层的神经元个数：

$$n_h = \sqrt{n_i + n_o} + I$$

式中，n_h 为隐含层神经元数目；n_i 为输入层神经元数目；n_o 为输出层神经元数目；I 为 1~10 的整数。

隐含层的神经元个数也可采用下式：

$$n_h = n_i - n_o \pm 2$$

（2）学习因子 η 和惯性因子 α。η 和 α 与初始值一样，对网络学习收敛的情况影响极大。η 较大时，权值的修改量较大，学习速度较快，但有时会导致振荡；η 较小时，学习速度较慢，学习过程平稳。实际学习过程中可将 η 取为一个与学习过程有关的变量。学习开始时 η 相对大，随着学习的深入，逐步减小 η。在一些简单的问题中，η 可取为常数，满

足 $0 < \eta < 1$。惯性因子 α 为惯性项的校正系数，α 越大则权重系数调整的惯性越大，即每一次系数的调整量与上一次的调整量更密切相关。

图 2-45 为针对一种特定的 BP 网络，采用同一个随机数产生器赋初始权值，给出 $e_{max} = 0.000001$，$n_{max} = 2000$ 情况下的 η 和 α 试验结果。

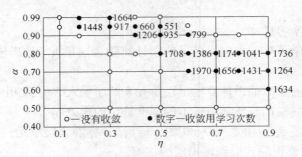

图 2-45 学习次数与 η、α 关系图

关于 η 和 α 的取值在总体上是有一定特点的。一般 η 和 α 可取如下范围值：$\eta = 0.45 \sim 0.90$，$\alpha = 0.60 \sim 0.95$。而且当 η 取小值时，α 应取大值；η 取大值时，α 取偏小偏大都可以。但一般 η 和 α 的取值都偏大一点，对学习收敛是安全的。

（3）连接权值赋值。在学习开始时，必须给各个连接权赋初值。可以给每一个连接权赋一个随机值，但不能使所有的连接权值都相等。通常是给每一个连接权赋一个 -1 至 +1 之间的随机数。

2.8.2.7 Matlab 快速实现神经网络

A 数据预处理

在训练神经网络前一般需要对数据进行预处理，一种重要的预处理手段是归一化处理。

（1）数据归一化：就是将数据映射到 [0，1] 或 [-1，1] 区间或更小的区间。

（2）归一化的作用。

1）输入数据的单位不一样，有些数据的范围可能特别大，导致的结果就是神经网络收敛慢、训练时间长。

2）数据范围大的输入在模式分类中的作用可能会偏大，而数据范围小的输入作用就可能会偏小。

3）由于神经网络输出层的激活函数的值域是有限制的，因此需要将网络训练的目标数据映射到激活函数的值域。例如神经网络的输出层若采用 S 形激活函数，由于 S 形函数的值域限制在 （0，1），也就是说神经网络的输出只能限制在 （0，1），训练数据的输出就要归一化到 [0，1] 区间。

4）S 形激活函数在 （0，1） 区间以外区域很平缓，区分度太小。

（3）归一化算法：一种简单而快速的归一化算法是线性转换算法。

线性转换算法常见有两种形式：

$$y = (x - min) / (max - min)$$

式中，min 为 x 的最小值，max 为 x 的最大值，输入向量为 x，归一化后的输出向量为 y。上式将数据归一化到 [0，1] 区间，当激活函数采用 S 形函数时（值域为 （0，1） ）时这个式子适用。

$$y = 2 * (x - \min) / (\max - \min) - 1$$

上述公式将数据归一化到 [-1, 1] 区间。当激活函数采用双极 S 形函数（值域为 (-1, 1)）时该式也同样适用。

（4）Matlab 数据归一化处理函数。Matlab 中归一化处理数据可以采用 premnmx，postmnmx，tramnmx 这 3 个函数。

1）premnmx。

语法：[pn, minp, maxp, tn, mint, maxt] = premnmx (p, t)

参数：

pn：p 矩阵按行归一化后的矩阵；

minp，maxp：p 矩阵每一行的最小值，最大值；

tn：t 矩阵按行归一化后的矩阵；

mint，maxt：t 矩阵每一行的最小值，最大值。

作用：将矩阵 p、t 归一化到 [-1, 1]，主要用于归一化处理训练数据集。

2）tramnmx。

语法：[pn] = tramnmx (p, minp, maxp)

参数：

minp，maxp：premnmx 函数计算的矩阵的最小值，最大值；

pn：归一化后的矩阵。

作用：主要用于归一化处理待分类的输入数据。

3）postmnmx。

语法：[p, t] = postmnmx (pn, minp, maxp, tn, mint, maxt)。

参数：

minp，maxp：premnmx 函数计算的 p 矩阵每行的最小值，最大值；

mint，maxt：premnmx 函数计算的 t 矩阵每行的最小值，最大值。

作用：将矩阵 pn、tn 映射回归一化处理前的范围。postmnmx 函数主要用于将神经网络的输出结果映射回归一化前的数据范围。

B 使用 Matlab 实现神经网络。

使用 Matlab 建立前馈神经网络主要会使用到下面 3 个函数：

newff：前馈网络创建函数；

train：训练一个神经网络；

sim：使用网络进行仿真。

下面简要介绍这 3 个函数的用法。

（1）newff 函数。

1）newff 函数语法。newff 函数参数列表有很多的可选参数，具体可以参考 Matlab 的帮助文档，这里介绍 newff 函数的一种简单的形式。

语法：net = newff (PR, [S1 S2…SN], {TF1 TF2…TFN}, BTF, BLF, PF)。

参数：

PR：一个 $R \times 2$ 矩阵，由 R 维输入向量的每维最小值和最大值组成；

S_i：第 i 层的神经元个数；

TF_i：第 i 层的传递函数，默认为 tansig；

BTF：训练函数，默认为 trainlm；

BLF：学习函数，默认为 learngdm；

PF：性能函数，默认为 mse。

2）常用的激活函数。常用的激活函数有：

①线性函数：

$$f(x) = x$$

该函数的字符串为"purelin"。

②对数 S 形函数：

$$f(x) = \frac{1}{1 + e^{-x}} \quad (0 < f(x) < 1)$$

该函数的字符串为"logsig"。

③双正切 S 形函数：

$$f(x) = \frac{2}{1 + e^{-2x}} - 1 \quad (-1 < f(x) < 1)$$

该函数的字符串为"tansig"。

Matlab 的安装目录下的 toolbox \ nnet \ nnet \ nntransfer 子目录中有所有激活函数的定义说明。

3）常见的训练函数。Matlab 神经网络工具箱对常规 BP 算法进行改进，提供了一系列快速算法即训练函数，以满足不同问题的需要，如表 2-10 所示。

表 2-10 Matlab 提供的训练函数

学习算法	适用问题类型	收敛性能	占用存储空间	其他特点
trainlm	函数拟合	收敛快，误差小	大	性能随网络规模增大而变差
trainrp	模式分类	收敛最快	较小	性能随网络训练误差减小而变差
trainscg	函数拟合 模式分类	收敛较快 性能稳定	中等	尤其适用于网络规模较大的情况
trainbfg	函数拟合	收敛较快	较大	计算量随网络规模的增大呈几何增长
traingdx	模式分类	收敛较慢	较小	适用于提前停止的方法

常见的训练函数有：

traingd：梯度下降 BP 训练函数；

traingdx：梯度下降自适应学习率训练函数。

4）训练参数设置。利用已知的"输入—目标"样本向量数据对网络进行训练，采用 train 函数来完成。训练之前，对训练参数进行设置，如表 2-11 所示。

表 2-11 训练参数设置

训练参数	参数含义	默认值
net. trainParam. epochs	训练步数，即最大迭代次数	100
net. trainParam. show	显示训练结果的间隔步数，即显示中间结果的周期	25
net. trainParam. goal	训练目标误差	0
net. trainParam. time	训练允许时间	INF
net. trainParam. lr	学习率	0.01

（2）train 函数。网络训练学习函数。

语法：[net, tr, Y1, E] = train（net, X, Y）

参数：

X：网络实际输入；

Y：网络应有输出；

tr：训练跟踪信息；

Y1：网络实际输出；

E：误差矩阵。

（3）sim 函数。

语法：Y = sim（net, X）

参数：

net：网络；

X：输入给网络的 $K×N$ 矩阵，其中 K 为网络输入个数，N 为数据样本数；

Y：输出矩阵 $Q×N$，其中 Q 为网络输出个数。

（4）参数设置对神经网络性能的影响。通过调整隐含层节点数，选择不同的激活函数，设定不同的学习率。

1）隐含层节点个数。隐含层节点的个数对于识别率的影响并不大，但是节点个数过多会增加运算量，使得训练较慢。

2）激活函数的选择。激活函数无论对于识别率或收敛速度都有显著的影响。在逼近高次曲线时，S 形函数精度比线性函数要高得多，但计算量也要大得多。

3）学习率的选择。学习率影响着网络收敛的速度，以及网络能否收敛。学习率设置偏小可以保证网络收敛，但是收敛较慢。相反，学习率设置偏大则有可能使网络训练不收敛，影响识别效果。

2.8.2.8 人工神经网络及其在轧制领域的应用

与传统方法比较，人工智能避开了过去那种对轧制过程深层规律的探求，转而模拟人脑来处理那些实际过程。它不是从基本原理出发，而是以事实和数据作为依据，来实现对过程的优化控制。它解决问题的方式不同于传统逻辑思维的"算法"，其操作具有形象思维的属性，特别适合处理需要同时考虑许多因素、条件、不精确和模糊信息的问题。

以轧制力为例，在传统方法中，首先需要基于假设和平衡方程推导轧制力公式，研究变形抗力摩擦条件外端等因素的影响，精度不能满足要求时加入经验系数进行修正。而利用人工神经网络进行轧制力预报，所依据的是大量在线采集到的轧制力数据和当时各种参数的实际值。为了排除偶然因素，所用的数据必须是大量的，足以反映出统计规律的数据。

利用这些大量的数据，通过一种称之为"训练"的过程，根据已知的轧制条件、钢种、温度、压下量、实测到的轧制力等，经过大量的训练，计算机便"记住"了这种因果关系。当再次给出相似范围内的具体轧制条件，凭借类比记忆功能，计算机就会很容易地给出相应的轧制力。因为这个轧制力是基于事实的，所以是可信的。

目前在板带轧制过程中，应用神经网络技术已进行了大量的探索性的研究工作，部分已取得成功并应用于工业生产。这些研究工作主要有：冷连轧机组下规程设定、多辊轧机板形控制、利用 BP 网络进行板形识别、综合利用神经网络和模糊逻辑进行板形控制、利用自组织模型进行操作数据分类、利用神经网络预报冷轧轧制压力、利用神经网络识别轧辊偏心、神经网络用于轧机的自动控制、用模糊神经网络控制带钢厚度、利用神经网络预报轧件出口厚度等。

下面简单介绍使用 BP 神经网络预报冷轧轧制压力。选取 13 个变量作为系统输入：宽度 B、来料厚度 H、$S1 \sim S5$ 机架轧机出口厚度 $h_1 \sim h_5$、入口张力 T、$S1 \sim S5$ 机架轧机出口张力 $T_{o1} \sim T_{o5}$，系统的输出为所要预报的五个机架的轧制力 $F_1 \sim F_5$。

BP 神经网络共包括 3 层，即输入层、隐含层和输出层。输入层的神经元数为 13，隐含层的神经元数为 20，输出层的神经元数为 5。输入层和隐含层之间的激活函数为对数 S 形函数，隐含层和输出层的激活函数为线性函数。预报用部分轧制工艺参数见表 2-12。

表 2-12　部分轧制工艺参数

机架号	带钢宽度/mm	入口厚度/mm	出口厚度/mm	入口张力/MPa	出口张力/MPa	轧制压力/kN
1	800	6.000	4.490	25.0	75.2	12325
2	800	4.490	3.121	75.2	168.2	13117
3	800	3.121	2.410	168.2	176.4	10452
4	800	2.410	2.169	176.4	109.5	7668
5	800	2.169	2.000	109.5	25.0	6881
1	800	4.800	3.333	25.0	92.9	12946
2	800	3.333	2.079	92.9	238.1	12905
3	800	2.079	1.493	238.1	253.8	9431
4	800	1.493	1.301	253.8	167.1	7028
5	800	1.301	1.200	167.1	25.0	6196
1	800	2.000	1.160	25.0	177.4	10897
2	800	1.160	0.749	177.4	247.2	8642
3	800	0.749	0.561	247.2	257.4	7006
4	800	0.561	0.444	257.4	251	6989
5	800	0.444	0.400	251	25.0	6052
1	1000	2.000	1.160	25.0	149.8	14544
2	1000	1.160	0.673	149.8	204.4	12949
3	1000	0.673	0.419	204.4	265.8	11602

机架号	带钢宽度/mm	入口厚度/mm	出口厚度/mm	入口张力/MPa	出口张力/MPa	轧制压力/kN
4	1000	0.419	0.326	265.8	264.7	9655
5	1000	0.326	0.300	264.7	25.0	8228
1	1200	2.000	1.160	34.1	166.6	17639
2	1200	1.160	0.673	166.6	220.4	15416
3	1200	0.673	0.421	220.4	265.7	13702
4	1200	0.421	0.326	265.7	271.5	11658
5	1200	0.326	0.300	271.5	25.0	9876
1	1400	2.400	1.651	25.0	101.2	17953
2	1400	1.651	1.036	101.2	240.7	17665
3	1400	1.036	0.744	240.7	254	13520
4	1400	0.744	0.639	254	191.1	11046
5	1400	0.639	0.600	191.1	25.0	9369

BP 神经网络训练经过训练后的网络误差变化曲线，如图 2-46 所示。

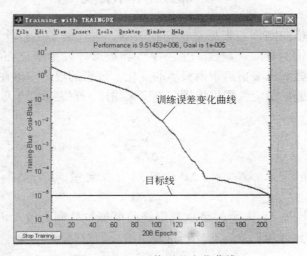

图 2-46　BP 网络误差变化曲线

BP 算法实质是求取误差函数的最小值问题。这种算法采用非线性规划中的最速下降方法，按误差函数的负梯度方向修改权系数。反向传播算法分两步进行，即正向传播和反向传播。

正向传播时，输入的样本从输入层经过隐单元一层一层进行处理，通过所有的隐层之后，则传向输出层；在逐层处理的过程中，每一层神经元的状态只对下一层神经元的状态产生影响。在输出层把现行输出和期望输出进行比较，如果现行输出不等于期望输出，则进入反向传播过程。

反向传播时，把误差信号按原来正向传播的通路反向传回，并对每个隐层的各个神经元的权系数进行修改，以望误差信号趋向最小。

3　板形控制性能主要评价指标

板形控制和厚度控制的实质都是对承载辊缝的控制。但厚度控制只需控制辊缝中点处的开口度精度，而板形控制则必须控制沿带钢宽度方向辊缝曲线的全长，辊缝曲线全长的几何尺寸和形状既决定带钢横截面的凸度和边部减薄量，更决定带钢的平坦度，板形控制的实质在于对承载辊缝形状的控制。各种板形控制技术的板形控制原理都是调控承载辊缝的形状。在轧制过程中，影响轧件板形即承载辊缝形状的干扰因素主要是来自轧机方面的轧辊辊形变化和来自轧件方面的轧制力波动。板形控制性能优良的板带轧机，其承载辊缝形状应该同时具有足够大的可调控范围和对轧制力、轧辊辊形变动干扰的抵抗能力，因此提出了以下板带轧机板形控制性能评价指标。

3.1　辊缝横向刚度

轧机的承载辊缝横向刚度与板形是密切相关的，它代表了一台轧机对板形的控制能力。轧制时，由于带钢的材质、温度、来料厚度和板形等发生变化而导致轧制力出现波动，进而导致承载辊缝和机架出口带钢板形的变化。理想的辊缝应该在轧制力发生波动变化时保持稳定性。辊缝的稳定性用辊缝横向刚度来描述，它表示产生单位辊缝凸度变化量所需轧制力的变化量：

$$K_P = \frac{\Delta P}{\Delta C_W} \tag{3-1}$$

式中，K_P 为辊缝横向刚度，$kN/\mu m$；ΔP 为轧制力波动量，kN；ΔC_W 为辊缝凸度变化量，μm。

可见，辊缝横向刚度 K_P 表示的是承载辊缝凸度抵抗轧制力波动而保持不变的能力。显然，K_P 越大，承载辊缝越稳定，对轧制过程中的板形控制越有利。

3.2　辊缝各点横向刚度系数

辊缝各点横向刚度系数指单位轧制力波动与轧机承载辊缝在沿宽度方向上承载辊缝各点凸度变化量的比值。它表示沿宽度方向上承载辊缝各点凸度抵抗轧制力波动而保持不变的能力：

$$K_P(x) = \frac{\Delta P}{\Delta C(x)} \tag{3-2}$$

式中，$K_P(x)$ 为辊缝各点横向刚度系数，$kN/\mu m$；ΔP 为轧制力波动量，kN；$\Delta C(x)$ 为辊缝各点凸度变化量，μm。

3.3　辊缝凸度调节域

轧制过程中，板形的控制实际上是对辊缝形状的控制，考虑到带钢截面基本上是对称的，在一般情况下承载辊缝可用四次多项式来表示：

$$f(x) = a_0 + a_2 x^2 + a_4 x^4 \quad x \in [-1, +1] \tag{3-3}$$

式中，x 为以辊缝中心为原点，相对计算宽度（例如辊身长度或轧件宽度等）的相对坐标；a_0、a_2、a_4 为各项系数。

承载辊缝可以分解为二次部分 $f_2(x)$、四次部分 $f_4(x)$ 及常数部分 $f_0(x)$ 等三个分量，如图 3-1 所示。其中常数部分为：

$$f_0(x) = f(\pm 1) = a_0 + a_2 + a_4 \tag{3-4}$$

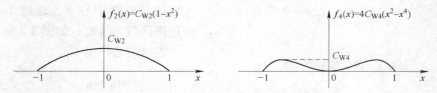

图 3-1　板形分量及表达参数

二次分量可写为：

$$f_2(x) = C_{W2}(1 - x^2) \tag{3-5}$$

用辊缝的中间（$x = 0$）值减去边部（$x = \pm 1$）值，得到辊缝的二次凸度 C_{W2}：

$$C_{W2} = f(0) - f(\pm 1) = -(a_2 + a_4) \tag{3-6}$$

将有载辊缝减去辊缝的常数分量及二次分量，得到辊缝的四次分量 $f_4(x)$：

$$f_4(x) = f(x) - f_0(x) - f_2(x) = a_4(x^4 - x^2) \tag{3-7}$$

用辊缝的极值点 $\left(x = \pm \dfrac{\sqrt{2}}{2}\right)$ 值减去边部（$x = \pm 1$）值，得到辊缝的四次凸度 C_{W4}：

$$C_{W4} = f_4\left(\pm \frac{\sqrt{2}}{2}\right) - f_4(0) = -\frac{1}{4} a_4 \tag{3-8}$$

故辊缝的二次凸度 C_{W2}、四次凸度 C_{W4} 分别为：

$$\begin{cases} C_{W2} = -(a_2 + a_4) \\ C_{W4} = -a_4/4 \end{cases} \tag{3-9}$$

则辊缝函数可表示为：

$$f(x) = f_0(x) + f_2(x) + f_4(x) = a_0 + (4C_{W4} - C_{W2})x^2 - 4C_{W4}x^4 \tag{3-10}$$

在轧制过程中，板形的控制实际上是对辊缝形状的控制。承载辊缝的二次分量与带钢二次浪形（双边浪或中浪）、四次分量与四次浪形（1/4 浪和边中复合浪）对应。因此，对二次浪形的控制主要是对二次凸度的控制，而对四次浪形的控制则是通过控制四次分量来实现。

辊缝凸度调节域是指轧机在各种板形控制技术共同作用下，所能提供的承载辊缝二次凸度 C_{W2} 和四次凸度 C_{W4} 的最大变化范围 $\Omega(C_{W2}, C_{W4})$。承载辊缝凸度调节域反映了轧机对其承载辊缝形状的调节柔性，应追求更大的辊缝凸度调节域 $\Omega(C_{W2}, C_{W4})$ 以使轧机辊缝形状具有较好的调节柔性，进而增大对板形的凸度调节能力。

3.4　承载辊缝形状分布特性系数

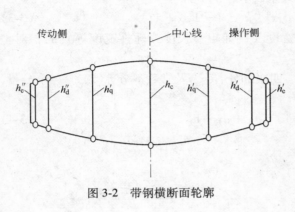

图 3-2　带钢横断面轮廓

目前，宽带钢冷连轧机的主要板形控制手段是：对于四辊轧机来讲，有工作辊弯辊、工作辊窜辊等；对于六辊轧机来讲，有工作辊弯辊、工作辊窜辊、中间辊弯辊和中间辊窜辊等。冷连轧机各板形控制手段对承载辊缝形状的控制主要通过辊缝中心点、辊缝 1/4 处和辊缝边降区域来体现，如图 3-2 所示。

辊缝中心凸度 C_M 为：

$$C_M = h_c - \frac{h'_d + h''_d}{2} \qquad (3-11)$$

辊缝 1/4 处凸度 C_Q 为：

$$C_Q = h_c - \frac{h'_q + h''_q}{2} \qquad (3-12)$$

辊缝局部凸度 C_E 为：

$$C_E = \frac{h'_d + h''_d}{2} - \frac{h'_e + h''_e}{2} \qquad (3-13)$$

定义承载辊缝形状分布特性系数如下：

$$R_Q = \frac{\Delta C_M}{\Delta C_Q} \qquad (3-14)$$

$$R_E = \frac{\Delta C_E}{\Delta C_M} \qquad (3-15)$$

式中，ΔC_M、ΔC_Q 和 ΔC_E 分别为一定板形调节量下辊缝中心凸度、辊缝 1/4 处凸度和辊缝局部凸度的变化量。

R_Q 反映了冷连轧机板形控制手段对承载辊缝 1/4 区域的相对控制能力；R_E 反映了冷连轧机各板形控制手段对承载辊缝边部区域的相对控制能力。

凸度比 R_W 为：

$$R_W = \frac{\Delta C_{W2}}{\Delta C_{W4}} \qquad (3-16)$$

则由式（3-14）和式（3-16）可得：

$$R_W = \frac{3R_Q}{R_Q - 4} \qquad (3-17)$$

所以由式（3-17）可知：当 R_Q 等于 4 时，R_W 趋向于无穷大，说明冷连轧机对板形四次凸度的控制能力趋向于零。所以，R_Q 的绝对值与数值 4 的大小关系成为判断轧机控制复杂浪形能力的指标。

4 板带轧制有限元仿真模型

4.1 轧辊的弹性变形理论

轧辊的弹性变形直接影响到板形，而且是影响板形好坏的最主要和最基本的因素，因此也就是板形理论的核心问题。如果能从本质上解决轧辊的弹性变形，就可以在一定的工艺条件下准确地预测轧后的断面分布及板形情况，并找出板形随各种因素变化而变化的规律，为确定正确的工艺参数、寻找改善板形的途径、搜索控制板形的方法提供可靠的理论依据。从 20 世纪 60 年代轧辊弹性变形研究的迅速发展到目前为止，对轧辊弹性变形计算的精度已基本达到实用程度。其计算方式有以下三类：

（1）初等解析理论。1965 年，斯通将弹性基础梁理论借用到轧制理论领域中，使板形问题的研究取得巨大进步。解析方法的理论基础就是弹性基础梁假定。认定工作辊是处于支持辊和带材两个弹性地基上的梁，将辊间压力看作是弹性基础反力，通过求解四阶微分方程来确定工作辊的挠度，求出关于轧辊变形乃至轧后断面形状的解析表达式。在解析方法发展的各个阶段上，斯通、盐崎、本城恒等人分别为此做了具有重要意义的工作。盐崎在斯通工作的基础上，考虑了工作辊和支持辊辊身不同区段的受力情况，采取不同的微分方程来描述，对工作辊和支持辊分别列出挠度曲线微分方程，并通过辊间压扁关系把这两个方程联系在一起，比较合理地处理了工作辊和支持辊的变形。而本城恒则在弹性基础梁假定的基础上，将轧制压力处理成辊系的外力，使其物理模型更能符合实际，成为比较完善的解析模型。但由于解析模型本身在处理轧制压力分布、轧辊凸度和磨损分布等问题上不够理想，且运算和表达形式都相当复杂，因此很难在实际中得到应用。

（2）影响函数法。影响函数法是一种离散化的方法。通过将轧辊离散成若干单元，并将轧辊所承受得载荷及轧辊弹性变形也按相同单元离散，应用数学物理中关于影响函数的概念，先确定对单元施加单位力时在辊身各点引起的变形，然后将全部载荷作用时在各单位引起的变形叠加，就得出各单元的变形值，从而可以确定出口处的厚度分布和张力分布等。由于这种方法不需要对辊间接触压力分布和轧制压力的横向分布作任何假设，因此可以很灵活、方便地处理各类复杂问题并且计算精度也较高。该方法是板形理论研究方面的重要成果。K. N. 绍特首先采用这种方法研究轧辊的弹性变形问题，后来在各国获得普遍应用。我国从 20 世纪 70 年代末开始在此方面做了大量的工作。如我国学者陈先霖、连家创、王国栋、钟春生等都用影响函数法处理过辊间弹性变形问题。这种方法在处理轧辊弹性变形问题上收到很好的效果，是目前应用较多的一种方法。不足之处是这方法在辊间压扁问题及单位宽度轧制力设定问题上采用了许多假设，而且计算也较复杂。同时解析方法和影响函数法都是基于一种静态的理论，只能用于设定，无法对实际的轧制过程进行动态的分析与控制，这也是其不足之处。

（3）有限元法和边界元法。这两种方法可详尽地描述整个辊系的应力和变形，故对板形分析和轧辊强度分析都有意义。但因其计算量过大，且因辊间接触宽度极小而使其压力和压扁计算困难，故在实际中很难得到应用。

带钢板形计算需要涉及张力分布、带钢屈服翘曲和残余应力等复杂的机制。美国Armco公司采用有限元法对解决板材翘曲极限问题进行了研究，并认为带钢板形能用两维周期函数来描述，把这些方程代入总变形能量方程，得到与残余应力分布对应的翘曲变形状态。此外，还认为带钢板形可化为弹性弯曲变形或塑性弯曲变形。弹性弯曲变形能够由弯曲力矩算出，塑性弯曲变形能够由假设的带钢横截面按二次曲线变化和体积不变条件导出。这些方法在理论上是有效的，但用于各种轧制条件和不同轧机构造时就变得十分复杂。因此，开发了确定带钢板形的另一种方法，即平坦度死区的恒比例凸度控制的概念，采用这个板形和凸度的关系式，能够避免冗长的计算问题，而用一个简单的方法去估计带钢的板形。从有限元的计算转向板形和凸度关系模型的研究，提供了板形理论的发展方向。日本新日铁在这方面也进行了较深入的研究。我国学者陈先霖院士提出的二维变厚度有限元模型较好地解决了有限元计算的精度和效率问题，成功地解决了我国几条大型连续机组的生产实际问题。

4.2 轧机辊系弹性二维静态有限元模型

采用经过国内多套大型工业轧机实践检验的多体接触二维变厚度有限元方法建立辊系变形有限元分析模型（图 4-1），进行辊间接触压力、承载辊缝凸度等的数值模拟仿真计算。采用二维变厚度有限元方法，改变辊形与窜辊、弯辊简单易行，求解高效迅速，仿真结果接近工业轧制实际，精度可以满足分析需要。

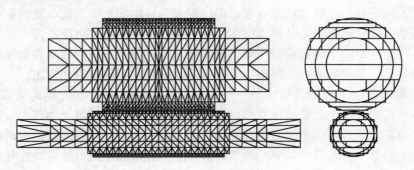

图 4-1 辊系弹性变形二维变厚度有限元模型

变厚度平面有限元模型是将辊系处理为由若干厚度不等的平面单元组成。模型中对平面单元采用等效厚度计算，中部单元按单元的惯性矩和实型相等确定厚度，接触边界单元按单元的压缩变形与 Hertz 压扁量相等来确定厚度。该模型取得了较为理想的计算结果。

二维变厚度有限元模型的原理是：建立工作辊与支持辊一体的模型，把辊间压力作为系统内力，把轧制压力处理成外力。图 4-1 所示的单元可以分为两类：一类是只承受接触压扁变形的接触边界单元，称为等效接触单元，共三层，分别作用于辊间接触区的支持辊表面、工作辊表面以及轧制接触区的工作辊表面，用来描述辊间支持辊与工作辊之间、工作辊与轧件之间的接触压扁问题；另一类是承受弯曲变形的实体单元，以描述支持辊与工作辊的弯曲变形，称为等效抗弯单元。在网格划分中包括如下模块：

MES：给所有单元编号并与节点号对应起来；

XYS：划分网格，得到各个节点的坐标值；

THS：计算各层单元的弯曲等效厚度。

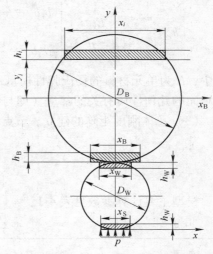

由于轧机的对称性，可以只取支持辊和工作辊上辊作为研究对象，采用三角形等参数单元对辊系网格进行划分，以相等抗压变形的矩形截面来等效轧辊边界实际为弓形的截面（如图4-2所示），则三种边界单元的压扁等效厚度为：

$$x_S = h_W \frac{\pi}{4(1-\mu^2)}$$

$$x_W = h_W \frac{\pi D_W}{4(1-\mu^2)D_{eq}}$$

$$x_B = h_B \frac{\pi D_B}{4(1-\mu^2)D_{eq}}$$

$$D_{eq} = \frac{D_W D_B}{D_W + D_B}$$

图 4-2 辊系等效厚度示意图

除接触单元外的实体单元，只承受弯曲变形，因此以抗弯模量（相对于轧辊轴心）相等原则将实际为弓形截面的单元等效为矩形截面。则实际等效厚度为：

$$x_i = \frac{3}{4} \times \frac{s_1 - s_2 - \dfrac{\sin 4s_1 - \sin 4s_2}{4}}{\sin^3 s_1 - \sin^3 s_2} R$$

$$s_1 = \arcsin \frac{y_i + h_i}{R}$$

$$s_2 = \arcsin \frac{y_i}{R}$$

式中，x_S 为工作辊轧制区边界接触层单元等效厚度；x_W 为工作辊辊间边界接触层单元等效厚度；x_B 为支持辊辊间边界接触层单元等效厚度；x_i 为其他单元层等效厚度；h_W 为工作辊变厚度接触层高度调节量；h_B 为支持辊变厚度接触层高度调节量；h_i 为其他单元层高度值；y_i 为各单元层 Y 方向坐标；R 为工作辊或支持辊半径；D_W 为工作辊直径；D_B 为支持辊直径。

二维变厚度有限元模型的建立经过了以下几个步骤：

（1）结构的离散化。离散化是有限单元法的基础，就是由有限个单元的集合体来替代原来的连续体或结构。每个单元仅在节点处和其他单元及外部有联系。由于轧机的结构对称，所以以上支持辊和上工作辊为研究对象，进行计算研究。为了提高解题的精度，网格由轧辊里层向外层逐步加密。本书采用三节点三角形单元对1700mm冷连轧机辊系进行划分。

（2）单元刚度矩阵的建立。采用解平面应力问题的弹性矩阵单元的刚度矩阵表示为：

$$[k_{rs}]^e = \frac{Et}{4(1-\mu^2)\Delta} \begin{bmatrix} b_r b_s + \dfrac{1-\mu}{2} c_r c_s & \mu b_r c_s + \dfrac{1-\mu}{2} c_r b_s \\ \mu c_r b_s + \dfrac{1-\mu}{2} b_r c_s & c_r c_s + \dfrac{1-\mu}{2} b_r b_s \end{bmatrix} \quad (r, s = i, j)$$

式中，E 为单元材料的杨氏弹性模量；μ 为单元材料的泊松比；t 为单元的厚度；b_i、c_i 为与单元的几何性质有关的常量（即与两节点间的坐标差有关）；Δ 为单元的面积。

（3）总体刚度矩阵的建立。节点载荷与节点位移方程组矩阵有如下表达形式：

$$[K] = \sum_{e=1}^{NE} [k]^e$$

$$[K]\{D_p\} = \{F\}$$

模型主要计算参数见表 4-1。

表 4-1　模型主要计算参数

参　数	含　义	参　数	含　义
BW	轧件宽度	DW	工作辊直径
BF	单侧弯辊力	DBNECK	支持辊辊颈直径
PROBR	支持辊无负荷辊形	DWNECK	工作辊辊颈直径
PROWR	工作辊无负荷辊形	DBBEAR	支持辊轴承处直径
RF	轧制力（不包括弯辊力）	DWBEAR	工作辊轴承处直径
SHF	窜辊量	LB	支持辊辊身长度
KOFF	轧件偏离轧制线中心值	LW	工作辊辊身长度
PS	辊间压力分布系数	LBNECK	支持辊辊颈长度
TEQB	支持辊变厚度调节量	LWNECK	工作辊辊颈长度
TEQW	工作辊变厚度调节量	LPF	支持辊压下力作用距离
DB	支持辊直径	LFW	工作辊弯辊力作用距离

模型采用 FORTRAN 或 VB 语言实现编程，计算框图如图 4-3 所示。

在程序框图中，对以下变量进行说明：

$\{Gm1\}$、$\{Gm2\}$ ——工作辊、支持辊的几何尺寸；

$\{L_{WR}\}$、$\{L_{BUR}\}$ ——工作辊、支持辊辊形曲线；

B——轧件的宽度；

P——轧制压力；

PS——轧制压力分布；

$[Nd]$ ——单元节点号；

$\{x\}$、$\{y\}$ ——节点坐标；

$\{THK\}$ ——单元厚度；

$\{Teq\}$ ——工作辊与支持辊接触区单元等效厚度。

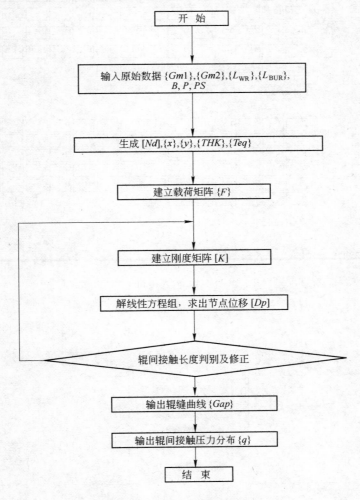

图 4-3 辊系变形计算流程图

辊系弹性变形模型具有以下特点：

采用多体接触模型：将具有特定辊廓曲线的支持辊、工作辊作为接触整体，通过迭代确定辊间实际接触状况，辊间接触压力分布作为内力求出，无需假设，并可计算任意辊形条件下的辊系变形。

采用二维变厚度模型：各层单元厚度按与圆柱截面惯性矩相等的原则确定。

建立能以现场实际生产数据为训练样本的"调适单元"，使计算结果尽量逼近生产实际数值。该模型计算一个工况所需时间缩短至秒级，而且精度相当，使得大量的工况分析研究变为可能。二维变厚度有限元模型系统如图 4-4 所示，计算结果如图 4-5 所示。

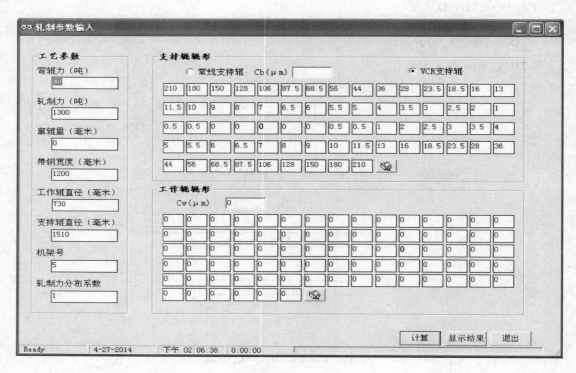

图 4-4 输入接口

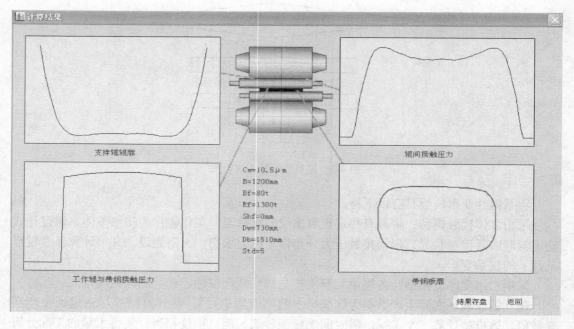

图 4-5 计算结果

4.3 板带轧制三维有限元模型

板形控制理论包含三个主要数学模型：（1）轧件三维弹塑性变形模型；（2）辊系弹性变形模型；（3）轧后带钢失稳判别模型。这三个模型相互关联，是一个密不可分的统一整体。轧件弹塑性三维变形为辊系弹性变形模型提供轧制压力的横向分布，同时为带钢失稳判别模型提供前张力的横向分布，辊系变形模型为轧件变形模型提供有载辊缝横向分布。三者之间的关系如图 4-6 所示。

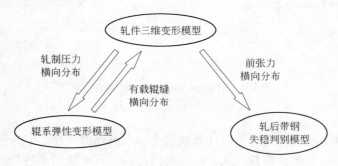

图 4-6 板形基础理论体系的构成

自 20 世纪 60 年代以来，人们对构成板形理论体系的三个模型进行了大量的研究。辊系弹性变形模型的研究起步较早，发展至今日已形成相对完善的理论体系，无论从计算精度及计算效率方面均可满足工程应用的要求；由于轧件变形特性的高度非线性，轧件的弹塑性变形计算较辊系的弹性变形计算复杂得多，虽然借助有限元法方法也能获得较好的计算精度，但计算量大，计算时间过长，不具有工程应用价值；相对来说，对于轧后带钢失稳判别模型的研究较少，今后应加强这方面的工作。

板带在轧制过程中三维弹塑性变形的求解是板形控制研究中的难点之一，有限元是目前广泛采用的计算方法，但在实际应用中，提高计算精度与降低计算成本、提高计算效率之间始终存在矛盾。出于对计算量的考虑，目前对于轧辊的弹性变形以及轧件的弹塑性变形计算大多都是作为两个独立的模型分别求解，而对于模型之间彼此的联系涉及甚少。这固然能获得满意的计算精度，但如前所述，3 个模型是互相联系的统一整体，模型之间存在耦合关系，任何一个模型的求解都是建立在其他模型计算结果的基础上，脱离其他模型而单纯求解某个模型显然有悖于客观事实，在理论上也是不可能实现的。目前常用的一种变通的方法是对一些模型计算所需的未知变量如轧制力沿轧辊轴向的分布、有载辊缝横向分布等采取假设的方法。这种方法虽然简单，但是理论计算表明，对于不同的假设情况，其计算结果会有很大的差别。图 4-7 所示为轧制力大小相同但分布形态不同的 3 种情况所对应的承载辊缝形状。图中 Ap 为轧制力分布系数，表示轧制力分布的中点值与平均值之比。由图 4-7 可见，当 Ap 值由 0.9 增至 1.1 时，辊缝凸度由 48.8μm 增至 78.1μm，变化幅度高达 60%。虽然可以采取整体取样（即在正常轧制过程中强行停机，打开机架辊缝，取出轧件从而获得轧件入口及出口的横截面厚度分布）的方法来反推该工况轧制力的分布状况，但由于这种方法会造成生产的停滞和产品的浪费，在现代化大生产中不宜多次采用，也就无法获得各种工况的轧件横截面状况。而轧制力的横向分布在各种工况下表现出不同的分布形态，仅靠个别的轧件取样尚不足以完全反映轧制力横向分布规律。因此这种建立在假设轧制力分布基础上的计算方法不具有普遍意义，在工程上应用价值不大。

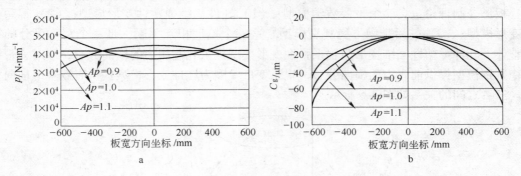

图 4-7　轧制力分布对承载辊缝的影响

a—轧制力分布；b—承载辊缝形状

　　将轧辊、轧件合成一个模型进行计算就成为一个自然的选择。但这种方法构建的模型规模大、计算复杂，导致计算量巨大，计算时间过长，不可能用来进行几十、几百种工况的大量计算。而多任务工况计算是板形控制工程研究的必要工作。本章在此采用了一种变通的处理方法，虽然也是单独计算两个模型，但根据大量有限元的计算工况，提取了轧制过程中轧制力的横向分布规律，以一个等效分布系数来完全反映轧制力的分布规律。以此取代复杂的轧件三维弹塑性变形计算，并将其和辊系的弹性变形计算模型结合进行迭代计算。由此避开了对未知量的假设，实现了两个模型的有机结合，解决了由假设带来的弊端。

　　目前已有多种类型的有限元仿真模型：按维度可分为二维和三维模型；按照对轧件力学特性的简化方式可分为刚塑性、弹塑性模型；按照模拟过程是否和时间相关，可分为动态模型和静态模型。这些模型各有优劣，需根据实际进行合理选择。由于三维模型更接近轧机的实际情况，故被广泛用于冷轧模拟。在分析轧件受力状态时，由于在稳态轧制过程中，轧件的状态在不同时刻基本相同，则可选择静态模型以节约计算时间。轧辊弹性变形和轧件塑性变形是冷轧力学模型的两个主要部分，有限元模型曾被分别用于分析这两方面，即所谓轧辊变形模型和轧件变形模型。但分别分析这两者时，带钢张力的施加成为难点，而大张力轧制正是冷轧的特点之一。

4.3.1　轧件三维弹塑性动态有限元模型

　　冷轧过程的轧件变形属于三维弹塑性的高级非线性问题。大型商业有限元程序MSC. Marc 是擅长处理三维高级非线性这类问题的优秀商业软件，本节的板带轧制三维弹塑性变形的求解即借助其进行。

　　MSC. Marc/Mentat 是国际上通用最先进非线性有限元分析软件，它是 MSC 公司的产品。MSC. Marc 是高级非线性有限元分析模块，MSC. Mentat 是它的前后处理对话接口，是新一代非线性有限元分析的前后处理图形交互接口，与 MSC. Marc 求解器无缝连接。

　　MSC. Marc 是功能齐全的高级非线性有限元软件的求解器，体现了 30 多年来有限元分析的理论方法和软件实践的完美结合。它具有极强的结构分析能力，可以处理各种线性和非线性结构分析。它提供了丰富的结构单元、连续单元和特殊单元的单元库。MSC. Marc 的结构分析材料库提供了模拟金属、非金属、聚合物、岩土、复合材料等多种线性和非线性材料的材料模型。分析采用具有高数值稳定性、高精度和快速收敛的高度非线性问题求解技术。为了进一步提高计算精度和分析效率，MSC. Marc 软件提供了多种功能强大的加载步长自适应控制技术，自动确定分析加载步长。MSC. Marc 卓越的网格自适应技术以多种误差准则自动调节网格疏密，既保证计算精度，同时也使非线性分析的计算效率大大提高。此外，MSC. Marc 支持全自动网格重划，用以纠正过度变形后产生的网格畸变，确保大变形分析的继续进行。

（1）模型的建立。轧件 1/4 变形模型如图 4-8 所示，轧件 1/4 三维弹塑性变形仿真模型如图 4-9 所示。x 为轧制方向，y 为轧件厚度方向，z 为轧件宽度方向。定义轧辊为刚性体，取带钢长度为 L。考虑到板带轧制的对称性特点，取轧件的四分之一作为研究对象，为此在轧件的对称面添加两个正交的对称面 1 和对称面 2。根据轧件的入口厚度 h_0、出口厚度 h_1 以及轧辊半径 R 可求得轧件咬入前与轧辊恰好接触时轧件各特征点的坐标，并依此作为轧件的初始位置，轧辊被赋予一定的转速，依靠轧辊与轧件的摩擦力将轧件咬入，从而完成整个变形过程的计算。三维模型由二维模型扩展而得，即先建立 xy 平面内二维模型 $ABCD$，划分单元后在 z 方向扩展 $B/2$ 长度即为三维模型。取轧辊中心为坐标原点，则各点坐标为：

$$\theta = \arccos\left(1 - \frac{\Delta h}{2R}\right) = \arccos\left(1 - \frac{h_0 - h_1}{2R}\right)$$

$$\begin{cases} x_A = -R\sin\theta \\ y_A = -R\cos\theta \\ z_A = 0 \end{cases}$$

$$\begin{cases} x_B = -R\sin\theta - L \\ y_B = -R\cos\theta \\ z_B = 0 \end{cases}$$

$$\begin{cases} x_C = -R\sin\theta - L \\ y_C = -R\cos\theta - 0.5h_0 \\ z_C = 0 \end{cases}$$

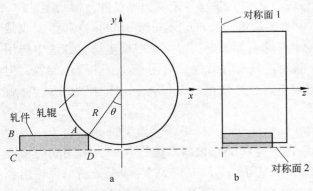

图 4-8 轧件 1/4 变形模型

a—z 方向示图；b—x 方向示图

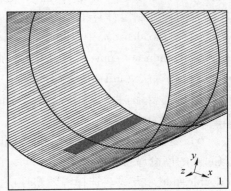

图 4-9 轧件 1/4 仿真模型

$$\begin{cases} x_{\mathrm{D}} = - R\sin\theta \\ y_{\mathrm{D}} = - R\cos\theta - 0.5h_0 \\ z_{\mathrm{D}} = 0 \end{cases}$$

式中，θ 为咬入角；L 为轧件长度；h_0 为轧件入口厚度；h_1 为轧件出口厚度。

（2）模型参数的设置。

1）边界条件（boundary conditions）。带钢的轧制过程属于典型的材料非线性、几何非线性、边界非线性和接触非线性的组合问题，对于这种问题，Marc 采用非线性方程组、数值解法、接触迭代以及自适应时间加载荷步长选择，来确保快速求解非线性问题。带钢在轧制过程中，不但有纵向位移的产生，在沿带钢宽度方向，还有带钢金属横向流动的产生。由于模型采用对称结构，其对称的特性可以通过添加两个对称面来实现，一般不需要定义其他的边界条件。

2）初始条件（initial conditions）。赋予轧件一定的初始速度，以便轧件能成功的咬入承载辊缝。

3）材料模型（material properties）。仿真计算模型中选用典型钢种，如 SPHC-1，材料性能相当于 Q195 钢，其弹性模量 $E = 2.1 \times 10^5$ MPa，泊松比 $\nu = 0.3$，屈服应力 $\sigma_{\mathrm{s}} = 200$MPa，摩擦系数 $\mu = 0.26$。

4）接触定义（contact）。定义轧件为可变形体，轧辊为刚性体。在接触体设置完成后，注意检查接触面的方向是否正确，并对方向不正确的接触面进行修正。计算采用直接约束法，通过追踪物体的运动轨迹，一旦探测发生接触，便将接触所需的约束和节点力作为边界条件直接施加在接触节点上。在接触过程中摩擦系数选用 0.26，带钢进入辊缝前，给带钢一定的初速度向前运动，同时轧辊以一定的初速度旋转，带钢通过摩擦咬入辊缝进行轧制。在接触体设置完成后，注意检查接触面的方向是否正确，并用 FLIP 命令对方向不正确的接触面进行修正。

5）模型工况加载（loadcase）。冷轧过程中选用应力分析（mechanical），首先为了使带钢稳定的咬入辊缝，带钢以一定的初速度送入辊缝，带钢咬入后通过轧辊与带钢接触摩擦力向前运动，进行轧制。带钢咬入前定义为 Lcase1，由于没有接触，可将载荷子步步长设长一些；带钢进入辊缝以及整个轧制过程定义 Lcase2，根据轧件长度与运行速度计算出轧制时间，并制定计算工步。选用静力分析（static）选项，定义边界条件，初始接触。

工况（loadcase）中 Solution control 中非正定定义（non-positive definite）和强制收敛（preceed when not conveged）的两个强制求解选项都需要选定；在增量步迭代算法中选用牛顿-拉弗森法（full Newton-Raphson），该算法具有收敛快，适用于高度非线性问题，但每次迭代都要形成刚度矩阵，计算时间较多。选择位移（displacement）作为收敛判据，距离容差设为 0.1。

6）定义作业参数（job）。接触控制（contact control）中摩擦模型选择适用于一般摩擦问题的库仑摩擦模型（coulomb），接触容差为 0.05，偏斜系数为 0.95，采用双边检查（double-side）方式。选择等效塑性应力，Von-Misiss 应力和等效塑性应变分析结果输出到后处理文档中进行研究，同时设置保存结果数据的工步间隔，使结果文档既能准确反映真实的变形结果，又不至于太大而无法读取。

参数设置完后，即可将作业（Job）提交 Marc 程序运行，并采用 Monitor 命令监控程序的运行状况。

7）计算结果。利用 MSC. Marc/Mentat 可以获得轧件在变形任意时刻任意位置的完整应力应变分布。MSC. Marc/Mentat 丰富的后处理功能可提取轧件在各个位置的变形量的大小，从而进行分析。

图 4-10 为轧件变形过程云图，图 4-11 为各工况轧制区三向应力及轧制力分布计算结果。由图可见，单位轧制压力在轧制方向上存在一摩擦峰，而在宽度方向上靠近带钢边部处存在一峰值，即从带钢的中部到边部，单位轧制压力平缓地增加，在靠近边部达到峰值过渡后快速减小，这些规律与用测压针法的实验结果一致，与实际相符。

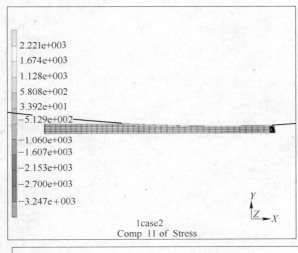

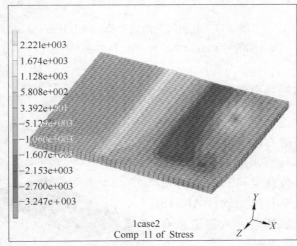

图 4-10　轧件变形云图

板带在轧制过程中，由于轧辊轴向窜动引入了不对称因素以及 CVC、SmartCrown 等特殊辊形的存在，使得变形后的半辊缝沿辊身长度方向不对称，有必要建立带钢和轧辊都为全长的有限元仿真模型，如图 4-12 所示，建模过程类似于上述方法。

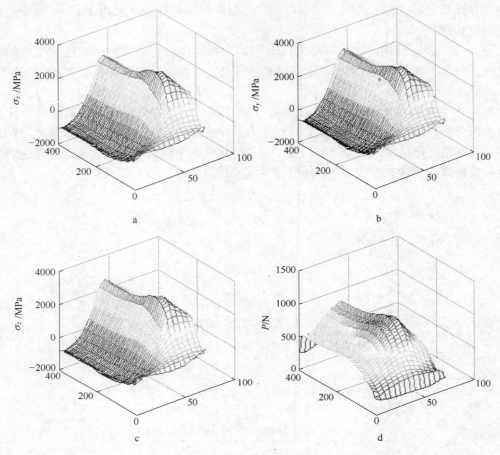

图 4-11   轧制区三向应力及轧制力分布

a—σ_x；b—σ_y；c—σ_z；d—轧制力 P

4.3.2 轧机辊系三维静态有限元模型

为了对宽带钢冷连轧机进行充分分析研究，必须建立统一的有限元模型。由于有限元计算辊系变形具有求解精度高、无过多假设，即可计算位移又可计算应力量等优点，本节运用大型有限元软件 ANSYS 建立了宽带钢冷连轧机四辊和六辊辊系有限元模型，其建模过程如下。

4.3.2.1 假设

实际轧制过程中，轧机承载辊缝的形状要受轧制时的张力、扭矩、材料特性、轧制温度、润滑情况、轧制压力分布等多

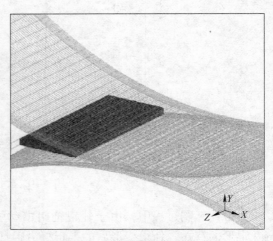

图 4-12   冷轧带钢仿真模型

种因素的影响，并且这些影响因素在实际轧制过程中时刻变化，进而时刻影响轧机出口辊缝的形状。研究重点集中在宽带钢冷连轧机的各板形调控手段的调节对承载辊缝形状和辊间接触压力的影响。根据辊系变形的特点，建立有限元模型时，进行了以下假设：

（1）忽略张力、轧制扭矩及润滑情况的影响；

（2）轧辊的几何参数、材质特性均相同，且均为匀质、各向同性材料；

（3）工作辊与支持辊间无滑动。

4.3.2.2 建模

（1）模型简化。

1）首先建立辊系几何模型，轧辊辊系为全对称，考虑到计算机的内存和计算速度限制，为了提高计算速度所以只需要建立 1/4 辊系模型，在辊系模型的剖开面上加对称约束即可。对于轧辊轴向移动的情况下，辊系为反对称，所以需要建立 1/2 辊系模型。轧辊辊颈和辊身相连，轧辊之间都相互接触。为了对四辊、六辊轧机的板形控制特性、辊间压力进行对比分析，本小节对四辊、六辊轧机采用统一的基本几何参数进行有限元建模，见表 4-2~表 4-5。

表 4-2 T-WRS 轧机几何参数

轧 辊	辊颈（直径×长度）/mm×mm	辊身（直径×长度）/mm×mm
支持辊	$\phi 980 \times 1040$	$\phi 1400 \times 1900$
工作辊	$\phi 420 \times 1040$	$\phi 600 \times 1700$

表 4-3 SmartCrown 轧机几何参数

轧 辊	辊颈（直径×长度）/mm×mm	辊身（直径×长度）/mm×mm
支持辊	$\phi 980 \times 1040$	$\phi 1400 \times 1700$
工作辊	$\phi 420 \times 1040$	$\phi 600 \times 1900$

表 4-4 UCM 轧机几何参数

轧 辊	辊颈（直径×长度）/mm×mm	辊身（直径×长度）/mm×mm
支持辊	$\phi 959 \times 1040$	$\phi 1370 \times 1700$
中间辊	$\phi 406 \times 1040$	$\phi 580 \times 1700$
工作辊	$\phi 340 \times 1040$	$\phi 500 \times 1700$

表 4-5 CVC6 轧机几何参数

轧 辊	辊颈（直径×长度）/mm×mm	辊身（直径×长度）/mm×mm
支持辊	$\phi 959 \times 1040$	$\phi 1370 \times 1700$
中间辊	$\phi 406 \times 1040$	$\phi 580 \times 1900$
工作辊	$\phi 340 \times 1040$	$\phi 500 \times 1700$

2）工作辊和支持辊辊形均按点输入，这样可精确反映辊形的实际值。

3）只计算轧制线以上的辊系变形，带钢与辊系之间的作用通过轧制压力的分布来体现。

（2）实体单元的选取与划分。ANSYS 单元库有 100 多种单元类型，考虑到辊系变形模型是一个三维实体模型，因此选取单元库中的 Solid45（八节点六面体）单元作为主要的单元。同时，为增加辊缝的计算精度，在与带钢接触的小区域内采用 Solid95（二十节点六面体）高阶单元。

在单元的划分方面，为了兼顾计算精度和计算速度，在轧辊内部，单元划分较粗，越靠近轧辊表层，单元划分越细。同时，在辊间接触区、工作辊与带钢接触区，将单元细分。图 4-13 为划分单元后的辊系计算模型，其中 a 图为 T-WRS 模型；b 图为 SmartCrown 模型；c 图为 UCM 模型；d 图为 CVC6 模型。

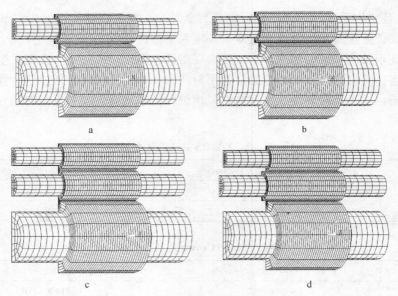

图 4-13　辊系变形计算模型

a—T-WRS 模型；b—SmartCrown 模型；c—UCM 模型；d—CVC6 模型

（3）接触单元的选取与划分。接触是一种高度的边界非线性行为，需要较大的计算资源。求解接触问题存在两个难点：接触区域、表面之间是接触或分开是未知的、突然变化的；大多数接触问题需要计算摩擦，而摩擦使问题的收敛性变得困难。

ANSYS 对于刚性-柔性接触问题和柔性-柔性接触问题均能求解。另外，ANSYS 支持三种接触方式：点-点、点-面、面-面接触，每种接触使用特定的接触单元。对于判断表面间是否接触的问题，ANSYS 采用了事先指定接触面和目标面的处理方法。当接触面上节点穿透目标面时，表明表面间接触了。为了满足接触协调性，在接触面间垂直于目标面的方向施加一作用力 F_n，F_n 值的大小与所选用的接触算法有关。对于面-面接触单元，AN-SYS 提供两种接触算法：扩展拉格朗日算法和罚函数法，前者是为了找到精确的拉格朗日乘子而对罚函数修正项进行反复迭代，这种算法不易引起病态条件，对接触刚度的灵敏度较小，但有时需更多的计算时间。F_n 的计算如下：

对于罚函数法：

$$F_n = \begin{cases} 0 & g_f > 0 \\ K_n g_f & g_f \leqslant 0 \end{cases}$$

对于扩展拉格朗日算法：

$$F_n = \min(0, K_n g_f + \vartheta_{i+1})$$

式中，g_f 为接触表面间的间隙值；K_n 为表面间的接触刚度，K_n 的选取对计算的收敛性和计算结果有很大的影响，K_n 取小了，则辊间渗透严重，与实际不符；K_n 取大了，则易出现不收敛。ANSYS 给出了 K_n 的选择范围：

$$K_n = (0.01 \sim 10)EL$$

式中，E 为接触材料的弹性模量，若两种材料不同时取小者；L 为特征接触长度，取决于几何形状的特殊性。可以看出，ANSYS 给出 K_n 的范围较大，实际计算中需反复计算才能确定；ϑ_{i+1} 为第 $i+1$ 次迭代中的拉格朗日乘子力，其值为

$$\vartheta_{i+1} = \begin{cases} \vartheta_i + \varpi K_n g_f & |g_f| \geqslant \text{FTOLN} \\ \vartheta_i & |g_f| < \text{FTOLN} \end{cases}$$

式中，ϖ 为 ANSYS 内部计算所得的因子，$\varpi < 1$；FTOLN 为人为给出的拉格朗日算法所允许的最大接触穿透值。

在辊系变形模型中，对于四辊轧机，工作辊与支持辊之间的接触属于柔-柔接触问题；为了减少计算时间，仅在工作辊和支持辊的一部分可能发生接触的表面上附加接触单元，并将支持辊表面指定为目标面，使用的单元号为 TARGET170，工作辊表面指定为接触面，使用的单元号为 CONTACT173。对于六辊轧机，工作辊与中间辊、中间辊与支持辊之间的接触属于柔-柔接触问题。为了减少计算时间，仅在工作辊和中间辊、中间辊和支持辊的一部分可能发生接触的表面上附加接触单元，并将中间辊表面指定为目标面，使用的单元号为 TARGET170，工作辊和支持辊表面指定为接触面，使用的单元号为 CONTACT173，以上两单元均为面-面接触单元。

求解接触问题，除了需注意以上内容之外，还需确定以下参数：选择摩擦类型、最大接触摩擦应力、初始接触因子或初始允许的穿透范围等。这些参数大部分需经过试算确定。

4.3.2.3 求解

（1）约束的施加。为了保证计算过程中模型不发生刚性移动和转动，需施加以下约束：在辊系对称面 xy 所有节点上施加对称约束 $UZ = 0$；在支持辊上压下力作用点处节点施加 y 方向的位移约束 $UY = 0$；对于四辊轧机，在工作辊和支持辊的几何中心施加 x 方向位移约束 $UX = 0$；对于六辊轧机，在工作辊、中间辊和支持辊的几何中心施加 x 方向位移约束 $UX = 0$。

（2）载荷的施加。假设轧制中作用在工作辊辊颈处的单侧弯辊力为 F_W，在作用弯辊力的工作辊截面中心处施加集中弯辊力 $F_W/2$。

轧制力为

$$P = B \Delta h Mod$$

式中，P 为轧制力；B 为带钢宽度；Δh 为压下量；Mod 为带钢模量。

轧制力在带钢宽度范围内按抛物线分布，并以线载荷的形式作用于辊系的对称面内，通过调节 Ap 值的大小来改变其分布形式。Ap 为带钢中点轧制压力与带钢宽度内平均轧制压力的比值。

（3）载荷步、子步和平衡迭代次数的设定。为了提高模型计算的可收敛性，设定一

个载荷步，在此载荷步中设定了四个子步。平衡迭代次数是在给定子步下为了收敛而设定的，在此模型的分析中，平衡迭代次数设为4。虽然随着载荷步、子步和平衡迭代次数的增加，计算的收敛性和计算精度都会提高，但所需计算资源也增加。计算时应根据需要而设定它们的大小。

4.3.2.4 后处理

在辊系变形分析中，比较关心的结果是受力变形后承载辊缝的形状和辊间压力的分布，而这些并不能从 ANSYS 输出中直接得到。因此，必须编制专用程序通过读取相应节点的位移变形和压力分布获得并进行处理。

4.3.3 轧辊与轧件一体化的1/2三维静态有限元模型

借助于有限元仿真软件 MSC. Marc 2005，以及现场所得轧辊数据，如表4-6所示，建立轧辊与轧件一体化模型。由于 CVC 轧机上下中间辊具有反对称的辊形，需建立上下辊系半剖模型，此模型采用了轧辊弹性变形与轧件塑性变形的一体化的形式，其优势在于避免了对带钢变形抗力分布的假设，同时可以对带钢施加后张力，更加符合实际轧制过程。

表4-6 有限元仿真模型参数

几何参数/mm×mm		
轧　辊	辊身（直径×长度）	辊颈（直径×长度）
工作辊	$\phi520×2180$	$\phi317.5×250+\phi465×360$
中间辊	$\phi610×2580$	$\phi355.6×266+\phi565×164$
支持辊	$\phi1380×2140$	$\phi900×1051$
带　钢	1000/1500/2000×5（宽度×厚度） $\sigma_s=270MPa$，$\sigma_b=320MPa$	
轧 制 参 数		
单位轧制力/kN·mm^{-1}	10	张力/N	0
工作辊弯辊力/kN	$-300\sim450$	中间辊弯辊力/kN	$-400\sim600$
窜辊行程/mm	$-200\sim200$		

模型单元选择采用8节点四面体单元。共有单元16258个，节点22626个。在辊间接触及轧辊与带钢接触部分，对单元进行细化，如图4-14所示。

在冷轧中，加工硬化现象非常明显。因此需要在对不同机架进行仿真的时候，采用不同的材料应力-应变曲线。对于某钢种，在第一机架轧制时的应力-应变曲线如图4-15a所示，在第五机架轧制时应力-应变曲线如图4-15b所示。

对于轧辊，其弹性模量 $E=2.1×10^5MPa$，

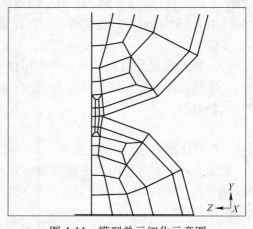

图4-14 模型单元细化示意图

泊松比 $\nu=0.3$。对于轧辊间的接触，接触容差为 0.01mm，偏置量为 0.9，分离值为 1N。对于轧辊与带钢间接触，接触容差为 0.005mm，偏置量为 0.9，分离阈值为 1N。在接触中对摩擦进行定义，选择库仑摩擦模型，摩擦系数为 0.03。采用相对位移收敛检验，误差为 1%。

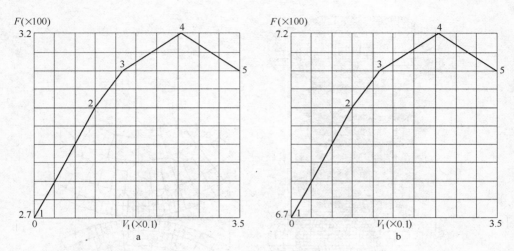

图 4-15　轧件应力-应变曲线图
a—第一机架轧制时的应力-应变曲线；b—第五机架轧制时应力-应变曲线

　　由于轧制力施加在轴承座上，而轴承宽度为 800mm。特将轧制力平均施加在上支持辊辊颈上。而对于下支持辊的固定约束也分布在轴颈上。其他约束条件如图 4-16 所示。

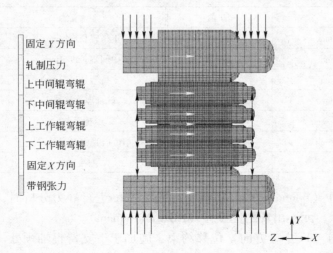

图 4-16　轧辊轧件一体化模型

4.3.4　轧辊与轧件一体化的完整三维静态有限元模型

　　借助于有限元仿真软件 MSC. Marc 2005，以及现场所得轧辊数据，采用能够同时模拟带钢变形与轧辊变形的三维静态有限元模型，主要参数如下：

（1）模型结构。由于上下中间辊采用反对称布置的CVC辊形，不具备水平对称特点，故需建立完整的辊系，如图4-17所示。忽略带钢的反弹变形，故只考虑处在变形区的带钢。对轧辊上可能发生接触的单元进行了细化。具体几何参数及轧制参数见表4-7。模型采用8节点6面体单元，共有单元88212个，节点105156个。

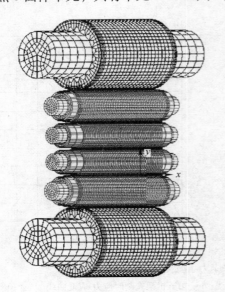
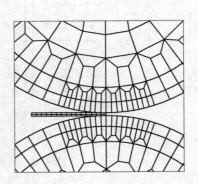

图 4-17 有限元仿真模型

表 4-7 有限元模型参数

参 数	取 值	参 数	取 值
工作辊直径/mm	$\phi520$	工作辊长度/mm	2180
中间辊直径/mm	$\phi610$	中间辊长度/mm	2580
支持辊直径/mm	$\phi1400$	支持辊长度/mm	2140
带钢宽度/mm	1000 ~ 2000	轧前厚度/mm	1
单位轧制力/kN·mm^{-1}	8	摩擦系数	0.03
单位前张力/N·mm^{-1}	20±5	单位后张力/N·mm^{-1}	100±10
杨氏模量/GPa	200	泊松比	0.3

（2）约束条件（Boundary Conditions）。使用 Marc 进行静力分析时，需对模型施加如下约束，确保各个单元不出现刚性位移（Rigid Movement）。

垂直方向（图4-17中y方向）位移约束：施加于下支持辊轴颈处，使得下支持辊不能向下移动。

水平方向（图4-17中x方向）位移约束：施加于所有轧辊的中点，以及带钢在z等于零的截面（所有轧辊中心所在平面）的中点。

对称面约束：包括z方向位移约束，x、y方向转动约束。施加于辊系中处于z等于零截面上的所有点。

为模拟轧制过程中的轧制力及各种板形控制手段，需施加下列载荷：

压下载荷：施加于上支持辊轴颈处，模拟轧制力。

工作辊、中间辊弯辊力：分别施加于工作辊、中间辊两端轴颈处，模拟弯辊力。

前后张力：分别施加于带钢前后两个截面，使其沿 z 方向发生一定位移，进而产生张力。

（3）材料特性（Material Properties）。该机组所用轧辊由锻钢制成，且只发生弹性变形，故在仿真模型中轧辊材质只需定义杨氏模量和泊松比即可。带钢将发生弹塑性变形，需定义带钢的应力应变特性。本小节选用了 SPHC-1 这种典型钢种，其材料性能相当于 Q195 钢，其弹性模量为 200GPa，泊松比为 0.3，由于加工硬化，屈服应力 σ_s 为 600MPa。

（4）接触定义（Contact）。模型中将可能发生接触的单元定义为接触单元，包括轧辊之间可能发生接触的单元、轧辊和带钢相接触的单元。对于轧辊之间的接触单元，接触容差（Distance Tolerance）设为 0.1mm。对于轧辊与带钢间的接触单元，接触容差设为 0.006mm。所有接触容差的偏置系数（Bias Factor）均设为 0.9，以防止出现穿刺现象。

（5）其他设置。在工况（Loadcase）设置中，采用 Mechanical 下的 Static 分析，并将其中 Solution Control 中的非正定限制（Non-positive definite）和强制收敛（Preceed when not conveged）设置取消。在其收敛设置中，选择相对位置为收敛条件，并设为 0.01。

在 Jobs 中，采用 Mechanical 分析类型，并对一些参数进行设置：在 Analysis Option 中采用大变形计算方法（Large Stain）；在 Job Results 中添加 Stress 和 Equivalent Von Mises Stress。

参数设置完后，即可将作业（Job）提交 Marc 程序运行，并采用 Monitor 命令监控程序的运行状况。

4.3.5 轧辊与轧件一体化的 1/4 三维动态有限元模型

有限元软件包含显式算法（Explicit Method）和隐式算法（Implicit Method）两种求解技术，大多数的有限元分析软件是以隐式（Implicit Method）算法计算，此算法在研究短时间内发生的问题，将会耗费大量计算机资源及时间。特别是在设计冲击实验，其发生历程皆是在短时间内完成。而采用显式（Explicit Method）算法，将以最经济及快速的方式运算。

LS-DYNA 是一个以显式为主，隐式为辅的非线性有限元求解器。不仅提供了其他软件难以媲美的 Explicit Method 算法来计算短时间的瞬时行为，亦提供了 Implicit Method 算法来计算稳态力学行为，除了一般应力应变分析，也可求取 Eigen Value（自然频率）等问题。以下主要讲解显式算法的原理。

在轧制过程中，带钢受到轧辊的挤压力以及轧辊表面的摩擦力，同时在前后张力的作用下发生变形。在变形区内，各个轧制因素的变化规律存在严重的非线性，而且相互影响，集中表现为轧制力、摩擦力、厚度、宽度和张力的耦合关系，因此无论采用解析方法还是数值方法都无法建立精确的轧制力数学模型，使得轧制力的预报计算结果与实际轧制过程中的实测值相差较大。因此要精确讨论各轧制因素对轧制力的影响，就需要建立包含轧制接触区和辊间接触区的动态轧制仿真模型。本节运用大型有限元软件 ANSYS，结合 APDL 语言，对武钢 1700mm 冷连轧轧机，建立了辊系轧件一体化的三维有限元模型。

（1）模型假设与简化。本小节建模时做了如下假设：上下轧辊直径相等，转速相同，工作辊为主动辊；辊身为线弹性材料模型，辊颈为刚性体材料模型，轧件为双线性硬化材料模型。根据几何模型的对称性，建立上工作辊半长、上支持辊半长以及带钢半厚、半宽模型。建模坐标系规定为：轧制方向为 x 向，带钢厚度方向为 y 向，轧辊轴向为 z 向，如图 4-18 所示，建模参数见表 4-8。

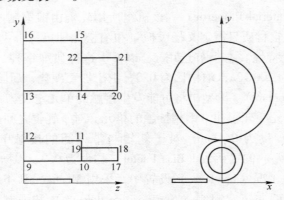

图 4-18   有限元模型的坐标系

表 4-8   模型计算参数

参 数 名 称	参数取值	参 数 名 称	参数取值
支持辊辊身尺寸 $D_B \times L_B$/mm×mm	$\phi 1500 \times 1700$	轧件密度 ρ/kg·m^{-3}	7850
支持辊辊颈尺寸 $D_E \times L_E$/mm×mm	$\phi 980 \times 520$	轧件弹性模量 E/Pa	1.17×10^{11}
工作辊辊身尺寸 $D_W \times L_W$/mm×mm	$\phi 600 \times 1700$	轧件泊松比 λ	0.3
工作辊辊颈尺寸 $D_N \times L_N$/mm×mm	$\phi 406 \times 520$	轧件长度 L/mm	500
轧辊密度 ρ/kg·m^{-3}	7850	轧件宽度 B/mm	800~1200
轧辊弹性模量 E/Pa	2.1×10^{11}	轧件入口厚度 H_{in}/mm	2.5~5
轧辊泊松比 λ	0.3	轧件出口厚度 H_{out}/mm	0.5~2
工作辊转速 ω/rad·s^{-1}	5~10		

（2）模型的建立。

1）建模。带钢简化为长方体，所以选用 Create Block by Dimensions 方式，指定 x 向位置范围为 -0.6m 到 -0.1m，y 向位置范围为 0 到 $h_{in}/2$，z 向位置范围为 0 到 $B/2$，生成带钢模型。

工作辊、支持辊采用相对坐标来建立几何模型。各关键点坐标可由表 4-9 中公式计算得到：采用这种方式只要改变带钢的出口厚度、工作辊、支持辊的几何尺寸就可以自动生成新的模型。创建关键点之后，将各点依次逆时针选取创建成面，再将各面旋转一周形成轧辊实体。接下来应用 Glue Volumes 命令将辊身和辊颈黏结在一起。然后对共享面和共享线进行布尔加运算。在完成所有布尔运算之后实体模型建造完成。

2）网格划分。为了精确划分单元，严格控制单元划分数目，轧件和辊身采用映射网格划分，辊颈采用自由网格划分。轧件长、宽、高方形的单元数分别为 50、20、4，如图 4-19 所示。

3）接触问题的处理。模拟轧制过程时若不考虑轧辊的弹性变形，则可将辊间的接触视为刚-柔接触；但要考虑轧辊变形时辊间的接触为非刚性接触。ANSYS 软件中有三类接触单元：点对点接触单元、点对面接触单元和面对面接触单元。因为计算轧制力时必须考虑工作辊弹性压扁，因此本小节采用面对面非刚性接触单元。

表 4-9 关键点坐标的计算公式

y 坐标	z 坐标	y 坐标	z 坐标
$y_9 = H_{out}/2 + D_W/2$	$z_9 = 0$	$y_{16} = y_{15}$	$z_{16} = 0$
$y_{10} = y_9$	$z_{10} = L_W$	$y_{17} = y_9$	$z_{17} = L_W + L_N$
$y_{11} = H_{out}/2 + D_W$	$z_{11} = L_W$	$y_{18} = H_{out}/2 + D_W/2 + D_N/2$	$z_{18} = L_W + L_N$
$y_{12} = y_{11}$	$z_{12} = 0$	$y_{19} = y_{18}$	$z_{19} = L_W$
$y_{13} = H_{out}/2 + D_W + D_B/2$	$z_{13} = 0$	$y_{20} = y_{13}$	$z_{20} = L_B + L_E$
$y_{14} = y_{13}$	$z_{14} = L_B$	$y_{21} = H_{out}/2 + D_W + D_B/2 + D_E/2$	$z_{21} = L_B + L_E$
$y_{15} = H_{out}/2 + D_W + D_B$	$z_{15} = L_B$	$y_{22} = y_{21}$	$z_{22} = L_B$

对接触问题的处理采用一种特殊的非线性接触单元，在接触面和目标面之间生成一层虚拟单元，用以描述接触特性。接触穿透性由两接触面间间隙值表示，当接触点穿透目标面时发生接触。

模型同时存在两对接触：轧件与工作辊之间以及工作辊与支持辊之间的接触对。两对接触定义基本参数相同，接触类型选为自动面面接触（ASTS），接触动静摩擦系数作为研究对象，在各机架轧制仿真中取不同值。接触开始时间为 0，结束时间取为默认值。轧件与工作辊之间取轧件为接触面，工作辊为目标面；工作辊与支持辊之间取工作辊为接触面，支持辊为目标面。

4）施加约束和初始条件，选取合理时间步。在轧件、轧辊所有 $z = 0$ 的节点施加 $UZ = 0$ 的约束，不允许模型发生轴向位移。对带钢底面所有

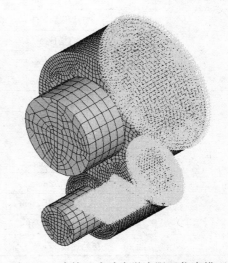

图 4-19　冷轧显式动力学有限元仿真模型

$y = 0$ 的节点施加 $UY = 0$ 的约束，不允许带钢向下运动。在支持辊两侧辊颈轴线中部各取 3 个节点施加 $UY = 0$ 的约束，不允许支持辊脱离接触。

计算前给带钢一个 $v = 1.5 m/s$ 的初始速度，当判断带钢咬入之后撤销这一初始速度，利用摩擦保持轧制过程顺利进行。轧辊转速取为 8.33 rad/s，此时轧辊线速度为 2.5 m/s。

在 Energy Options 对话框中将 Stonewall Energy 等 4 项全部点选为 On。求解时间（Terminate at Time）定为 0.1s。输出档类型选择 ANSYS and LS-DYNA。时间步参数中 EDRST = 20，EDHTIME = 100，EDDUMP = 1。ASCII Output 项选为 Resultant forces。

5）后处理。根据研究内容需要，在后处理中提取轧后带钢轧制变形区横截面厚度数据和横向位移进行分析，以求得到带钢凸度和边降资料，再根据凸度与平坦度的相互关系计算出带钢平坦度，从而得到轧制因素变化对边降和平坦度的影响。通过分析横向位移数据可以得出不同条件下带钢金属横向流动特性及其与边降之间的关系。

在模型调试成功之后，将其输出成程序文件，若工况变化时，仿真计算只需要调用已有的模型程序，只要对其中对应参数进行修改即可。

4.3.6 轧辊与轧件一体化的1/2三维动态有限元模型

ANSYS/LS-DYNA 综合了辊系弹性变形和轧件弹塑性变形的优势，可以同时实现含有工作辊与支持辊接触、工作辊与轧件接触的有限元计算。

（1）模型参数的选取。模型计算参数如表4-10所示。

表 4-10 模型计算参数

轧辊（弹性）	支持辊辊身尺寸 $D_B \times L_B$/mm×mm	$\phi1500 \times 1700$
	支持辊辊颈尺寸 $D_E \times L_E$/mm×mm	$\phi980 \times 520$
	工作辊辊身尺寸 $D_W \times L_W$/mm×mm	$\phi600 \times 1700$
	工作辊辊颈尺寸 $D_N \times L_N$/mm×mm	$\phi406 \times 520$
	密度 ρ/kg·m^{-3}	7850
	弹性模量 E/Pa	2.1×10^{11}
	泊松比 λ	0.3
	工作辊直径 D_W/mm	520/560/600
	工作辊转速 ω/rad·s^{-1}	8.33
轧件（弹塑性）	密度 ρ/ kg·m^{-3}	7850
	弹性模量 E/Pa	2.1×10^{11}
	泊松比 λ	0.3
	长度 L/mm	500
	宽度 B/mm	800/1000/1200
	入口厚度 H_1/mm	1.7/2.3/3.0
	变形抗力 σ/MPa	195/270/350
	初始速度 v/m·s^{-1}	2.5

轧制过程是靠转动的工作辊与轧件之间的摩擦力将轧件咬入辊缝，并使轧件受到挤压而产生塑性变形的过程。采用参数化模型，工作辊、支持辊辊形参数、空间位置以及轧制压下采用相对坐标，由建模公式自动计算生成。

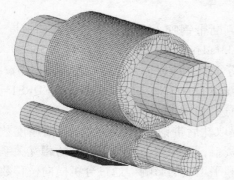

图 4-20 冷轧显式动力学有限元仿真模型

（2）有限元模型的建立。模型假设：上下轧辊直径相等，转速相同，工作辊为主动辊，轧辊为线弹性，轧件为各向同性弹塑性材料。模型简化：建立上工作辊和上支持辊全长以及半厚度轧件模型，取轧制方向为 x 向，带钢厚度方向为 y 向，轧辊轴向为 z 向，如图 4-20 所示。

模型采用 m/s/N 单位制。利用 ANSYS10.0/LS-DYNA 软件分析求解，整个模型均采用 3D Solid 164 类型 8 节点 6 面体单元。轧辊辊身为弹性材料而辊颈为刚性材料，解决了弹性 Solid 164

单元没有旋转自由度的问题。因为建立平板带钢模型，所以选用 Create Block by Dimensions 方式，指定 x 向位置范围为 -0.1 和 -0.6，y 向位置范围为 $-B/2$ 和 $+B/2$，z 向位置范围为 0 和 $H_1/2$，生成带钢模型。

1）模型建立。采用相对坐标建立工作辊与支持辊模型，轧辊与轧件截面位置关系如图 4-21 所示。

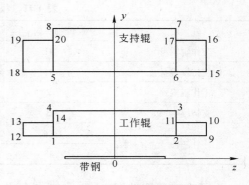

图 4-21　工作辊、支持辊与轧件
横截面关键点位置关系

在这种关系下，各点坐标可由表 4-11 计算得到。

表 4-11 中，y_i，z_i（$i = 1, 2, \cdots, 20$）分别为各点 y 和 z 坐标值；h 为轧后带钢厚度（即无载辊缝开口度）；R_W 为工作辊半径；R_B 为支持辊半径；R_J 为辊颈半径；L_B 为辊身长度；L_J 为辊颈长度。

表 4-11　各点坐标计算公式

y 坐标	z 坐标	y 坐标	z 坐标
$y_1 = R_W + h$	$z_1 = -\dfrac{L_B}{2}$	$y_{11} = R_J + R_W + h$	$z_{11} = \dfrac{L_B}{2}$
$y_2 = R_W + h$	$z_2 = \dfrac{L_B}{2}$	$y_{12} = R_W + h$	$z_{12} = -\dfrac{L_B}{2} - L_J$
$y_3 = 2R_W + h$	$z_3 = \dfrac{L_B}{2}$	$y_{13} = R_J + R_W + h$	$z_{13} = -\dfrac{L_B}{2} - L_J$
$y_4 = 2R_W + h$	$z_4 = -\dfrac{L_B}{2}$	$y_{14} = R_J + R_W + h$	$z_{14} = -\dfrac{L_B}{2}$
$y_5 = 2R_W + R_B + h$	$z_5 = -\dfrac{L_B}{2}$	$y_{15} = 2R_W + R_B + h$	$z_{15} = \dfrac{L_B}{2} + L_J$
$y_6 = 2R_W + R_B + h$	$z_6 = \dfrac{L_B}{2}$	$y_{16} = R_J + 2R_W + R_B + h$	$z_{16} = \dfrac{L_B}{2} + L_J$
$y_7 = 2R_W + 2R_B + h$	$z_7 = \dfrac{L_B}{2}$	$y_{17} = R_J + 2R_W + R_B + h$	$z_{17} = \dfrac{L_B}{2}$
$y_8 = 2R_W + 2R_B + h$	$z_8 = -\dfrac{L_B}{2}$	$y_{18} = 2R_W + R_B + h$	$z_{18} = -\dfrac{L_B}{2} - L_J$
$y_9 = R_W + h$	$z_9 = \dfrac{L_B}{2} + L_J$	$y_{19} = R_J + 2R_W + R_B + h$	$z_{19} = -\dfrac{L_B}{2} - L_J$
$y_{10} = R_J + R_W + h$	$z_{10} = \dfrac{L_B}{2} + L_J$	$y_{20} = R_J + 2R_W + R_B + h$	$z_{20} = -\dfrac{L_B}{2}$

采用这种方式只要改变轧后带钢厚度就可以很方便的自动生成新的模型。各点坐标采用名义辊径与相对辊径差之和的形式。创建关键点之后，将各点依次逆时针选取创建成面，再将该面旋转一周形成轧辊实体。接下来应用 Glue Volumes 命令将辊身和辊颈黏结在一起，然后对共享面和共享线进行布尔加运算。在完成所有布尔运算之后实体模型建造完成。

2）网格划分。模型的网格划分见表 4-12。

表 4-12　模型网格划分节点数

轧　辊	轴　向	周　向	径　向
工作辊辊身	41	80	自适应
支持辊辊身	41	160	自适应
工作辊辊颈	2	25	自适应
支持辊辊颈	5	25	自适应
轧　件	宽向	长向	厚向
	43	51	6 或 4

为了准确计算带钢边降，在轧件划分网格时，中部取单元长度 30mm，带钢两侧边部取单元长度 15mm（$B=1200mm$），因此轧件宽向 43 个节点。

3）接触问题的处理。若不考虑轧辊的弹性变形，在模拟轧制过程时可将工作辊与轧件间的接触视为刚-柔接触；但要考虑轧辊变形时二者之间的接触则为非刚性接触。ANSYS 软件中有三类接触单元：点点接触单元、点面接触单元和面面接触单元。因为计算带钢边降时必须考虑工作辊弹性压扁，因此采用面对面非刚性接触单元。对接触问题的处理采用一种特殊的非线性接触单元，在接触面和目标面之间生成一层虚拟单元，用以描述接触特性。接触穿透性由两接触面间间隙值表示，当接触点穿透目标面时发生接触。

模型同时存在两对接触：轧件与工作辊之间以及工作辊与支持辊之间的接触对。两对接触定义基本参数相同，接触类型选为自动面面接触（ASTS），接触动静摩擦系数作为研究对象，在各机架轧制仿真中取不同值。接触开始时间为零，结束时间取为默认值。轧件与工作辊之间取轧件为接触面，工作辊为目标面；工作辊与支持辊之间取工作辊为接触面，支持辊为目标面。两接触面摩擦系数取值相同，静/动摩擦系数分别取为 0.30/0.25，0.2/0.15，0.12/0.10，依次模拟由干摩擦状态向润滑摩擦过渡过程中冷轧带钢边降变化。

4）施加约束和初始条件，选取合理时间步。在轧件、轧辊所有 $z=0$ 的节点施加 $UZ=0$ 的约束，不允许模型发生轴向位移。对带钢底面所有 $y=0$ 的节点施加 $UY=0$ 的约束，不允许带钢向下运动。在支持辊两侧辊颈轴线中部各取 3 个节点施加 $UY=0$ 的约束，不允许支持辊脱离接触。

计算之初给带钢一个 $v=1.5m/s$ 的初始速度，当判断带钢咬入之后撤销这一初始速度，利用摩擦保持轧制过程顺利进行。轧辊转速取为 8.33rad/s，此时轧辊线速度为 2.5m/s。在 Energy Options 对话框中将 Stonewall Energy 等 4 项全部点选为 On。求解时间（Terminate at Time）定为 0.1s。输出档类型选择 ANSYS and LS-DYNA。时间步参数中 EDRST=20，EDHTIME=100，EDDUMP=1。ASCII Output 项选为 Resultant forces。

5）后处理。根据研究内容需要，在后处理中提取轧后带钢近轧制区横截面厚度数据和横向位移进行分析，以求得到带钢凸度和边降数据，再通过凸度与平坦度关系计算出带钢平坦度，从而得到轧制因素变化对边降以及平坦度的影响。通过分析横向位移数据可以得出不同条件下带钢金属横向流动特性及其与边降之间的关系。

在模型调试成功之后，将其输出成程序文件，在之后变工况仿真计算时只需要调用已有的模型程序，并对其中对应参数进行修改即可。

5　基于遗传算法的工作辊磨损预报模型

板形控制和厚度控制的实质都是对承载辊缝的控制。只是厚度控制只需要控制辊缝中点处的开口精度，而板形控制则必须控制沿带钢宽度方向辊缝曲线全长。在机组中控制承载辊缝的手段很多，包括各机架工作辊和支持辊的辊形配置、压下调节、正负弯辊、轧辊轴向窜动、上下轧辊成对交叉、乳化液调节等。改变任何一种手段，都将改变承载辊缝的形状。除此之外，带钢规格、轧制压力及其分布、磨损辊形、热辊形、来料板形等发生变化，也会影响承载辊缝的形状。

5.1　影响磨损的主要因素

从金属的磨损机理来看，磨损主要可分为磨粒磨损、疲劳磨损（接触疲劳、热疲劳等）、粘着磨损和腐蚀磨损四类。

在轧制过程中影响工作辊磨损的因素很多，包括：

（1）带钢方面，如带钢的温度、材质、宽度、厚度及表面状况等；

（2）轧辊方面，如轧辊的材质、原始辊形、硬度、表面粗糙度及直径等；

（3）轧制工艺，如轧制压力、轧制速度、轧制长度、润滑状况、冷却条件及轧制计划编排等。

5.2　磨损辊廓形成的影响因素

工作辊磨损量沿辊长方向分布是不均匀的，磨损辊廓形成的过程与下列因素有关：

（1）轧制单位压力的大小及其沿带钢横向分布。根据摩擦学原理，磨损量的大小与正压力成线性关系，轧辊的磨损也是随着轧制单位压力增加而增加，但轧制压力和辊间压力的横向分布是不均匀的，因此，一般压力较高的部位都会造成磨损的加剧。

（2）轧制总长度、轧辊圆周上某点与轧件的接触次数以及轧辊与轧件的相对滑动量，包括前滑和后滑数值。轧制过程中，轧件与轧辊之间存在着相对滑动。相对滑动数值的减小致使磨损降低。

（3）轧辊表面的粗糙度，摩擦系数及辊面硬度，轧辊表面状况，如再生氧化铁皮的状况。

（4）工作辊与支持辊间的相对滑动量及辊间压力的横向分布。

（5）每一轧制周期中产品种类（宽度、质量、材质），轧制顺序的编排。若将每种宽度的带钢，按其宽度由大到小，并按所轧数量堆垒起来，即可构成一个阶梯形，其外轮廓与轧辊磨损辊廓曲线形状十分接近。

（6）轧件与轧辊表面温度的不均匀分布。

（7）工作辊的窜动。工作辊的窜动有促使磨损均匀化的作用，同时可避免由于带材边部温降而导致的边部磨损量增大。

5.3 磨损预报模型

从理论上推导磨损量的计算公式极为困难，本节认为磨损主要受轧制力、轧制长度、轧辊材质、磨损距离（接触弧长）等因素影响，通常采用统计回归模型。其基本形式为：

$$W = \sum_n aA^\alpha B^\beta C \tag{5-1}$$

式中，W 为磨损量；A、B、C 为负荷值、接触弧长、轧制长度；a、α、β 为回归系数；n 为轧制卷数。

通过对 8.64 万吨（长度 917 万米）带钢上的轧辊使用数据的采集、处理、分析，如图 5-1 所示，可以看出：

（1）工作辊不均匀磨损非常严重，直径磨损量有时接近 60μm；

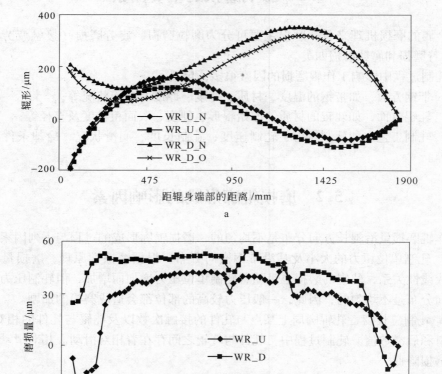

图 5-1 上机前后辊形及磨损图

a—工作辊服役前后辊形图；b—工作辊磨损图

（2）工作辊均出现程度不同的不均匀磨损，即出现"猫耳形"磨损辊形，在与带钢边部接触部分的辊面磨损严重；

（3）下工作辊比上工作辊磨损严重；

（4）工作辊操作侧与传动侧磨损不均，一般是传动侧工作辊磨损严重。

在大量分析工作辊磨损特性的基础上，可以认为轧完一卷钢后，工作辊的磨损辊形如图 5-2 所示。图中，L_w 为工作辊辊身长度；B 为带钢宽度；S 为窜辊量；O 为带钢跑偏量；L_1 和 L_2 为带钢边部磨损宽度。

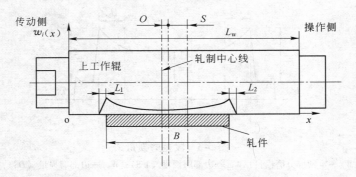

图 5-2 轧完一卷钢后工作辊的磨损形状

沿工作辊磨损曲线，主要围绕着轧制力、轧制长度、接触弧长三个主要影响因子，并综合考虑了各种影响因素，建立工作辊磨损模型，具体形式如下：

$$\Delta W(i) = (aD + b)\left(\frac{P(i)}{Bl_{\mathrm{d}}H_{\mathrm{R}}}\right)^{\alpha}\left(\frac{H_{\mathrm{in}} - H_{\mathrm{out}}}{H_{\mathrm{out}}}l_{\mathrm{d}}\right)^{\beta}\frac{L}{\pi D(1 + f)} \tag{5-2}$$

式中，ΔW 为磨损增量，μm；a、b 分别为轧辊材质影响系数；D 为平均工作辊直径，mm；f 为前滑值；H_{in}、H_{out} 分别为入口、出口厚度，mm；l_{d} 为接触弧长，mm；α 为负荷影响指数；β 为接触影响指数；B 为带钢宽度，mm；H_{R} 为工作辊硬度（肖氏硬度）；π 为圆周率；L 为带钢长度，mm；i 为辊身方向计算位置，mm；$P(i)$ 为轧制力，N。

其中，轧制力 $P(i)$ 是考虑沿带钢宽度上由于轧制力的不均匀分布引起的局部不均匀磨损而引入的参数，结合工作辊磨损的轮廓曲线特点，把磨损轮廓曲线分为三段：第一段用来表示工作辊的中部磨损，即以工作辊中点向两端，磨损量变化相对较小的一段；第二段是工作辊对应带钢宽度边部位置所产生的边部磨损；第三段是考虑到窜辊的因素所进行的边部磨损的补充。其算法如下：

$$P(i) = \begin{cases} P & 0 \leqslant X_{\mathrm{w}}(i) \leqslant (B/2 - d_{\mathrm{w}}) \\[2mm] \left[1 + (k_{\mathrm{w}} - 1)\left(1 + \dfrac{X_{\mathrm{w}}(i) - B/2}{d_{\mathrm{w}}}\right)\right]P & (B/2 - d_{\mathrm{w}}) < X_{\mathrm{w}}(i) \leqslant B/2 \\[3mm] \dfrac{1700}{[X_{\mathrm{w}}(i) - B/2]^2}P & B/2 < X_{\mathrm{w}}(i) \end{cases} \tag{5-3}$$

式中，X_{w} 为磨损计算位置坐标，$X_{\mathrm{w}}(i) = \Delta X(i-1)$；$\Delta X$ 为计算分割宽度；d_{w} 为边部负荷宽度；k_{w} 为边部负荷倍率。

5.4 模型参数分析

带钢边部效应在磨损变化中表现得比较明显，可以看出，边部磨损取决于边部载荷宽度 d_w 和边部载荷倍率 k_w 两个参数。为进行边部磨损调整，需对测量得到工作辊磨损辊形进行选择，解析符合条件的数据。选择的原则为选择最小宽度时的段差磨损量较大且边部磨损形态明显的数据。分析需测量的资料如图 5-3 所示。

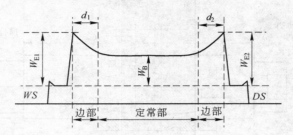

图 5-3   段差磨损量

W_B—定常部分磨损量；W_{E1}—边部磨损量（*WS*）；W_{E2}—边部磨损量（*DS*）；

d_1—边部宽度（*WS*）；d_2—边部宽度（*DS*）

在工作辊材质和机架相同的条件下，对获得的多组数据进行处理，按下式解析最适当的 d_w 和 k_w 的值。用解析得到的 d_w 和 k_w 计算工作辊磨损辊形，并与实测磨损辊形比较验证解析结果。

$$k_w = \left(\frac{\sum_1^N \dfrac{W_{E1} + W_{E2}}{2}}{\sum_1^N W_B} \right)^{\frac{1}{2}} \tag{5-4}$$

$$d_w = \frac{1}{2N} \sum_1^N (d_1 + d_2) \tag{5-5}$$

式中，N 为同一条件的资料个数。

经过对多组磨损辊形进行选择和分析后，得出 d_w 和 k_w 的取值为：$d_w = 223$，$k_w = 1.082$。

对于每轧一卷钢，工作辊磨损模型中的某些参数不一定是确定的。如带钢的长度、带钢宽度、轧制压力、接触弧长、出口厚度和入口厚度等。模型计算以一个换辊周期的带钢卷数为计算依据。

5.5 参 数 优 化

5.5.1 遗传算法的基本步骤

遗传算法 GA（Genetic Algorithm）是仿真生物在自然环境中的遗传和进化过程而形成

的一种自适应全局优化概率搜索算法。与传统的搜索算法不同，遗传算法从一组随机产生的成为"种群"的初始解开始搜索过程。种群中的每个个体是问题的一个解，称为"染色体"。这些染色体在后续迭代中不断进化，称为遗传。在每一代中用"适值"来测量染色体的好坏，生成的下一代染色体称为后代。后代是由前一代染色体通过交叉或者变异运算形成的。在新一代形成过程中，根据适度的大小选择部分后代，淘汰部分后代，从而保持种群大小是常数。适值高的染色体被选中的概率较高。这样经过若干代后，算法收敛于最好的染色体，它很可能就是问题的最优解或次优解。

遗传算法的主要操作步骤如下：

（1）编码：遗传算法在进行搜索之前先将解空间的解数据表示成遗传空间的基因型串结构数据，这些串结构数据的不同组合便构成了不同的点。

（2）初始种群的生成：随机产生 N 个初始串结构数据，每个串结构数据称为一个个体，N 个个体构成了一个群体。遗传算法以这 N 个串结构数据作为初始点开始迭代。

（3）适应性值评估检测：适应性函数表明个体或解的优劣性。对于不同的问题，适应性函数的定义方式也不同。

（4）选择：选择的目的是为了从当前群体中选出优良的个体，使它们有机会作为父代为下一代繁殖子孙。遗传算法通过选择过程体现这一思想，进行选择的原则是适应性强的个体为下一代贡献一个或多个后代的概率大。选择实现了达尔文的适者生存的原则。

（5）交叉：交叉操作是遗传算法中最主要的遗传操作。通过交叉操作可以得到新一代个体，新个体组合了其父辈个体的特性。交叉操作体现了信息交换的思想。

（6）变异：变异首先在群体中随机选择一个个体，对于选中的个体以一定的概率随机地改变串结构数据中某个串的值。同生物界一样，遗传算法中变异发生的概率很低。变异为新个体的产生提供了机会。

5.5.2 参数优化的程序设计

遗传算法以其简单通用性、鲁棒性强、适用于并行处理及高效实用等显著特点，在各个领域得到了广泛应用，取得了良好的效果。MATLAB 语言使人们从烦琐的程序代码中解放出来，它的丰富的函数使开发者无须重复编程，只需简单地调用和使用。且 MATLAB 擅长数值计算，能处理大量的数据，而且效率比较高。

5.5.2.1 二进制编码方法

假设某一参数的取值范围是 $[U_{min}, U_{max}]$，用长度为 l 的二进制编码符号串来表示该参数，则它总共能产生 2^l 种不同的编码，编码时的对应关系如下：

$$
\begin{array}{ll}
000000\cdots000000000000 = 0 & U_{min} \\
000000\cdots000000000001 = 1 & U_{min}+\delta \\
000000\cdots000000000010 = 2 & U_{min}+2\delta \\
\quad\vdots\qquad\qquad\vdots & \quad\vdots \\
111111\cdots111111111111 = 2^l-1 & U_{max}
\end{array}
$$

二进制编码的编码精度为：

$$\delta = \frac{U_{max} - U_{min}}{2^l - 1} \tag{5-6}$$

假设某一个体的编码是：

$$X: b_l b_{l-1} b_{l-2} \cdots b_2 b_1$$

则对应的解码公式是：

$$x = U_{min} + \Big(\sum_{i=1}^{l} b_i 2^{i-1} \Big) \frac{U_{max} - U_{min}}{2^l - 1} \tag{5-7}$$

要优化的参数有 3 个：

b 为磨损量换算系数常数项，拟定取值范围 [280, 240]；

α 为负荷项影响指数，拟定取值范围 [1.7, 1.1]；

β 为磨损距离影响指数，拟定取值范围 [1.4, 1.0]。

编码方式是混合式的二进制编码方式，二进制编码字符串的长度为 30 位，前 10 位是 b 的编码字符串，中间 10 位是 α 的编码字符串，后 10 位是 β 的编码字符串，每个参数的编码字符串长度都是 10 位。

则对应的编码精度分别为：

$$\delta_b = \frac{280 - 240}{2^{10} - 1} \approx 0.0391$$

$$\delta_\alpha = \frac{1.7 - 1.1}{2^{10} - 1} \approx 0.000586$$

$$\delta_\beta = \frac{1.4 - 1.0}{2^{10} - 1} \approx 0.000391$$

对应的解码公式分别为：

$$x_b = 240 + \Big(\sum_{i=1}^{l} b_i 2^{i-1} \Big) 0.0391$$

$$x_\alpha = 1.1 + \Big(\sum_{i=1}^{l} b_i 2^{i-1} \Big) 0.000586$$

$$x_\beta = 1.0 + \Big(\sum_{i=1}^{l} b_i 2^{i-1} \Big) 0.000391$$

5.5.2.2 适应度函数

适应度较高的个体遗传到下一代的概率就较大；而适应度较低的个体遗传到下一代的概率就相对小一些。本次编程所用到的适应度函数的算法思想是，通过计算出来的磨损量和实测磨损量的比较，取其两者之间的差值，差值的绝对值越小，说明计算值越接近最优值。其中，目标函数 $f(x) =$ 磨损量计算值-磨损量实测值。这即为求目标函数的最小值问题，变换方法如下：

$$F(x) = \begin{cases} C_{max} - f(x) & (f(x) < C_{max}) \\ 0 & (f(x) \geqslant C_{max}) \end{cases} \tag{5-8}$$

式中，C_{max} 为一个适当的相对比较大的数，它可以用下面几种方法来选取：预先指定的一个较大的数；进化到当前代为止的最大目标函数值；当前代或最近几代群体中的最大目标函数值。

本程序里采用的是第一种方法，任意指定 C_{max} 的值为 1000，并且可以根据程序运行的实际需要，改变 C_{max} 的值。当适应度的值最后收敛并等于 C_{max} 的值时，表明适应度的值最大，即得最优解。

5.5.2.3 选择操作数

比例选择方法是一种回放式随机采样的方法。其基本思想是：各个个体被选中的概率与其适应度大小成正比。设群体大小为 M，个体 i 的适应度为 F_i，则个体 i 被选中的概率 P_{is} 为：

$$P_{is} = \frac{F_i}{\sum\limits_{i=1}^{M} F_i} \quad (i=1, 2, 3, \cdots, M) \tag{5-9}$$

由上式可见，适应度越高的个体被选中的概率也就越大；反之，适应度低的个体被选中的概率也越小。但由于是随机操作的原因，这种选择方法误差比较大，有时连适应度较高的个体也选择不上。

用最优选择策略进化模型来进行优胜劣汰操作，最优保存策略进化模型的具体操作过程是：

（1）找出当前群体中适应度最高的个体和适应度最低的个体；

（2）若当前群体中最佳个体的适应度比总的迄今为止的最好个体的适应度还要高，则以当前群体中的最佳个体作为新的迄今为止的最好个体；

（3）用迄今为止的最好个体替换掉当前群体中的最差个体。

5.5.2.4 交叉操作数

在遗传算法中，使用交叉运算来产生新的个体。交叉操作数的设计和现实与所研究问题密切相关，一般要求它既不要太多地破坏个体编码串中表示优良性状的优良模式，又要能够产生出一些较好的新个体模式。另外，交叉操作数的设计要和个体编码设计统一。

在这里使用单点交叉方式设计交叉操作数，即单点交叉操作数。单点交叉又称简单交叉，它是指在个体编码串中只随机设置一个交叉点，然后在该点相互交换两个配对个体的部分染色体。单点交叉的重要特点是：若邻接基因座之间的关系能提供较好的个体性状和较高的个体适应度的话，则这种单点交叉操作破坏这个个体和降低个体适应度的可能性最小。

单点交叉操作数的运算过程如下：

（1）对群体中的个体进行两两随机配对。若群体大小为 M，则共有 $M/2$ 对相互配对的个体组。

（2）对每一对相互配对的个体，随机设置某一基因座之后的位置为交叉点。若染色体的长度为 n，则共有 $n-1$ 个可能的交叉点位置。

（3）对每一对相互配对的个体，依设定的交叉概率 p_c 在其交叉点处相互交换两个个体的部分染色体，从而产生出两个新的个体。

单点交叉运算的示意图如下所示：

A：1 0 1 1 0 1 1 1／0 0　单点交叉　A：1 0 1 1 0 1 1 1／1 0

B：0 0 0 1 1 1 0 0／1 0 ················B：0 0 0 1 1 1 0 0／0 0

5.5.2.5　变异操作数

在遗传算法中，也可以使用变异运算来产生新的个体。从遗传运算过程中产生新个体的能力方面来说，交叉运算是产生新个体的主要方法，它决定了遗传算法的全局搜索能力；而变异运算只是产生新个体的辅助方法，但它也是必不可少的一个运算步骤，因为它决定了遗传算法的局部搜索能力。交叉操作数和变异操作数相互配合使用，共同完成对搜索空间的全局搜索和局部搜索，从而使得遗传算法能够以良好的搜索性能完成最优化问题的寻优过程。在遗传算法中使用变异操作数主要有两个目的：改善遗传算法的局部搜索能力；维持群体的多样性，防止出现早熟现象。

在此采用基本位变异操作数。基本位变异操作数是最简单和最基本的变异操作数。基本位变异操作数的具体执行过程是：

（1）对个体的每一个基因座，依变异概率 p_m 指定其为变异点。

（2）对每一个指定的变异点，对其基因值做取反运算。

基本变异运算的示意如下所示：

$$A: 1\,0\,1\,0\,/1/\,0\,1\,0\,1\,0$$

基本位变异　$B: 1\,0\,1\,0\,/0/\,0\,1\,0\,1\,0$

5.5.2.6　运行参数

遗传算法中需要选择的运行参数主要有个体编码串长度 l、群体大小 M、交叉概率 p_c、变异概率 p_m、终止代数 T 等，这些参数对遗传算法的运行性能影响较大。

个体编码串长度 l：由于使用的是二进制编码来表示个体，编码串长度 l 的选取与问题所要求的求解精度有关。对于相同取值范围的个体来说，编码串长度 l 的值越大，其取值范围被等分的份数越多，步长值就越小，即求解的精度就越高。

群体大小 M：群体大小 M 表示群体中所含个体的数量。当 M 取值较小的时候，可以提高运算速度，但却降低了群体的多样性，有可能会引起遗传算法的早熟现象；而当 M 取值较大的时候，又会使得遗传算法的运行效率降低。一般建议取值范围是：20～100。

交叉概率 p_c：交叉操作是遗传算法中产生新个体的主要方法，所以交叉概率一般应取较大值。若取值过大，它会破坏群体中的优良模式，对进化运算反而产生不利影响；若取值过小，产生新个体的速度又较慢。一般建议取值范围是：0.4～0.99。

变异概率 p_m：若变异概率 p_m 取值较大的时候，虽然能够产生出较多的新个体，但也有可能破坏掉很多较好的模式，使得遗传算法的性能近似于随机搜索算法的性能，若变异概率 p_m 取值太小的话，则变异操作产生新个体的能力和抑制早熟现象的能力就会较差。一般建议取值范围是：0.0001～0.1。

终止代数 T：终止代数 T 是表示遗传算法运行结束条件的一个参数，它表示遗传算法运行到指定的进化代数后就停止运行，并将当前群体中最佳个体作为所求问题的最优解输出。一般建议取值范围是：100～1000。

基于遗传算法思想的 MATLAB 参数优化程序的结构也以此为参考，程序的执行步骤也基本上是按如下的过程进行：编码、初始种群的生成、适应性值评估检测、选择、交叉、变异。

5.5.3 程序结构及流程图

为了使程序结构清晰合理，也为了在调试时便于检测错误，决定使用 MATLAB 的程序调用功能，即先建立一个主程序，主程序的结构要符合遗传算法的步骤要求，每个步骤中的内容如编码、初始种群的生成、适应性值评估检测等，分别编制子程序。参数优化程序的具体结构如图 5-4 所示。

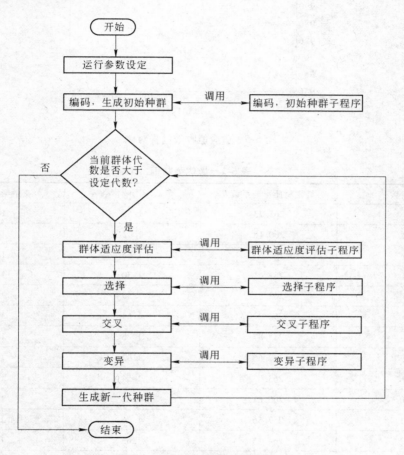

图 5-4 参数优化程序结构图

5.6 参数优化结果分析

在生成初始种群子程序中是用 randint（）函数来随机生成二进制编码串的群体，所以每次运行程序得出的群体是随机的，不一定相同。由此就使得程序在优化过程中向最优值的收敛过程不唯一，有可能收敛得早，也有可能收敛得晚。试运行优化程序，适应值的收敛过程如图 5-5 所示。

由于 3 个参数的值对整个磨损模型的计算值是独立起作用的，相互间没有制约关系，因此在优化计算中，就有可能存在多组最优值。在最初没有可参考参数值的情况下，采取的是试凑法来估计 3 个参数的范围，没有确定的最优取值依据。在此可以用取平均值的办法，运行十次程序，得出十组最优的参数值，取其平均值为最终的最优参数值，见表5-1。

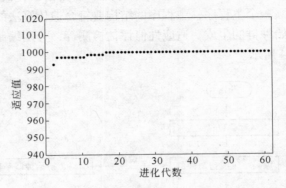

图 5-5　适应值收敛过程对比

表 5-1　最优参数值

组　　数	轧辊材质影响系数 b	负荷项影响指数 α	接触影响指数 β
1	265.73	1.58	1.32
2	260.18	1.42	1.21
3	267.53	1.63	1.35
4	251.61	1.30	1.13
5	263.62	1.59	1.33
6	254.23	1.64	1.36
7	257.87	1.26	1.11
8	247.66	1.42	1.21
9	263.03	1.54	1.29
10	260.61	1.62	1.35
11	257.56	1.26	1.11
12	264.13	1.63	1.35
13	269.83	1.27	1.11
14	257.87	1.54	1.29
15	263.93	1.57	1.31
16	243.01	1.53	1.29
17	268.07	1.42	1.21
18	254.23	1.63	1.35
19	244.11	1.63	1.36
20	262.68	1.57	1.31
21	267.72	1.27	1.12
22	248.33	1.42	1.21

组 数	轧辊材质影响系数 b	负荷影响指数 α	接触影响指数 β
23	256.15	1.13	1.02
24	260.72	1.62	1.34
25	268.78	1.32	1.14
26	267.68	1.56	1.31
27	269.17	1.48	1.25
28	264.20	1.59	1.32
29	276.29	1.46	1.24
30	274.88	1.49	1.26
31	267.68	1.41	1.21
32	245.00	1.26	1.11
33	248.02	1.42	1.22
34	266.04	1.48	1.25
35	262.68	1.60	1.33
36	254.27	1.52	1.28
37	268.93	1.31	1.14
38	257.87	1.27	1.11
39	267.68	1.57	1.31
40	267.68	1.57	1.31
平均值	260.93	1.47	1.25

由此得出：轧辊材质影响系数 $b = 260.93$，负荷影响指数 $\alpha = 1.47$，接触影响指数 $\beta = 1.25$。工作辊磨损模型的具体表达式为：

$$\Delta W(i) = 260.93 \times \left(\frac{P(i)}{Bl_\mathrm{d}H_\mathrm{R}}\right)^{1.47} \left(\frac{H_\mathrm{in} - H_\mathrm{out}}{H_\mathrm{out}}l_\mathrm{d}\right)^{1.25} \frac{L}{\pi D(1+f)} \qquad (5\text{-}10)$$

其中，轧制力 $P(i)$ 的分段函数表达式为：

$$P(i) = \begin{cases} P & 0 \leqslant X_\mathrm{w}(i) \leqslant (B/2 - 223) \\ \left[1 + (1.082 - 1)\left(1 + \dfrac{X_\mathrm{w}(i) - B/2}{223}\right)\right]P & (B/2 - 223) < X_\mathrm{w}(i) \leqslant B/2 \\ \dfrac{1700}{[X_\mathrm{w}(i) - B/2]^2}P & B/2 < X_\mathrm{w}(i) \end{cases} \qquad (5\text{-}11)$$

6 1700mm 四辊冷连轧机组工艺改进

武钢 1700mm 冷连轧机于 2004 年 3 月完成了以 "酸轧联机" 为主要内容的技术改造：对连轧机组的第一、二和五机架进行了工作辊窜辊改造；第一、二机架工作辊采用奥钢联提供的单锥度工作辊进行边降控制；第五机架采用 SmartCrown 工作辊进行板形控制。该轧机机型布置具有先进、合理和适用的特点，在国内是唯一的，在国外也不多见。特别是首次引进的单锥度辊形结合工作辊弯辊窜辊使该四辊混合布置冷连轧机组具备了带钢边降控制能力，给冷轧带钢边降板形控制提出了新的研究课题。

1700mm 冷连轧机的第一、二和五架工作辊采用正负弯辊，第三、四架具备正弯辊，最大弯辊力 1320kN；第一、二、五架具有工作辊窜辊功能，窜辊行程±100mm，对应窜辊功能，第一、二架引进单锥度辊进行电工钢边降控制；第五架引进 SmartCrown 工作辊进行带钢板形控制。第一架和第五架前后各有一台测厚仪，用于检测带钢中点厚度实施厚度自动控制；第一架和第五架前后各设置一台激光测速仪，配合各架前后的张力计进行秒流量控制；第五架出口还配有带寻边功能的边降仪和 ABB 板形仪，分别用于带钢边降和板形检测，进行边降和板形反馈控制；第五架配有分段精细冷却板形控制设备。

带钢边降控制技术在引进武钢一年有余的调试过程中存在的生产难题未能有效解决，致使这项先进的板形控制技术未能正常投入生产之中，主要技术难点有：

（1）边降控制轧制调试中带钢边降控制能力不足、控制效果不对称、带钢边降波动大，带钢非边降区超厚，带钢在第二架单锥度辊辊形锥度区剪边，造成断带停机、打伤辊面的事故连续发生。外方提交的单锥度工作辊辊形离散点坐标值作为磨辊的依据，实际辊形磨削偏差通常为数百微米，工作辊的上机辊形精度极低且每次磨削辊形都不能保证一致，给现场试验应用带来困难。

（2）第一、二架与单锥度工作辊配套的常规凸度支持辊磨损严重且不均匀，与单锥度辊锥度侧配合一端磨损严重，辊面连续出现麻面甚至剥落，支持辊辊耗增大、服役期大幅缩短；工作辊正弯辊使用过大，工作辊轴承长期处于较高负荷及工作辊弯辊调控能力受限、效率降低，带钢凸度控制能力不足、同板差偏大，边降控制能力稳定继续提高的难度增大，轧制过程欠稳定。

（3）改造之后电工钢轧制计划大大增加至 60 万吨/年，而电工钢成品多为厚 0.5mm 甚至更薄的薄规格品种，第三、四架采用常规凸度支持辊与常规凸度工作辊的辊形配置方案时，工作辊辊间压靠问题较为严重，带钢易出现复杂浪形，轧机板形控制能力下降，且工作辊和支持辊之间的辊间有害接触区显著存在，导致工作辊弯辊调节效率严重降低，无效压下支反力增大，不利于带钢在三、四架保持前两架取得的边降控制效果。

6.1 冷连轧机辊缝凸度影响特性研究

6.1.1 辊缝凸度计算模型分析

对于带钢冷连轧机，板形的控制主要是通过辊缝凸度的调整来实现的。如图 6-1 所示，四辊轧机的工作辊和支持辊在轧制力、弯辊力的作用下产生弯曲变形，弯曲变形会改变辊缝形状，进而改变辊缝凸度，影响辊系变形的因素如带钢宽度、轧制力、弯辊力、工作辊直径、支持辊直径等都会影响辊缝凸度。

辊缝凸度定义为辊缝中点处的辊缝高度与相当于带钢边部标志点处辊缝高度值之差，可表示为：

$$C = f(B, P, F_W, D_W, D_B, S, A_P, \cdots)$$

式中，B 为带钢宽度；P 为轧制力；F_W 为弯辊力；D_W 为工作辊直径；D_B 为支持辊直径；S 为工作辊窜辊量；A_P 为轧制力分布不均匀系数。

当 B 为 B_0、P 为 P_0、F_W 为 F_{W0}、D_W 为 D_{W0}、D_B 为 D_{B0}、S 为 S_0、A_P 为 A_{P0} 时，辊缝凸度记为 C_0，则辊缝凸度可以写成增量形式：

$$C = C_0 + \Delta C$$

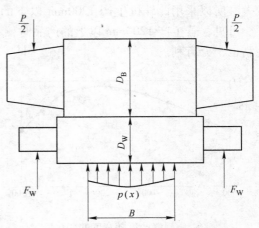

图 6-1 四辊轧机辊系示意图

式中，ΔC 为由于 B、P、F_W、D_W、D_B、S 等因素的变化而引起的辊缝凸度的增量，当分别研究这些因素对辊缝凸度的影响时，可以把 ΔC 写成以下形式：

$$\Delta C = \Delta C_B + \Delta C_P + \Delta C_F + \Delta C_{D_W} + \Delta C_{D_B} + \Delta C_S + \cdots$$

式中，ΔC_B、ΔC_P、ΔC_F、ΔC_{D_W}、ΔC_{D_B}、ΔC_S 分别为 B、P、F、D_W、D_B、S 等参数变化而引起的辊缝凸度的增量。所以，通过对这些增量的研究，可以分析轧机对板形的调控能力。

6.1.2 计算工况和参数的确定

1700mm 宽带钢冷连轧机的产品宽度范围为 900～1600mm，工作辊直径范围为 540～610mm，辊身长度为 1900mm，凸度为零；支持辊直径范围为 1400～1525mm，辊身长度为 1700mm，凸度为零。采用有限元分析软件 ANSYS 对轧机的辊缝形状和凸度进行了仿真分析。计算 C_0 时的相关参数为：B_0 为 1200mm，P_0 为 9.8kN/mm，F_{W0} 为零，D_{W0} 为 300mm，D_{B0} 为 750mm，S_0 为零，A_{P0} 为 1.0，工作辊和支持辊的弹性模量 E 为 $2.1×10^{11}$Pa，泊松比 ν 为 0.3。

6.1.3 辊缝凸度主要影响因素分析

6.1.3.1 带钢宽度

在其他参数不变的情况下，仅改变带钢宽度 B，计算对应宽度下的辊缝凸度，结果如

图 6-2 所示。可以看出，当宽度 B 约为 1200mm 时，辊缝凸度最大。这说明在同样的辊形、辊径和压下量条件下，1200mm 宽度的带钢凸度，即该轧机轧制该宽度的带钢凸度最易超标。

需要指出的是，对于不同宽度的轧件，凸度目标是不同的，宽度越小，凸度目标越小，反之越大。因此按照图 6-2 评价轧机的凸度控制特性并不十分合理，所以这里采用单位宽度凸度，即

$$C_1 = \frac{C}{B}$$

计算结果如图 6-3 所示。可见，该轧机在轧制 $B<1200mm$ 的带钢时，单位宽度凸度比较大，所以采用此轧机生产 1200mm 以下的带钢时，轧辊的弯曲变形对凸度的影响比较大。可见，若生产 1200mm 以上的产品时，不仅轧机的宽度能力可以更好地发挥，对凸度控制也十分有利。

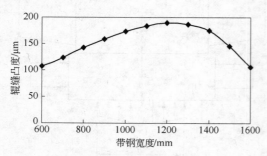

图 6-2　辊缝凸度随宽度的变化

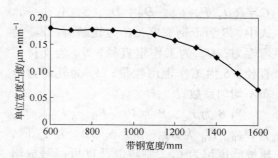

图 6-3　辊缝单位宽度凸度随宽度的变化

6.1.3.2　轧制力

辊缝凸度和轧制力之间基本是线性关系，所以有：

$$\Delta C_P = K_P \Delta P$$

式中，K_P 为轧制力对辊缝凸度的影响系数，它与带钢宽度 B 有关。

K_P 的计算结果如图 6-4 所示。可以看出，轧制力影响系数随着宽度的减小而增加，带钢越窄，轧制力波动对辊缝凸度的影响越大。对于四辊轧机，当 B 分别取轧制规格的最小值 900mm 和最大值 1600mm，轧制力变化 1000kN 时，引起对应宽度的辊缝凸度变化分别为 19μm 和 7μm，前者是后者的 2.7 倍，即轧制力波动对窄带钢凸度的影响更大。实际生产中，轧制力波动引起的凸度变化，一般靠弯辊力来补偿。

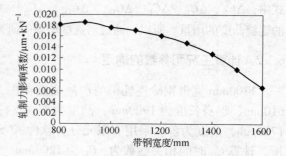

图 6-4　轧制力影响系数随宽度的变化

6.1.3.3　弯辊力

辊缝凸度与弯辊力之间基本上也是线性关系，所以有：

$$\Delta C_F = -K_F \Delta F$$

式中，K_F 为工作辊弯辊力影响系数；ΔF 为工作辊弯辊力改变量；负号表示正弯将减小辊缝凸度，负弯将增大辊缝凸度。

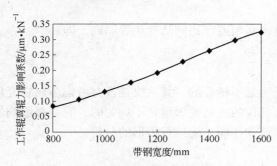

图 6-5 弯辊力影响系数随宽度的变化

K_F 与带钢宽度的关系如图 6-5 所示，带钢宽度越宽，弯辊力的变化对带钢凸度影响越大。可见，越是宽的带钢，弯辊力的控制性能就越明显。当 B 分别取轧制规格的最小值 900mm 和最大值 1600mm，弯辊力变化 1000kN 时，凸度分别变化 103μm 和 327μm，它们分别可以补偿 5421kN 和 46714kN 的轧制力波动的影响。从弯辊力的控制效果来看，轧制宽带钢更为有利。

6.1.3.4 工作辊直径

在分析工作辊直径与辊缝凸度之间的关系时发现，在实际的直径变化范围内，两者之间近似为线性关系，即有：

$$\Delta C_{D_W} = - K_{D_W} \Delta D_W$$

式中，K_{D_W} 为工作辊直径影响率；ΔD_W 为工作辊直径改变量；负号表示工作辊直径增大辊缝凸度减小。

由计算可知，对于不同宽度的带钢，K_{D_W} 值是不一样的，如图 6-6 所示。K_{D_W} 在带钢宽度约为 1200mm 时达到最大值，此时若工作辊直径变化 100mm，则辊缝凸度变化 72μm。因此，在实际生产中，工作辊直径对板形的影响不能忽略，可以用工作辊的凸度或工作辊窜辊来对其进行补偿。以简单凸度辊为例，辊缝凸度按下式计算：

$$C = \left(\frac{B}{L_W} \right)^2 C_W$$

式中，L_W 为工作辊辊身长度；C_W 为工作辊凸度。

对于 1700mm 宽带钢冷连轧机，为了补偿在轧制 1200mm 宽度规格的带钢时工作辊直径的变化的影响，需要 C_W 为 144.5μm。

6.1.3.5 支持辊直径

与工作辊的情况相似，支持辊直径与

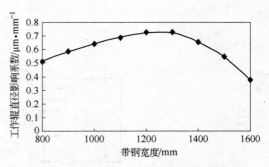

图 6-6 工作辊直径影响系数随宽度的变化

辊缝凸度之间基本上是线性关系，但支持辊直径的变化对辊缝凸度的影响不大。以 1200mm 宽度为例，支持辊直径变化为 100mm 时，辊缝凸度变化最大仅为 9μm，故支持辊直径的变化对凸度的影响可以忽略。

6.2 冷连轧边降控制与凸度、平坦度综合控制研究

板形控制包含凸度控制与平坦度控制。凸度本身是控制的直接目标，而控制相邻机架

比例凸度相等，又是实现平坦度目标的条件。在控制中，追求满足凸度目标值与追求满足比例凸度目标值有可能顾此失彼。所以，凸度和平坦度之间存在耦合关系，必须对其进行解耦。

当来料板形良好且要求出口板形良好时，必须遵守比例凸度相等原则，即：

$$\frac{C_h}{h} = \frac{C_H}{H}$$

实际上，上述条件比较粗略，实践已证明是不精确的，其主要是没有考虑金属在变形区内的横向流动。轧制时，带钢在横向各个部位的宽展变形量是不均匀的，它直接影响带钢伸长率的变化。因此，必须考虑金属横向流动才能正确进行板形的分析。

6.2.1 宽展沿横向的分布

宽展沿横向分布基本上一般采用变形区分区假说，认为变形区分为两边区域为宽展区，中间为前后两个延伸区。实验证明，它能定性地描述宽展发生时，变形区内金属质点流动的总趋势，便于说明宽展现象的性质，作为计算宽展的依据。变形区水平投影分区如图 6-7 所示。

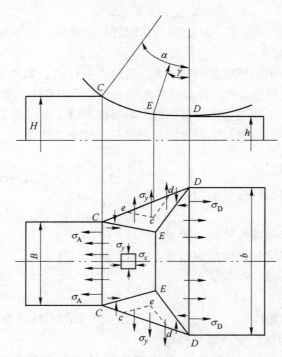

图 6-7 变形区水平投影分区

从图中可看出，变形区分为延伸区和宽展区两部分，带钢进行轧制时，进入延伸区 CEEC 和 DEED 的金属质点所承受的横向阻力 σ_y 大于纵向阻力 σ_x，金属质点几乎全部朝纵向流动获得延伸，处于 CDE 宽展区内的金属质点，所承受的横向阻力比纵向阻力小得多，其质点朝横向流动形成宽展。由此可知，宽展主要发生在轧件边部而不是在中部，而且后滑区比前滑区压缩量大则宽展也大。延伸区与宽展区交界处，CE、DE 与 EE 上的金属质点，承受数值相等的阻力 σ_x 和 σ_y，当流经这些交界处时，可以认为金属质点瞬时不流动。由于变形区内纵横向阻力大小的变化，从轧件中部向边缘其横向阻力 σ_y 越来越小于纵向阻力 σ_x，根据最小阻力定律，越接近轧件边缘，金属质点越容易朝横向流动，所以横向变形是不均匀的。在外端作用下，轧件力图保持其完整性，结果宽展三角区沿纵向承受附加拉应力 σ_A 和 σ_D，其影响由外端向宽展区内部逐渐减小，其他部分承受附加压应力。如果附加压应力过大，改变了轧件边部的应力状态，当出现水平拉应力，其值超过金属强度极限时轧件会产生裂边。

宽展三角区受附加拉应力作用，使纵向阻力 σ_x 减弱，促使延伸增大，宽展相应减小，结果三角区缩小至 cde。所以，冷连轧机带张力轧制，在张力的作用下，会使宽展三角区进一步缩小，宽展减小，沿横向变形更加均匀。

6.2.2 金属横向流动的影响因素分析

6.2.2.1 横向位移函数的确定

轧制变形区的几何尺寸如图 6-8 所示。

轧制变形区内金属的横向位移是 x 和 y 的函数，可用下式表示：

$$W(x, y) = u(y)\left(1 - \frac{h_x - h}{\Delta h}\right)$$

式中，Δh 为该轧制道次的压下量；h_x 为变形区入口厚度；h 为变形区出口厚度；$u(y)$ 为横向位移函数。

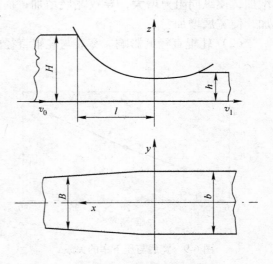

在变形区入口，$h_x = H$，$W(x, y) = 0$；在变形区出口，$h_x = h$，$W(x, y) = u(y)$；中间部分随 h_x 的变化而变化。

利用能量法可得变形区内的总变形功率：

$$N = \overline{v_1}h \int_0^{b/2} F(y, u(y), u'(y)) \, dy$$

图 6-8 轧制变形区的几何尺寸

式中，$\overline{v_1}$ 为轧件出口平均速度；b 为轧件宽度。

根据最小能量原理，轧制时的总变形功应最小，所以 $u(y)$ 必须满足下面的欧拉微分方程，即：

$$\frac{\partial F}{\partial u} - \frac{d}{dy}\left(\frac{\partial F}{\partial u'}\right) = 0$$

由于带钢出口和入口横截面形状一般情况下可用二次加四次函数来拟合，即：

$$H(y) = H(O) + B_2\left(\frac{2y}{b}\right)^2 + B_4\left(\frac{2y}{b}\right)^4$$

$$h(y) = h(O) + b_2 \left(\frac{2y}{b}\right)^2 + b_4 \left(\frac{2y}{b}\right)^4$$

所以，求出横向位移函数 $u(y)$：

$$u(y) = \frac{\Delta b \operatorname{sh} Ky}{2 \operatorname{sh} N} + \frac{a_2 b}{N^2}\left(\frac{2y}{b} - \frac{\operatorname{sh} Ky}{\operatorname{sh} N}\right) + \frac{2a_4 b}{N^2}\left[\left(\frac{2y}{b}\right)^3 + \frac{6}{N^2}\left(\frac{2y}{b}\right) - \left(1 + \frac{6}{N^2}\right)\frac{\operatorname{sh} Ky}{\operatorname{sh} N}\right]$$

其中，$N = \dfrac{Kb}{2} = \sqrt{\dfrac{4\eta_1}{\eta_2}}$；$\eta_1 = \dfrac{2\mu n_\sigma b^2}{lh_c}$；$\eta_2 = \dfrac{2E}{k}\left(\dfrac{\Delta h}{h_c}\right)$；$\xi = 1 + \dfrac{3kh_c}{2E\Delta h}$；$a_2 = \dfrac{1}{\xi}\left(\dfrac{b_2}{h} - \dfrac{B_2}{H}\right)$；$a_4 = \dfrac{1}{\xi}$
$\left(\dfrac{b_4}{h} - \dfrac{B_4}{H}\right)$；$\mu$ 为接触表面摩擦系数；n_σ 为平均单位压力 p 与数值 $2k = 1.15\sigma_s$ 的比值；H 和 h 分别为入口和出口断面的平均厚度；l 和 h_c 分别为接触弧长和变形区平均厚度；Δb 和 E 为宽展量和带钢弹性模量。

6.2.2.2　不同影响因素分析

（1）压下率的影响。宽展与压下率的关系如图 6-9 所示。

由图 6-9 可以看出，随着压下率的增加，宽展量增加。因为压下量增加，变形区长度增加，使纵向阻力增大，导致宽展增加；而且随着压下率增加，高向压下的金属体积增加，使宽展增加。

（2）轧辊直径的影响。宽展与轧辊直径的关系如图 6-10 所示。

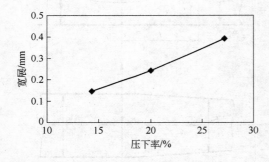

图 6-9　宽展与压下率的关系

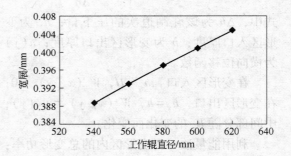

图 6-10　宽展与轧辊直径的关系

由图 6-10 可以看出，宽展随轧辊直径增加而增加。因为辊径增加，变形区长度增加，使纵向阻力增大，金属质点容易朝横向流动；同时辊径增加使宽展区增大，宽展也增加。反之，如果辊径减小，接触角增加，轧制时正压力的水平分力增加，从而降低实际变形抗力，同时变形区内长度减小，滑移路程缩短，减小了摩擦阻力的影响，有利于金属纵向流动，从而减小宽展量。

（3）带钢宽度的影响。宽展与带钢宽度的关系如图 6-11 所示。

由图 6-11 可以看出，在摩擦系数和压下率不变的条件下，随着带钢宽度的增大，宽展减小。因为宽度增加，带钢与轧辊的接触面积增大，金属沿横向流动的摩擦阻力增大，大部分金属将向纵向流动，使宽展量减小。

（4）摩擦系数的影响。宽展与摩擦系数的关系如图 6-12 所示。

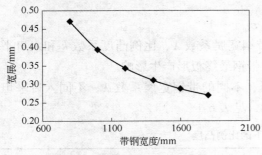

图 6-11 宽展与带钢宽度的关系

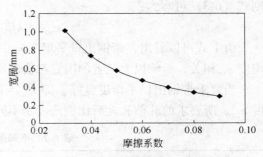

图 6-12 宽展与摩擦系数的关系

由图 6-12 可以看出，宽展与乳化液紧密相关，摩擦系数越大，带钢越不易变形，因而影响了金属的横向流动，宽展越小。

6.2.3 带钢平坦度模型

假设从带钢中部和边部各取一条纵向纤维，如图 6-13 所示，其轧制前边部和中部的纤维宽度、厚度和长度分别为 Δb、H、L 和 Δb、$H+\Delta H$、$L+\Delta L$，其轧后的纤维宽度、厚度和长度分别为 $\Delta b + \Delta b_1$、h、l 和 $\Delta b + \Delta b_2$、$h+\Delta h$、$l+\Delta l$，根据轧制前后体积不变定理可得：

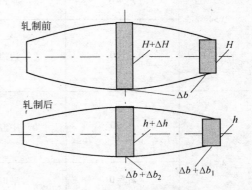

图 6-13 轧制前后带钢横截面形状

$$\Delta b H L = (\Delta b + \Delta b_1) h l \qquad (6-1)$$

$$\Delta b (H + \Delta H)(L + \Delta L)$$
$$= (\Delta b + \Delta b_2)(h + \Delta h)(l + \Delta l) \qquad (6-2)$$

式中，ΔH，Δh 分别为轧制前和轧制后带钢的横向厚度偏差；ΔL，Δl 分别为轧制前和轧制后带钢的纤维长度偏差；Δb_1 为轧制后带钢边部纤维宽展；Δb_2 为轧制后带钢中部纤维宽展。

而 $C_H = \Delta H$，$C_h = \Delta h$，由式 (6-1) 和式 (6-2) 得：

$$\frac{\Delta l}{l} = \frac{\Delta b + \Delta b_1}{\Delta b + \Delta b_2} \times \frac{1 + \dfrac{\Delta H}{H}}{1 + \dfrac{\Delta h}{h}}\left(1 + \frac{\Delta L}{L}\right) - 1 \qquad (6-3)$$

定义：

宽展系数 $\lambda = \dfrac{\Delta b + \Delta b_1}{\Delta b + \Delta b_2}$

比例凸度系数 $k = \dfrac{1 + \dfrac{C_H}{H}}{1 + \dfrac{C_h}{h}}$

入口、出口平坦度 $\varepsilon_{in} = \dfrac{\Delta L}{L}$，$\varepsilon_{out} = \dfrac{\Delta l}{l}$

则式（6-3）可写为：

$$\varepsilon_{out} = \lambda k(1 + \varepsilon_{in}) - 1$$

由上式可以看出，带钢出口平坦度 ε_{out} 与带钢宽展系数 λ、比例凸度系数 k 和入口平坦度 ε_{in} 相关，影响以上三者的因素都会对冷轧带钢最终板形产生影响。

当要求带钢出口平坦度良好，即 $\varepsilon_{out} = 0$ 时，不同的带钢宽展系数 λ，不同入口平坦度 ε_{in}，所要求的轧前和轧后比例凸度是不同的，见表6-1。

表6-1　不同条件下的比例凸度

宽展系数 λ	入口平坦度 ε_{in}	轧前板形	比例凸度系数	比例凸度
$\lambda > 1$	$\varepsilon_{in} > 0$	中浪	$k < 1$	$\dfrac{\Delta H}{H} < \dfrac{\Delta h}{h}$
	$\varepsilon_{in} = 0$	平坦	$k < 1$	$\dfrac{\Delta H}{H} < \dfrac{\Delta h}{h}$
	$\varepsilon_{in} < 0$	边浪	$k \geqslant 1$	$\dfrac{\Delta H}{H} \geqslant \dfrac{\Delta h}{h}$
			$k < 1$	$\dfrac{\Delta H}{H} < \dfrac{\Delta h}{h}$
$\lambda < 1$	$\varepsilon_{in} > 0$	中浪	$k \geqslant 1$	$\dfrac{\Delta H}{H} \geqslant \dfrac{\Delta h}{h}$
			$k < 1$	$\dfrac{\Delta H}{H} < \dfrac{\Delta h}{h}$
	$\varepsilon_{in} = 0$	平坦	$k > 1$	$\dfrac{\Delta H}{H} > \dfrac{\Delta h}{h}$
	$\varepsilon_{in} < 0$	边浪	$k > 1$	$\dfrac{\Delta H}{H} > \dfrac{\Delta h}{h}$
$\lambda = 1$	$\varepsilon_{in} > 0$	中浪	$k < 1$	$\dfrac{\Delta H}{H} < \dfrac{\Delta h}{h}$
	$\varepsilon_{in} = 0$	平坦	$k = 1$	$\dfrac{\Delta H}{H} = \dfrac{\Delta h}{h}$
	$\varepsilon_{in} < 0$	边浪	$k > 1$	$\dfrac{\Delta H}{H} > \dfrac{\Delta h}{h}$

可以看出，当不考虑宽展，即宽展系数 $\lambda = 1$ 时，如轧前板形良好，即入口平坦度 $\varepsilon_{in} = 0$ 时，为了使带钢出口平坦度良好，即 $\varepsilon_{out} = 0$ 时，则 $\dfrac{\Delta H}{H} = \dfrac{\Delta h}{h}$，即 $\dfrac{C_H}{H} = \dfrac{C_h}{h}$。但此情况只是上述诸多情况中的一种，必须根据实际情况进行板形控制。

6.2.4　带钢边降与金属横向流动分析

图6-14为入口厚度分别为 2.0mm、3.0mm 和 4.0mm 的带钢在不同的压下率条件下进行轧制，得到的带钢边降分布情况。由图中可以看出，边降随着压下率的增大而增大；在压下率相同的条件下，厚度越大，边降越大。其主要原因是厚规格的带钢比薄规格的带钢边部的金属横向流动能力要强，造成了厚规格带钢比薄规格带钢的边降要大。

图 6-15 为压下率为 25% 情况下，不同入口厚度的带钢金属横向流动情况对比。从图中可以看出，带钢金属横向流动主要集中在边部区域，大约距边部 100mm 到边部这段区域中，带钢金属横向流动的变化很大，而在带钢的中部区域，带钢金属横向流动量很小。其主要原因是边部区域金属受到的侧向阻力比中部区域小得多，在带钢的边部区域发生明显金属横向流动。

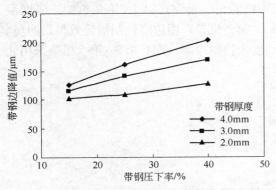

图 6-14 厚度和压下率对带钢边降的影响

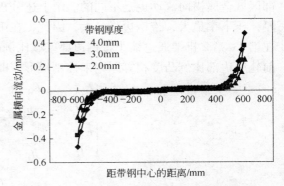

图 6-15 厚度对带钢金属横向流动的影响

图 6-16 为同一卷带钢在连轧过程中的带钢金属横向流动情况对比。从图中可以看出，在连轧的各个机架，带钢金属横向流动在中部区域区别不大；而在带钢边部区域，第 1 机架的带钢金属横向流动远大于第 5 机架，其主要原因是带钢在第 1 机架时，厚度最厚，金属变形抗力最小，所以带钢边部区域金属横向流动量最大，而在第 5 机架正好相反。

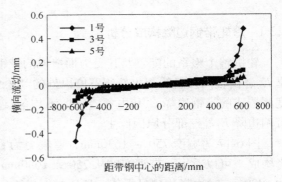

图 6-16 不同机架下的带钢金属横向流动对比

6.2.5 冷连轧机板形综合控制策略

由以上分析可以看出，带钢在中部区域和边部区域的金属横向流动是不同的，在冷连轧机板形控制过程中，必须区分中部区域和边部区域，即：

$$C_H = C_M + E_D$$
$$C_h = C_m + E_d$$

式中，C_H、C_h 分别为带钢入口和出口的整体凸度，一般取 C_{25}；C_M、C_m 分别为带钢入口和出口的中部凸度，一般取 C_{100}；E_D、E_d 分别为带钢入口和出口的边降，一般取 $C_{100} \sim C_{25}$。

冷轧原料通常由热轧来提供，尽管热轧厂提供的热轧卷一般都带有边浪、中浪和边中复合浪等浪形，但是经过位于酸洗入口的拉伸矫直机后，原先欠延伸部分得到延伸，使得带钢横向上的延伸趋于均匀，消除来浪浪形，可以取 $\varepsilon_{in} = 0$，则带钢出口平坦度 ε_{out} 可写为：

$$\varepsilon_{out} = \lambda k - 1$$

由上述分析可以看出，在冷连轧机第 1~第 5 机架，带钢中部区域的金属横向流动区别不大，所以在带钢中部区域，第 1~第 5 机架采用轧前轧后中部比例凸度相等原则来控制板形，即：

$$\frac{C_{M[i]}}{H_i} = \frac{C_{m[i]}}{h_i} \qquad (i = 1 \sim 5)$$

而在带钢的边部区域，带钢金属横向流动相对中部区域变化很大，且各机架带钢在边部区域金属横向流动也是不同的。由上述分析可以看出，带钢在第 1~第 2 机架，厚度最厚，压下率最大，带钢边降最大，因此，在第 1~第 2 机架采用边降控制措施效果最明显。在第 1~第 2 机架通过缩小带钢边部区域比例凸度来控制边降，而在第 3~第 5 机架采用轧前轧后边部比例凸度相等原则来控制板形，即：

$$\begin{cases} \dfrac{E_{D[i]}}{H_i} > \dfrac{E_{d[i]}}{h_i} & (i = 1 \sim 2) \\[3mm] \dfrac{E_{D[i]}}{H_i} = \dfrac{E_{d[i]}}{h_i} & (i = 3 \sim 5) \end{cases}$$

6.3　边降控制辊形配置

6.3.1　冷轧带钢边降构成分析

轧机整个辊系的配置及其受力而造成的带钢边降，主要由支持辊弯曲所造成的带钢边降 E_b、由辊间接触线超出轧制宽度以外的"悬臂端"（有害接触区）弯矩产生的弯曲挠度所造成的带钢边降 E_h 和由各接触区不均匀接触压扁位移差及轧辊的弯曲挠度所造成的带钢边降 E_f 等三部分原因产生。

图 6-17 为宽度 750 ~ 1630mm，弯辊力为零，单位轧制力为 10.0kN/mm 时的带钢边降构成。可以看出，带钢宽度从 750 ~ 1630mm 变化时，带钢边降先增大后减小，且宽度约 1080mm 时边降达到最大值。所以带钢进行边降控制时，此宽度最易超标，定义此宽度为边降临界宽度 B_1。对带钢边降进行控制和辊形配置时，B_1 是一个很重要的参考参数。

图 6-18 为 E_b、E_h 和 E_f 在带钢边降构成所占百分比分布情况。可以看出，四辊轧机支持辊弯曲所造成的带钢边降 E_b 所占比例较小，约为 10%；悬臂段弯矩 E_h 和不均匀压扁所造成的带钢边降 E_f 所占比例较大，且宽度在 750~1190mm 变化时，E_h 和 E_f 所占比例变化

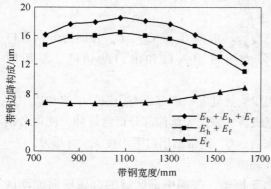

图 6-17　带钢边降构成

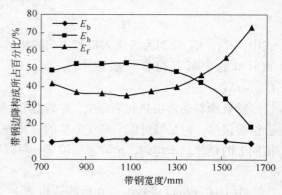

图 6-18　带钢边降构成所占百分比

不大，而宽度在 1190~1630mm 变化时，E_h 所占比例逐渐减小，E_f 所占比例逐渐增大。主要是因为当带钢宽度较大时，辊间接触线超出轧制宽度以外的"悬臂端"减小，有害接触区减小，故 E_h 所占比例减小，同时，由于带钢与工作辊的接触区增大，所以 E_f 所占比例就会增大。

6.3.2 常规配套辊形的分析

四辊轧机常规配套辊形示意图如图 6-19 所示。对于常规辊形配置的四辊轧机来讲，辊间接触线超出轧制宽度以外的有害接触区长度（上半辊系）为：

$$L_h = L_1 + L_2 = L - \Delta - B$$

而轧辊间以及轧件和轧辊间接触线长度（上半辊系）为：

$$L_c = L_1 + L_2 + 2B = L - \Delta + B$$

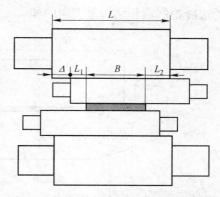

图 6-19 四辊轧机常规配套辊形示意图

式中，L_1、L_2 分别为辊间接触线超出轧制宽度以外的左边有害接触区长度和右边有害接触区长度；Δ 为工作辊窜辊量；B 为带钢宽度；L 为支持辊的辊身长度。

可以看出，L_h 和 L_c 的大小取决于 L、Δ 和 B 值的大小。对于常规辊形配置，L 一定，在宽度 B 一定的条件下，随着 Δ 的增大，L_h 和 L_c 可以适当减小，但是 Δ 由于受到 B 的限制，不能变化较大，带钢边降控制受到了一定程度的限制。

6.3.3 单锥度辊辊形设计

为了满足对硅钢日益苛刻的边降控制要求，国内某 1700mm 冷连轧机"酸轧联机"改造工程利用其 1、2 架窜辊机型，引进了单锥度工作辊结合液压窜辊控制技术用于硅钢边降控制。多轮边降控制轧制试验和长期跟踪测试数据表明，单锥度辊窜辊技术可以直接有效的控制带钢边降，但是在实际应用中仍存在一定的技术问题，如单锥度辊辊形设计不合理，造成磨削加工困难；单锥度辊窜辊行程小，窜辊功能使用不充分；工作辊锥形部分与平辊部分为尖角过渡，造成了辊间压力尖峰的急剧增大等问题。鉴于目前国内有关单锥度辊辊形及其应用的研究数据较少，现场也缺乏相关内容的设计及应用经验，因此急需对单锥度辊辊形进行详尽的研究，提出相应的辊形设计方法，并根据四辊冷连轧机组"酸轧联机"的薄规格大宽度，高速轧制的生产特点，设计适合的新单锥度辊辊形，提高带钢边降控制精度。本节通过对单锥度辊辊形结构几何解析与边降控制机理研究，提出了单锥度辊辊形设计原则与方法，对于实现单锥度辊辊形设计与应用具有重要理论价值和实践指导意义。

（1）带钢可轧宽度范围。冷连轧机通过单锥度工作辊的横向窜辊，控制带钢边部进入轧辊边降控制区的距离 S_P，如图 6-20 所示，补偿工作辊弹性压扁引起的带钢边部金属变形，减少边降的发生。单锥度工作辊由长为 L_1 的平辊段、投影长为 L_2 的边降控制段和结构锥度段 L_3 三部分构成。其中，结构锥度段 L_3 不参加轧制过程，不进行磨削加工。

在进行单锥度辊辊形设计时取平辊段和锥形段两段接合处与带钢边缘相对应，因此有两个窜辊极限位置对应两个带钢宽度极限位置，如图 6-21 所示，可得：

$$B_{\min} = L_B - 2L_T$$
$$B_{\max} = L_B - 2(L_T - 2S_r)$$
$$\Delta B = B_{\max} - B_{\min} = 2(L_W - L_B)$$

式中，L_W 为工作辊辊身长度；L_B 为支持辊辊身长度；S_r 为工作辊窜辊行程的一半；L_T 为边降控制段和结构锥度段的和。

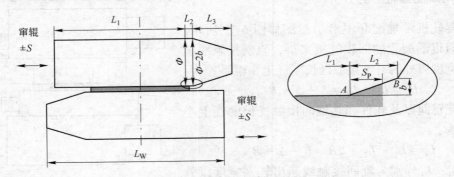

图 6-20　单锥度辊边降控制原理

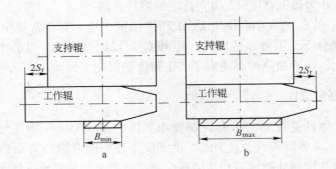

图 6-21　单锥度辊正、负极限位置所对应的带钢宽度
a—负窜极极限位置；b—正窜极极限位置

可以看出，在工作辊 L_W 和支持辊辊身长度 L_B 一定的情况下，需要进行边降控制的带钢宽度范围一定。

（2）辊形设计。

1）工作辊辊形。从辊间接触压力分布均匀性考虑，工作辊边降控制段辊形如果采用直线易产生局部应力集中，造成辊面剥落，影响轧制过程稳定进行，严重时甚至造成带钢剪边，因此边降控制段应采用曲线辊形。本小节根据现场生产的实际情况，边降控制段采用圆弧辊形曲线，即：

$$y = \sqrt{R^2 - x^2} - R \qquad (0 < x \leqslant L_2)$$

式中，y 为半径差值；R 为圆弧曲线半径；L_2 为边降控制段的长度。

2）边降控制段长度。在辊身长度和结构锥度段确定的情况下，边降控制段长度 L_2 确定，平辊段长度 L_1 也就确定。边降控制段长度的确定应保证，即工作辊窜辊至负极限位置时最窄带钢进入锥段，并且工作辊窜辊至正极限位置时最宽带钢不进入锥段。

保证最宽带钢能不进入锥段，有：

$$L_W - (L_2 + L_3) \geqslant B_{max}$$

保证最窄带钢能进入锥段，有：

$$\frac{L_W}{2} - (L_2 + L_3) - \frac{B_{min}}{2} \leqslant S_r$$

则 L_2 的取值范围可表示为：

$$L_2 \in \left[\frac{L_W}{2} - S_r - \frac{B_{min}}{2} - L_3, \ L_W - B_{max} - L_3 \right]$$

式中，L_W 为工作辊辊身长度；S_r 为工作辊最大窜辊行程；B_{max} 为最宽带钢宽度；B_{min} 为最窄带钢宽度；L_2 为边降控制段长度；L_3 为结构锥度段长度。

冷连轧机所轧硅钢最窄带钢和最宽带钢分别为 1050mm 和 1250mm，工作辊最大窜辊行程 ±100mm。工作辊辊身长度 L_W 为 1900mm，结构锥度段 L_3 为 325mm。因此，边降控制段 $L_2 \in [0, 325]$ mm，考虑到实际生产存在如带钢跑偏、宽度异常等实际情况，单锥度工作辊边降控制段 L_2 取为 120mm。

（3）辊形磨削长度。单锥度辊边降控制段磨削长度随辊径变化而变化，其规律如图 6-22 所示。由于边降控制段的辊形锥度与结构锥度段相比约小 50 倍，研究单锥度辊的磨削长度时可以将边降控制段看作水平直线。从图中可以看出，辊径减小，边降控制段磨削长度增大，即当辊径为 D_0 时，其磨削长度仅为设计长度 L_2；当辊径为 D_{min} 时，其磨削长度为设计长度 L_{VM}。边降控制段磨削长度 L_V 为：

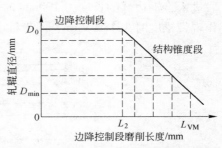

图 6-22 边降控制段磨削长度随辊径变化

$$L_V = L_2 + \frac{1}{T}(D_0 - D)$$

式中，L_2 为边降控制段辊形设计长度；T 为结构锥度段辊形锥度；D_0 为辊形设计时新轧辊直径；D 为服役期内任一时刻轧辊直径。

6.3.4 单锥度的板形控制特性

建立单锥度辊的有限元辊系模型如图 6-23 所示。其中，工作辊为单锥度工作辊，支持辊为 30μm 的常规凸度支持辊。按单锥度辊的辊形曲线段进入带钢边部的长度分别为 0mm，50mm 和 100mm 进行仿真计算。并结合假设辊形曲线段为平辊段（即不带锥度）进行对比分析。仿真结果如图 6-24 所示，其中辊缝凸度取距带钢边部 100mm 的距离。

从中可以看出，随着工作辊窜辊量的增加，采用带锥度的和不带锥度的工作辊，其辊缝都有明显变化，轧机对辊缝凸度的控制能力增强，加大了对辊缝凸度的控制能力。从采用带锥度工作辊和不带锥度工作辊对比来看，采用锥度工作辊，其对辊缝凸度的控制能力明显增强，且随着辊形曲线段进入带钢边部的长度的增加，轧机对辊缝凸度的控制能力增强。

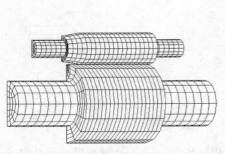

图 6-23　轧机辊系有限元模型

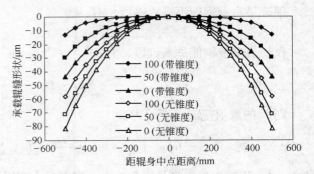

图 6-24　不同工作辊辊形配置的辊缝形状对比

图 6-25 为采用带锥度工作辊和不带锥度工作辊弯辊力的板形调控特性对比图。从图中可以看出，随着边降控制段曲线段进入带钢边部的长度，辊缝凸度减小。当边降控制段曲线段进入带钢边部的长度为 0mm 时，弯辊力为 −500 ~ +500kN 之间的辊缝凸度调节域，工作辊带锥度时为 172.1μm，不带锥度时为 146.4μm，提高了 17.55%；当边降控制段曲线段进入带钢边部的长度为 100mm 时，弯辊力为 −500 ~ +500kN 之间的辊缝凸度调节域，工作辊带锥度时为 180.9μm，不带锥度时为 160.5μm，提高了 12.7%。

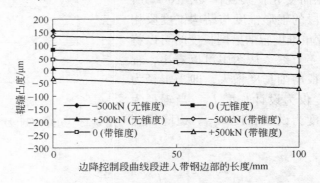

图 6-25　两种辊形配置下的工作辊弯辊力的板形调控特性对比

6.3.5　边降控制窜辊模型的研究

为了提高带钢边降控制的精度，单锥度辊采用的边降控制模型为：

$$S = S_0 - S_p$$

式中，S 为单锥度辊的窜辊量；S_0 为将带钢边缘窜至 C 点对应的窜辊量；S_p 为带钢边部进入边降控制段的长度。

$$S_0 = \frac{B - L_0}{2} = \frac{B - (2L_1 - L_W)}{2}$$

式中，B 为带钢宽度；L_0 为不窜辊时上下单锥度辊平辊段重合长度；L_1 为单锥度辊平辊段长度；L_W 为单锥度辊的辊身长度。

可以看出，单锥辊设计完成以后，L_1 和 L_W 已经确定，S_0 的大小只与带钢宽度 B 有关，其意义是将带钢边部窜至 C 点，以此点为起始点开始边降控制窜辊。而 S_p 与带钢入口厚度、出口厚度、变形抗力、来料边降、成品边降、控制目标、辊形锥度、轧辊直径和张力等多种因素有关，所以其大小应该由现场轧制试验来确定。

图 6-26 为在某 1700mm 冷连轧机第一机架应用单锥度辊对 18 卷宽度 1250mm、钢种为 50WW800 的硅钢进行边降控制试验得到的 S_p 与带钢平均边降值的关系。可以看出，随着 S_p 的增加，带钢边降平均值逐渐减小。当 S_p 增至 65mm 时，边降平均值已经降至 3.5μm。同时，为了精确控制带钢边降，在酸轧联机的轧机入口活套处新增一台扫描式凸度仪，在轧机出口新增一台边降仪，分别用于检测热轧来料和冷轧成品的边降变化值，进而进行边降前馈和反馈闭环动态窜辊控制，对 S_p 的大小进行更加精确控制。

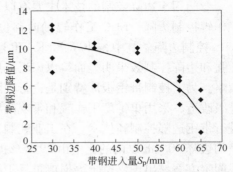

图 6-26 单锥度辊窜辊量对硅钢边降控制效果影响

6.3.6 单锥度辊的工业应用

为了验证单锥度辊的边降控制功能，在某 1700mm 冷连轧机的一、二机架进行了单锥度辊上机和边降控制窜辊轧制试验。轧制钢种为 BDG、50WW800 和 50WW1300。需要进行边降控制的硅钢产品宽度 1050~1250mm。按照上述辊形设计方法得到的单锥度辊设计参数如表 6-2 所示。

表 6-2 单锥度辊的设计参数

参　　数	数　值	参　　数	数　值
平辊段 L_1/mm	1455	圆弧曲线半径 R	15400
边降控制段 L_2/mm	120	边降控制段辊形锥度 T	1/220
结构锥度段 L_3/mm	325	结构锥度段锥度 T_c	0.338

经过四周 7 轮次的边降控制窜辊轧制试验，轧制 275 卷共计 5830 吨无取向硅钢，轧制长度约为 1.06×10^6 m。现将单锥度辊使用前边降情况与新设计单锥度辊上机使用之后的边降控制效果进行统计对比见表 6-3。可以看出，采用新设计的单锥度辊后带钢边降由 14.9μm 下降至 7.5μm，在边降波动最大值变化不大的情况下，边降波动得到了一定的抑制，±1μm、±2μm 和 ±3μm 范围内带钢比例分别提高到了 17.7%、18.4% 和 10.6%，带钢边降波动被控制在 ±3μm 范围内。

表 6-3 单锥度辊使用前后带钢边降控制效果对比

单锥度使用情况	带钢边降平均值/μm	操作侧边降/μm	传动侧边降/μm	平均边降差/μm	最大边降差/μm	最大边降波动/μm	边降波动分布/%		
							±1μm	±2μm	±3μm
使用前	14.9	15.8	14	1.9	4	3.1	45.6	73.3	89.4
使用后	7.5	9.2	5.8	3.5	7.2	2.8	63.3	91.7	100

6.3.7　边降控制辊形配置分析

专门用于边降控制的技术主要有以下几种：锥形工作辊；HC 六辊轧机控制边降；SC 工作辊控制边降；EDC 工作辊轴向移位控制边降；EDC 局部冷却控制边降；HCW 和 K-WRS 控制边降。其中，HCW 和 K-WRS 技术使用方便、效果明显、便于维护、机型适应性强和边降控制效果明显而得以广泛推广应用，其技术核心即为单锥度辊及其相应的窜辊策略。为了控制带钢板形特别是进行边降控制，某 1700mm 宽带钢四辊冷连轧机组进行了升级改造，采用单锥度工作辊和常规凸度支持辊配辊方案结合工作辊液压窜辊、弯辊技术进行带钢边降控制新技术，在工业轧制试验中取得明显的边降控制效果，冷轧无取向硅钢平均边降 10 μm 以内的比率由 29.2 % 提高到 62.5 %。但在 1 年多的调试过程发现采用上述配辊方案易出现支持辊磨损严重且不均匀（图 6-27），第一、二架弯辊力经常达到最大值（表 6-4 中 s1～s5 表示 1700mm 冷连轧机第一～五机架的正弯辊率，即实际正弯辊力与最大正弯辊力的比值），轧机板形控制能力明显不足，甚至断带导致停产，影响现场正常生产的顺利进行。通过对带钢轧制过程仿真和分析，设计提出了如表 6-5 所示的辊形配置方案进行对比分析。

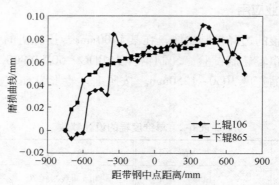

图 6-27　单锥度辊与常规凸度支持辊配辊下的支持辊磨损

表 6-4　常规凸度支持辊方案上机轧制时的弯辊率　　　　　　　　　　（%）

钢 种	厚度×宽度/mm×mm	s1	s2	s3	s4	s5
50WW600	0.5×1045	75.5	99.7	99.7	99.7	100
50WW1300	0.5×1245	53.1	53.1	99.7	75.5	22.7
W30X	0.91×1240	45.3	45.3	99.7	45.3	99.7
W30G（S）	0.5×1095	60.4	60.4	99.7	45.3	26.5
DC01	0.91×1020	100	72.9	75.8	96.4	77.6

表 6-5　轧辊配置方案的对比

方　案	工　作　辊	支　持　辊
方案 1	常规凸度工作辊	常规凸度支持辊
方案 2	单锥度工作辊	常规凸度支持辊
方案 3	单锥度工作辊	VCR 支持辊

6.3.7.1 工作辊挠曲变形分析

轧机辊系的弹性变形是确定轧机刚度、进行板形控制的重要设计参数。而由于工作辊与带钢直接接触，工作辊的挠曲变形对带钢的板形控制影响很大。在轧制过程中，工作辊的挠曲一方面是工作辊与支持辊之间以及工作辊与被轧带钢之间的不均匀接触变形，使工作辊产生附加弯曲；另一方面由于轧辊之间的接触长度大于板宽，因而位于板宽之外的辊间接触段，即有害接触部分使工作辊受到悬臂弯曲力而产生附加挠曲。为了研究轧机的板形控制特性，分析了不同辊形配置、不同工况（板宽、轧制力、辊径等）下工作辊挠曲变形的特点。

6.3.7.2 板宽对工作辊挠曲的影响

图 6-28 为不同辊形配置下板宽对工作辊挠曲的影响。可以看出，板宽对工作辊的挠曲变形影响较大。当工作辊为常规凸度工作辊（图 6-28a），弯辊力为 500kN 时，随着板宽增加，带钢宽度范围内的工作辊挠曲值变小，当板宽进一步增加时，挠曲值变为负值。当工作辊为单锥度工作辊（图 6-28b），工作辊的挠曲沿辊身长度方向呈非对称性分布，上下辊反对称的挠曲导致形成几何对称但与水平面成一角度的辊缝形状。板宽从 900～1500mm 变化时，工作辊挠曲值基本为负值且逐渐减小。可以看出，单锥度辊因其锥段侧的大锥度，使用过程中有效地消除了锥段侧与支持辊间的辊间有害接触区，减轻了其辊形锥段侧的挠曲变形，削弱了挠曲变形对带钢边降的影响。因此，仅在因改善工作辊挠曲而减小带钢边降形成方面，单锥度工作辊辊形优于常规凸度工作辊。

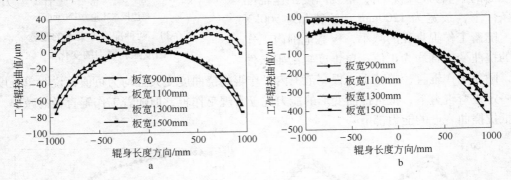

图 6-28 不同辊形配置下板宽对工作辊挠曲的影响

a—常规凸度工作辊与 70μm 常规凸度支持辊；b—单锥度辊与 70μm 常规凸度支持辊

6.3.7.3 轧制力对工作辊挠曲的影响

图 6-29 为不同辊形配置下轧制力对工作辊挠曲的影响。可以看出，轧制力增大时，带钢宽度范围内辊系挠曲均增大，表明随着轧制力增大，工作辊挠曲对带钢边降的影响增大。板宽为 1200mm 时，在 500kN 弯辊力作用下，随着单位板宽轧制力从 12kN/mm 减小至 8kN/mm 时，常规工作辊配辊方案的工作辊挠曲值逐渐减小为零，而单锥度辊配辊方案的工作辊挠曲值基本为负值且变化量小于常规工作辊方案。

工作辊的挠曲变形对板形控制影响很大，其直接影响承载辊缝凸度。图 6-30 为两种配辊方案下的辊缝凸度随轧制力的变化情况。可以看出，两种配辊方案下辊缝凸度均与单位板宽轧制力呈线性关系变化。单锥度辊配辊方案辊缝凸度变化曲线的斜率小于常规配辊

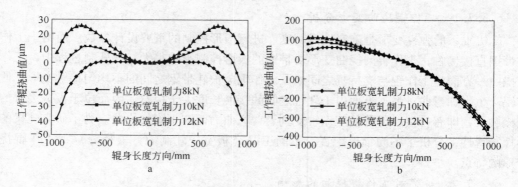

图 6-29   不同辊形配置下轧制力对工作辊挠曲的影响

a—常规凸度工作辊与 70μm 常规凸度支持辊；b—单锥度辊与 70μm 常规凸度支持辊

方案，所以单锥度辊配辊方案下其抵抗轧制力波动的能力更强。因此，在进行带钢边降时，因轧制力波动引起的带钢边降波动方面，单锥度辊配辊方案优于常规工作辊配辊方案。

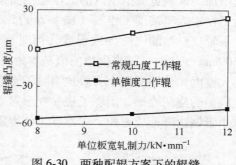

图 6-30   两种配辊方案下的辊缝凸度随轧制力的变化

6.3.7.4   工作辊直径对其挠曲的影响

图 6-31 为不同辊形配置下工作辊辊径对其挠曲的影响。可以看出，常规凸度工作辊配辊条件下，板宽为 1200mm，弯辊力为 500kN 时，随着工作辊直径的减小，板宽范围内工作辊的挠曲变大且均为正值；单锥度辊配辊条件下，随着工作辊直径的减小，板宽范围内工作辊的挠曲度变大且均为负值，说明单锥度辊在一定正弯辊力下，抵抗挠曲变形的能力优于常规工作辊，但随着工作辊直径的减小，两者抵抗挠曲变形的能力都下降。

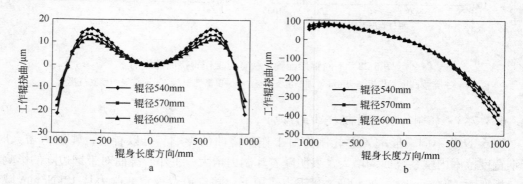

图 6-31   不同辊形配置下辊径对工作辊挠曲的影响

a—常规凸度工作辊与 70μm 常规凸度支持辊；b—单锥度辊与 70μm 常规凸度支持辊

轧辊在服役过程中，其辊径不断减小，在相同工况下工作辊挠曲不相同，必然对辊缝凸度产生影响。图 6-32 为两种配辊方案下辊缝凸度随辊径的变化情况。虽然单锥度辊在

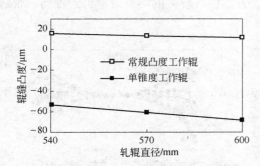

图 6-32 两种配辊方案下辊缝凸度随辊径的变化

一定正弯辊力作用下与常规工作辊相比，具有较强的抵抗挠曲的能力，但是随着工作辊辊径的减小，其自身辊缝凸度变化曲线的斜率大于常规工作辊，说明随着其辊径的减小，单锥度辊保持其自身挠曲刚度的能力弱于常规工作辊。

通过对工作辊的挠曲进行分析，可以看出，常规凸度工作辊与常规凸度支持辊配辊使用时，工作辊挠曲曲线基本呈现"M"形分布，其主要原因是工作辊与支持辊之间超出轧件宽度区域的有害接触区，导致了轧辊的过度挠曲。这种挠曲不仅取决于轧制力的大小，而且取决于轧件宽度。另外，在工作辊上施加弯辊力时，轧辊的挠曲会在超出轧件宽度部分受到支持辊的约束。而单锥度辊与常规凸度支持辊配辊使用时，工作辊挠曲曲线基本呈现三角形分布，其主要原因是单锥度辊因其锥段侧的大锥度，使用过程中有效地消除了锥段侧与支持辊间的辊间有害接触区，减轻了其辊形锥段侧的挠曲变形。

6.3.7.5 板形控制特性分析

（1）带钢金属横向流动。图 6-33 为不同辊形配置下沿板宽方向金属横向流动情况。可以看出，在板宽为 1200mm，弯辊力为 500kN，带钢入口厚度为 2.3mm，压下率为 25%，支持辊采用常规凸度支持辊的工况下，分别采用单锥度辊和常规凸度工作辊相比较，单锥度辊因锥段辊形使轧件在厚度方向压下减小，使金属横向流动量减小。可见，与常规凸度工作辊相比，单锥度工作辊使带钢金属横向流动减小，并通过减小带钢边部压下对带钢边部厚度进行一定量的补偿，以达到补偿本道次边降，同时提前补偿后续机架的边降，最终获得边降控制目标要求的带钢边降。

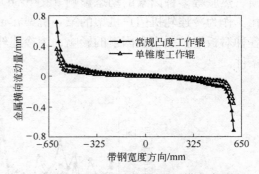

图 6-33 不同辊形配置下金属横向流动

（2）辊间接触压力分布。图 6-34 为单锥度辊与不同支持辊配辊使用时在不同弯辊力作用下的辊间接触压力分布。可以看出，支持辊采用 70μm 常规凸度支持辊，带钢宽度为 1200mm，弯辊力在 0~+1000kN 变化时，辊间接触压力分布很不均匀，基本呈现三角形分布，存在明显的辊间接触压力尖峰。弯辊力越大，辊间接触压力尖峰越明显，易造成支持辊磨损加剧，甚至出现轧辊剥落等严重问题。现场测试表明，支持辊明显呈不对称磨损且磨损量较大，最大达到 140μm。同工况下采用 VCR 支持辊与单锥度辊进行配辊时，大大降低了带钢宽度以外辊间有害接触区的辊间接触压力，消除或减轻了辊身端部的接触压力尖峰。各仿真工况下，最大辊间接触压力峰值分别下降 10%~30%，辊间接触压力均匀度提高，减少辊耗，提高轧制过程稳定性。

（3）有载辊缝形状。图 6-35 为不同辊形配置方案下的承载辊缝形状对比图。可以看出，带钢宽度为 1200mm，弯辊力在 0~+1000kN 变化时，与采用单锥度辊与常规凸度支持辊配置方案对比，采用单锥度辊与 VCR 支持辊配置方案，其弯辊力辊缝凸度调节域增大了 6%，所以采用单锥度辊与 VCR 支持辊配置方案使弯辊力的调节效率得到提高，辊缝凸度调节柔性大大增强。

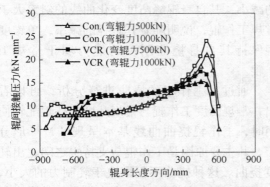

图 6-34 不同辊形配置方案的辊间接触压力分布

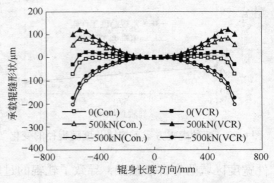

图 6-35 不同辊形配置方案的承载辊缝形状

6.3.7.6 轧机克服来料波动能力分析

冷轧原料通常是由热轧钢卷提供，在热轧过程中，带钢受温度、硬度变化、轧辊磨损、热胀等多种因素的动态影响（图 6-36），使得冷轧来料横截面外形不可避免地存在变化。作为冷连轧机门户机架的第一机架在带钢轧制过程中，必须首先克服热轧来料带来的各种对板形控制不利因素的影响，为冷连轧机后续机组的稳定轧制和板形控制创造良好的条件。

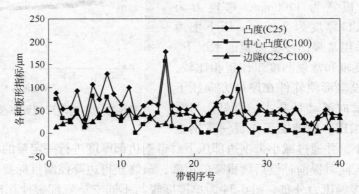

图 6-36 某热连轧机轧制单位内带钢板形质量指标变化情况

冷连轧机由于机架间存在张力将多个机架连接成一个整体，构成了一个复杂的"机械—电气—工艺"一体化的多变量系统。影响系数法是研究在扰动量或控制量作用下，冷连轧机的连轧过程从一个稳态过渡到另一个稳态后，各参数变化量之间关系的一种行之有效的方法。这种方法的实质是把描述连轧过程的带钢厚度方程、带钢凸度方程、流量方程作线性化处理，构成 $3n$（n 为机架数）个线性方程。根据所研究的问题的性质选择已知量和未知量，并在各已知量为零的条件下给定一个已知量值，则线性方程组的解向量与此已知量值的比值就是此已知量变化 100% 时，各未知量的相对变化率，称之为影响系数。

五机架冷连轧机组参数可分为：

（1）扰动量：来料厚度变动 δh_0；来料硬度变动 δK_0；润滑状态变动造成的摩擦系数变动 $\delta \mu_i (i=1\sim5)$ 等。

（2）控制量：压下位置变动 $\delta S_i (i=1\sim5)$；轧机速度变动 $\delta v_{0i} (i=1\sim5)$；弯辊力变动 $\delta F_i (i=1\sim5)$；可调辊形 $\delta w_{ci} (i=1\sim5)$；张力 AGC 时机架间张力变动 $\delta \tau_i (i=4)$ 等。

（3）目标量：出口厚度波动 $\delta h_i (i=1\sim5)$，特别是成品厚度 δh_5；出口凸度波动 $\delta CR_i (i=1\sim5)$，特别是成品凸度 δCR_5；成品带钢的平坦度变动，可用横向张应力偏差表示（$\delta \tau_{Ri}$）；卷取张力及机架间张力波动 $\delta \tau_i (i=1\sim5)$ 等。

运用带钢厚度方程、带钢凸度方程、流量方程以及轧制力方程作线性化处理得到以下 15 个方程（$i=2,3,4$），即：

$$\delta h_1 = (a_{S_1} \delta S_1 + a_{F_1} \delta F_1) + (a_H \delta H_0 + a_{K_1} \delta K_0 + a_{\mu_1} \delta \mu_1) + (a_{\tau_{f1}} \delta \tau_1)$$

$$\delta h_i = (a_{S_i} \delta S_i + a_{F_i} \delta F_i) + (a_H \delta h_{i-1} + a_{K_i} \delta K_0 + a_{\mu_i} \delta \mu_i) + (a_{\tau_{fi}} \delta \tau_i + a_{\tau_{bi}} \delta \tau_{i-1})$$

$$\delta h_5 = (a_{S_5} \delta S_5 + a_{F_5} \delta F_5) + (a_{H_5} \delta h_4 + a_{K_5} \delta K_0 + a_{\mu_5} \delta \mu_5) + (a_{\tau_{b5}} \delta \tau_4)$$

其中 $\partial P/\partial h_1 = -Q_q$，$a_H = \dfrac{\partial F_P/\partial h_0}{M_P + Q_q}$，$a_S = \dfrac{M_P}{M_P + Q_q}$，$a_F = \dfrac{M_P/M_W}{M_P + Q_q}$，$a_K = \dfrac{\partial P/\partial K}{M_P + Q_q}$，

$$a_{\tau_b} = \frac{\partial P/\partial \tau_b}{M_P + Q_q}, \quad a_{\tau_f} = \frac{\partial P/\partial \tau_f}{M_P + Q_q}, \quad a_\mu = \frac{\partial P/\partial \mu}{M_P + Q_q}$$

$$\delta CR_1 = (C_{S_1} \delta S_1 + C_{F_1} \delta F_1 + C_{w_1} \delta w_{C_1}) + (C_{H_1} \delta H_0 + C_{K_1} \delta K_0 + C_{\mu_1} \delta \mu_1) + (C_{\tau_{f1}} \delta \tau_1)$$

$$\delta CR_i = (C_{S_i} \delta S_i + C_{F_i} \delta F_i + C_{w_i} \delta w_{C_i}) + (C_{H_i} \delta h_{i-1} + C_{K_i} \delta K_0 + C_{\mu_i} \delta \mu_i) + (C_{\tau_{fi}} \delta \tau_i + C_{\tau_{bi}} \delta \tau_{i-1})$$

$$\delta CR_5 = (C_{S_5} \delta S_5 + C_{F_5} \delta F_5 + C_{w_5} \delta w_{C_5}) + (C_{H_5} \delta h_4 + C_{K_5} \delta K_0 + C_{\mu_5} \delta \mu_5) + (C_{\tau_{b5}} \delta \tau_4)$$

其中 $C_H = \dfrac{M_P}{M_P + Q_q} \times \dfrac{\partial F_P/\partial h_0}{K_P}$，$C_S = \dfrac{M_P}{M_P + Q_q}\left(\dfrac{-Q_q}{K_P}\right)$，

$$C_F = \frac{M_P}{M_P + Q_q}\left(\frac{-Q_q}{K_P M_W}\right) + \frac{1}{K_W}, \quad C_K = \frac{M_P}{M_P + Q_q} \times \frac{\partial F_P/\partial K}{K_P}$$

$$C_{\tau_b} = \frac{M_P}{M_P + Q_q} \times \frac{\partial F_P/\partial \tau_b}{K_P}, \quad C_{\tau_f} = \frac{M_P}{M_P + Q_q} \times \frac{\partial F_P/\partial \tau_f}{K_P}$$

$$C_\mu = \frac{M_P}{M_P + Q_q} \times \frac{\partial F_P/\partial \mu}{K_P}, \quad C_w = E_C$$

$$\delta Q_1 = (H_{S_1} \delta S_1 + H_{F_1} \delta F_1 + H_{V_1} \delta v_{01}) + (H_{H_1} \delta H_0 + H_{K_1} \delta K_0 + H_{\mu_1} \delta \mu_1) + (H_{\tau_{f1}} \delta \tau_1)$$

$$\delta Q_i = (H_{S_i} \delta S_i + H_{F_i} \delta F_i + H_{V_i} \delta v_{0i}) + (H_{H_i} \delta h_{i-1} + H_{K_i} \delta K_0 + H_{\mu_i} \delta \mu_i) + (H_{\tau_{fi}} \delta \tau_i + H_{\tau_{bi}} \delta \tau_{i-1})$$

$$\delta Q_5 = (H_{S_5} \delta S_5 + H_{F_5} \delta F_5 + H_{V_5} \delta v_{05}) + (H_{H_5} \delta h_4 + H_{K_5} \delta K_0 + H_{\mu_5} \delta \mu_5) + (H_{\tau_{b5}} \delta \tau_4)$$

其中 $H_H = \left[v_0(1+f) + h_1 v_0 \dfrac{\partial f}{\partial h_1}\right] a_H + h_1 v_0 \dfrac{\partial f}{\partial h_0}$，$H_S = \left[v_0(1+f) + h_1 v_0 \dfrac{\partial f}{\partial h_1}\right] a_S$

$$H_F = \left[v_0(1+f) + h_1 v_0 \frac{\partial f}{\partial h_1}\right] a_F, \quad H_K = \left[v_0(1+f) + h_1 v_0 \frac{\partial f}{\partial h_1}\right] a_K$$

$$H_\mu = \left[v_0(1+f) + h_1 v_0 \frac{\partial f}{\partial h_1}\right] a_\mu + h_1 v_0 \frac{\partial f}{\partial \mu}, \quad H_{\tau_f} = \left[v_0(1+f) + h_1 v_0 \frac{\partial f}{\partial h_1}\right] a_{\tau_f} + h_1 v_0 \frac{\partial f}{\partial \tau_f}$$

$$H_{\tau_b} = \left[v_0(1+f) + h_1 v_0 \frac{\partial f}{\partial h_1}\right] a_{\tau_b} + h_1 v_0 \frac{\partial f}{\partial \tau_b}, \quad H_v = h_1(1+f)$$

上述方程组可写成矩阵形式，即

$$AV = BD + CU$$

式中，V 为目标向量；D 为扰动向量；U 为控制向量；A，B，C 为系数阵。

由上述 15 个方程组可得到

$$V = (\delta h_1, \cdots, \delta h_5, \delta CR_1, \cdots, \delta CR_5, \delta \tau_1, \cdots, \delta \tau_4, \delta Q)^T$$

$$D = (\delta H_0, \delta K_0, \delta \mu_1, \cdots, \delta \mu_5)^T$$

$$U = (\delta S_1, \cdots, \delta S_5, \delta F_1, \cdots, \delta F_5, \delta w_{C_1}, \cdots, \delta w_{C_5}, \delta v_{01}, \cdots, \delta v_{05})^T$$

采用影响系数法，建立了冷连轧静态综合分析数学模型，研究了来料厚度波动、来料硬度波动等在冷连轧机组内产生的影响，典型轧制规程如表 6-6 所示，其中 h_0 为入口厚度，h_1 为出口厚度，ε 为压下率，τ_i 为张应力，K_T 为张力影响系数，K 为变形阻力。

表 6-6　轧制规程参数

工艺参数	s1	s2	s3	s4	s5
h_0/mm	3.5	2.55	1.81	1.37	1.08
h_1/mm	2.55	1.81	1.37	1.08	1
$\varepsilon/\%$	27.14	29.02	24.31	21.17	7.41
τ_i/MPa	102	128	161	161	80
K_T	0.847	0.822	0.797	0.785	0.842
K/MPa	498	646	713	749	764

（1）来料厚度波动的影响。从图 6-37 可以看出，当冷连轧机的来料厚度发生扰动时，由于厚度的波动而使冷连轧机各机架凸度发生扰动，采用单锥度辊的来料厚度波动对凸度的影响系数要小于普通凸度辊，尤其第 1、第 2 机架更为明显。

（2）来料硬度波动的影响。从图 6-38 可以看出，当冷连轧机的来料硬度发生扰动时，硬度的波动使冷连轧机各机架凸度发生扰动，采用单锥度辊的来料硬度波动对凸度的影响系数要小于普通凸度辊，尤其第 1、第 2 机架更为明显。

从以上分析可以看出，第 1、第 2 机架由于采用了单锥度辊，提高了轧机辊缝横向刚度，减小了来料厚度波动和硬度波动对凸度控制的影响。

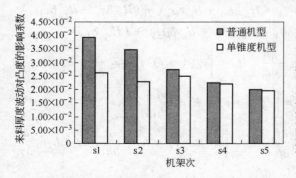

图 6-37　来料厚度波动对凸度的影响

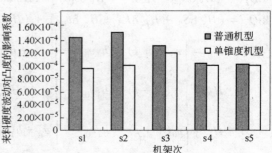

图 6-38　来料硬度波动对凸度的影响

6.3.7.7 试验及工业应用

在带钢厚度较厚的第 1、2 架应用 VCR 支持辊和单锥度辊工作辊及其相关配套工艺控制策略,明显增强轧机凸度控制能力,正弯辊降低(表 6-7)。板形实物质量明显提高,连续跟踪 63 卷带钢实测资料表明:带钢凸度比由 1.20 降至 1.05,有效控制了带钢凸度;板形平坦度由原来的 15I 提高到 9~10I。边降平均值 7μm 以内比率达到 100%,双侧同时达到 7μm 以内比率达到 92.7%。

表 6-7　VCR 支持辊方案上机轧制时的弯辊率　　　　　　　　　　(%)

钢　种	厚度×宽度/mm×mm	s1	s2	s3	s4	s5
50WW600	0.5×1045	50.3	50.3	99.7	83.1	46.3
50WW1300	0.5×1245	45.3	45.3	99.7	60.4	30.3
W30X	0.91×1240	37.8	37.8	99.7	45.3	99.7
W30G（S）	0.5×1095	50.3	45.3	99.7	45.3	18.9
DC01	0.91×1020	58.7	58.7	68.2	98.2	33.5

6.4　连续变锥度工作辊板形控制特性分析

在冷连轧机的第 1 机架进行辊形优化配置目的为:

(1)第 1 机架通过设置辊缝横向刚度高的辊缝即刚性辊缝,可以允许该架轧制压力在大范围内调节,以提高轧机对来料的消化和适应能力,为实现凸度和平坦度的解耦控制创造条件;

(2)通过使用带锥度的工作辊辊形,以便实现带钢边部减薄控制;

(3)通过对轧机的优化辊形配置,可以加强带钢中心凸度控制,增强该机架对板形的调控灵活性。

为了实现以上辊形配置目的,本节提出了一种新的单锥度辊辊形,即连续变锥度工作辊 CVTR(continuously variable taper roll),并配套使用 VCR 支持辊。

6.4.1　连续变锥度工作辊的设计

图 6-39 为 CVTR 辊形曲线设计图。由图可以看出,CVTR 辊形包含三部分:(1)曲线 AB 段,用于加强对带钢中心凸度的控制;(2)曲线 BC 段,用于实现对带钢边部减薄的控制;(3)曲线 CD 段,不参与板形控制,只是为了减小辊形磨削量,提高磨辊生产效率,减小轧辊重量,节约成本。

CVTR 工作辊的辊形函数(直径函数)为:

$$\begin{cases} y = a\sin(\pi x/L_1) & x \in (0, L_1) \\ [x - (L_1 - R\sin\theta_B)]^2 + (y + R\cos\theta_B)^2 = R^2 & x \in (L_1, L_2) \end{cases}$$

式中,L_1、L_2 分别为中心凸度控制段、边降控制段的水平投影长度;θ_B 为中心凸度控制段和边降控制段在 B 点相切的切线角。

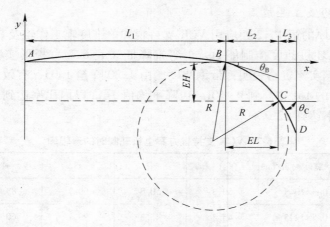

图 6-39 CVTR 辊形设计图

CVTR 工作辊边降控制段锥度角为：

$$\tan\theta = \frac{\mathrm{d}y}{\mathrm{d}x} = \frac{x - (L_1 - R\sin\theta_{\mathrm{B}})}{\sqrt{R^2 - (x - L_1 + R\sin\theta_{\mathrm{B}})^2}}$$

式中，θ 为边降控制段锥度角，$\theta \in [\theta_{\mathrm{B}}, \theta_{\mathrm{C}}]$，$\theta_{\mathrm{C}}$ 为边降控制段末端的锥度角，通过选择合适的 θ_{C} 值，来控制体现轧辊的最大边降控制能力。

图 6-40 为 CVTR 工作辊边降控制段锥度角随辊身长度方向坐标值的变化关系。可以看出，CVTR 工作辊边降控制段锥度角随着带钢边部进入锥度段长度的增加而增加，近似呈现线性规律变化，可以根据需要灵活调控带钢边部进入锥度段长度达到带钢边降的控制目的。

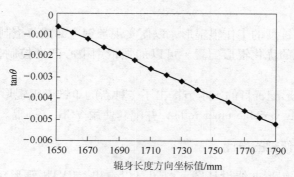

图 6-40 锥度角随辊身长度方向坐标的变化关系

6.4.2 板形控制特性仿真分析

图 6-41a 为工作辊辊形为普通凸度辊形时的金属沿长度（x）方向、厚度（y）方向和宽度（z）方向的金属流动情况。图 6-41b 为工作辊辊形为单锥度辊形时的金属沿长度（x）方向、厚度（y）方向和宽度（z）方向的金属流动情况。图 6-41c 为工作辊辊形为 CVTR 辊形时的金属沿长度（x）方向、厚度（y）方向和宽度（z）方向的金属流动情况。

从图 6-41 和图 6-42 可以看出，CVTR 辊在综合普通凸度辊和单锥辊的基础上，通过加大带钢中部金属的压下量和减小边部金属的压下量，可以加大带钢中部金属的横向流动量和减小带钢边部金属的横向流动量，来实现加强对带钢中心凸度的控制和对带钢边部减薄的控制。

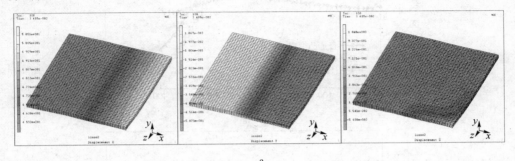

a

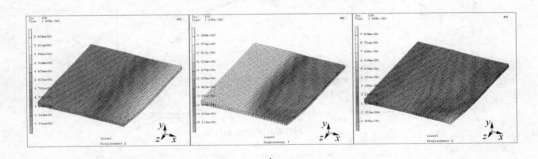

b

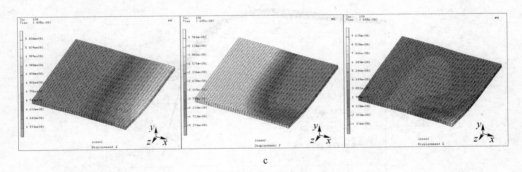

c

图 6-41 不同工作辊辊形时的金属流动情况

a—工作辊辊形为普通凸度辊形；b—工作辊辊形为单锥度辊形；c—工作辊辊形为 CVTR 辊

图 6-43 为 CVTR 工作辊和 VCR 支持辊配辊与单锥度辊和 0.03mm 常规凸度支持辊配辊下承载辊缝形状对比图；图 6-44 为 CVTR 工作辊和 VCR 支持辊配辊与单锥度辊和 0.03mm 常规凸度支持辊配辊下辊缝刚性特性对比图。由图可以看出，采用 CVTR 工作辊与 VCR 支持辊的辊形配置时，其弯辊力辊缝凸度调节域比原配置增大了 6%，同时弯辊力分别为-500kN、0 和 500kN 时，辊缝横向刚度分别增大了 38.46%、27.23% 和 20.43%，所以采用 CVTR 工作辊与 VCR 支持辊配置时扩大了弯辊力的调控范围，增大了辊缝的横向刚度。

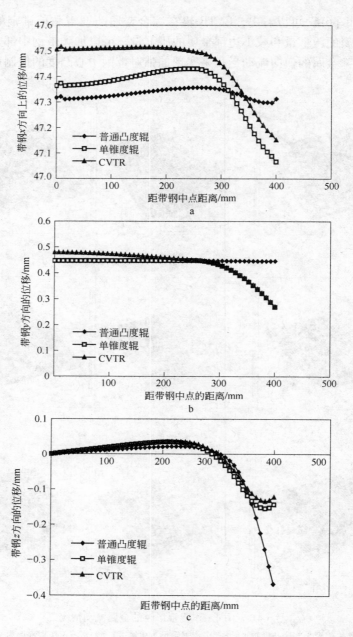

图 6-42 工作辊为不同辊形时的金属流动情况

a—长度方向；b—厚度方向；c—宽度方向

图 6-45 为单位轧制力波动所引起的辊缝形状变化图。其中 a 为 CVTR 工作辊和 VCR 支持辊配辊；b 为单锥度工作辊和 0.03mm 常规凸度支持辊配辊。由图可以看出，由 CVTR 工作辊和 VCR 支持辊组成的第 1 机架辊系，能够减小由单位轧制力波动所引起的辊缝形状变化，大大增强了轧机抵抗轧制力波动的能力，为实现凸度控制和平坦度控制的解耦创造条件，达到消化来料波动的目的。

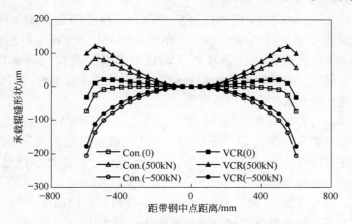

图 6-43 不同辊形配置下承载辊缝形状对比

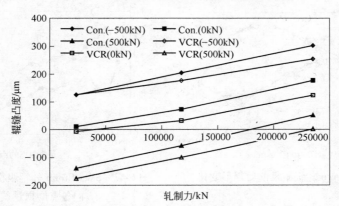

图 6-44 不同辊形配置下辊缝刚性特性对比

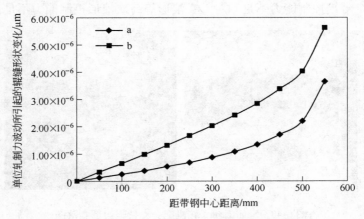

图 6-45 单位轧制力波动所引起的辊缝形状变化

6.5 SmartCrown 轧机板形控制特性研究

武钢 1700mm 冷连轧机完成了以酸轧联机为主要内容的技术改造，首次在五机架冷连轧机的第 5 机架采用 SmartCrown 板形控制新技术，其核心即是由奥钢联 VAI 基于提供 CVC 技术的经验所研究开发的 SmartCrown 工作辊。SmartCrown 技术已经成功应用于铝带轧机，在 1700mm 冷连轧机上应用该技术轧制宽带钢尚属首次。第 5 机架工作辊采用 SmartCrown 工作辊辊形，支持辊采用 0.07mm 常规凸度支持辊。经过 6 个月的生产及 5 轮现场跟踪测试发现，第 5 机架存在以下问题：

（1）SmartCrown 工作辊存在窜辊行程利用不充分，仅用到 50% 左右。

（2）工作辊磨损严重且不均匀。图 6-46 为轧辊服役前后辊形变化；图 6-47 为轧辊服役前后沿辊身长度方向各点磨损量差值比较。SmartCrown 工作辊磨损严重，沿辊身长度方向各点直径磨损量差值接近 60μm（轧制长度为 230.5km）；上、下工作辊均出现不同程度的不均匀磨损，且工作辊操作侧与传动侧磨损不均匀，一般是传动侧工作辊磨损严重；下工作辊磨损比上工作辊磨损更严重，磨损差平均达到 8.5μm。

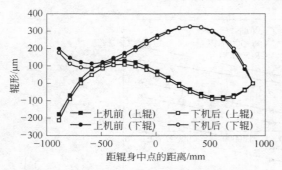

图 6-46　SmartCrown 轧辊服役前后辊形变化

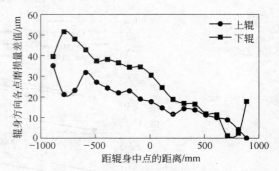

图 6-47　SmartCrown 轧辊服役前后沿辊身长度方向各点磨损量差值比较

（3）配套支持辊出现严重边部剥落等问题，如图 6-48 所示。

（4）对于窄带钢控制能力不足和对 1/4 浪形等高次浪形控制能力不足。

图 6-48　SmartCrown 轧机配套支持辊边部剥落图

上述问题不但给工作辊和支持辊的磨削以及备辊带来困难，给工业的稳定生产带来影响，且直接影响到带钢的板形质量。SmartCrown 板形控制新技术的核心就是 SmartCrown 工作辊辊形。因此，第 5 机架必须从 SmartCrown 工作辊着手进行研究。

在轧机机型确定的情况下，辊形是板形控制最直接、最活跃的因素。CVC、CNP、

EDC、FPC、VCL 等板形控制技术，其实质就是辊形的创新。奥钢联基于提供 CVC 技术的经验，研究开发出轧机技术领域的新型系统 SmartCrown，并在铝带轧机有工业应用业绩。武钢 1700mm 冷连轧机于 2004 年 3 月完成了以酸轧联机为主要内容的技术改造，首次在 5 机架冷连轧机的最后一个机架上安装 SmartCrown 工作辊，是宽带钢冷连轧机首次拟工业应用。出于技术专有权等原因，外方只提供了第 5 架 SmartCrown 经验辊形，但不提供相应的技术。因此，研究冷连轧机 SmartCrown 辊形曲线对今后生产及技术推广具有重要意义。

对于板带轧机，控制板形的有效手段是调整辊缝形状，CVC 技术其核心是工作辊的辊形。早期的 CVC 辊形函数采用的是 3 次多项式，为了适应冷、热轧的工艺情况，又提出了基于 5 次多项式的辊形函数，称 CVC plus。基于 CVC 同样的原理，奥钢联 VAI 公司提出了 SmartCrown 板形控制技术，与 CVC 不同的是它的辊形采用了正弦和线性叠加的函数，并称具有在凸度和更高阶板形控制方面具有优势。

CVC、CVC plus 和 SmartCrown 都属于连续变凸度技术，它们辊形函数上的差别对于板形的控制带来什么样的变化，目前缺乏系统的研究，在实际应用中，也有许多不够科学的认识，例如 CVC plus 比 CVC 性能更好等。因此，需要深入分析研究。

6.5.1 SmartCrown 辊形设计

宽带钢生产中，一般要求板带横截面形状对称于轧机中心线，因此，宽带钢冷连轧机常规工作辊磨削辊形一般采用对称形状。而 SmartCrown 技术的原理与 CVC 相似，如图 6-49 所示，该类轧机工作辊均是采用特殊的非对称形状，上下工作辊辊面曲线方程相同，但反向 180°放置，利用工作辊横向窜移来控制和调节辊缝形状，与来料带钢的板形变化相适应。CVC 轧机

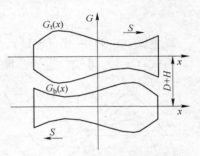

图 6-49　工作辊辊形及辊缝

工作辊辊形在数学上表示为一个三次多项式，其辊缝形状为抛物线形状；而 SmartCrown 辊形则可描述为正弦和线性叠加的函数，对于任何窜辊位置，辊缝形状表现为余弦函数。

（1）辊形设计。对于轧机的上工作辊，SmartCrown 辊形函数（直径函数）$D(x)$ 可用通式表示为：

$$D(x) = a_1 \sin\left[\frac{\pi\alpha}{90B}(x - s_0)\right] + a_2 x + a_3 \tag{6-4}$$

式中，a_1、α、s_0、a_2、a_3 为辊形设计待定常数；B 为辊形设计使用长度，一般取为轧辊辊身长度。

当轧辊轴向移动距离 s 方向为正时，上辊辊形函数（半径函数）$G_t(x)$ 为：

$$G_t(x) = \frac{1}{2}D_t(x - s) = \frac{1}{2}D(x - s) \tag{6-5}$$

根据 SmartCrown 技术上下工作辊的反对称性，可知下辊的辊形函数 $G_b(x)$ 为：

$$G_b(x) = \frac{1}{2}D_b(x + s) = \frac{1}{2}D(-x - s) \tag{6-6}$$

于是，辊缝函数 $G(x)$ 为：

$$G(x) = D + H - G_t(x) - G_b(x)$$

$$= D + H - a_3 + a_1 \sin\left[\frac{\pi\alpha}{90B}(s_0 + s)\right]\cos\left(\frac{\pi\alpha}{90B}x\right) + a_2 s \tag{6-7}$$

式中，D 为轧辊名义直径；H 为辊缝中点开口度。

辊缝凸度 C_W 为：

$$C_W = a_1 \sin\left[\frac{\pi\alpha}{90B}(s_0 + s)\right]\left[1 - \cos\left(\frac{\pi\alpha}{180}\right)\right] \tag{6-8}$$

设轧辊轴向移动的行程范围为 $s \in [-s_m, s_m]$，相应的辊缝凸度范围为 $C_W \in [C_1, C_2]$。分别代入式（6-8）有：

$$C_1 = a_1 \sin\left[\frac{\pi\alpha}{90B}(s_0 - s_m)\right]\left[1 - \cos\left(\frac{\pi\alpha}{180}\right)\right] \tag{6-9}$$

$$C_2 = a_1 \sin\left[\frac{\pi\alpha}{90B}(s_0 + s_m)\right]\left[1 - \cos\left(\frac{\pi\alpha}{180}\right)\right] \tag{6-10}$$

设轧辊轴向移动距离 s 为 0 时，其辊缝的初始凸度为 C_0（通常取 $C_0 = (C_1 + C_2)/2$），代入式（6-8）有：

$$C_0 = a_1 \sin\left[\frac{\pi\alpha}{90B}(s_0 + 0)\right]\left[1 - \cos\left(\frac{\pi\alpha}{180}\right)\right] \tag{6-11}$$

联立式（6-9）～式（6-11），可求出 a_1、α、s_0。

由式（6-8）可知，辊缝凸度 C_W 与 a_2 无关，所以 a_2 应该由其他因素确定。

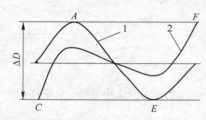

图 6-50　最大辊径差的不同确定方式

式（6-4）表示的辊形曲线造成的最大辊径差可能出现在曲线的两端，如图 6-50 中所示的曲线 2 的 C、F 两点；也可能出现在曲线的极值点处，如图 6-50 中的曲线 1 的 A、E 两点。但是从图中可看出，在辊径差 ΔD 一定的条件下，由曲线两端确定最大允许辊径差而得到的辊面中部较平滑。边部虽较陡，但板带轧制一般都在中部，边部可通过修形进行。

因此，若最大允许的辊径差为 ΔD，则由上述讨论可知：

$$\Delta D = a_1 \sin\left(\frac{\pi\alpha}{180}\right)\cos\left(\frac{\pi\alpha s_0}{90B}\right) + a_2 B \tag{6-12}$$

至于 a_3 则可由工作辊辊径的设计要求确定，实际生产中 a_3 通常由下式决定：

$$D\left(-\frac{B}{2}\right) = 0 \tag{6-13}$$

所以通过上述方法确定的辊形函数 $D(x)$ 为：

$$D(x) = -4612.1491 \sin\left[\frac{pi}{3420}(x - 133.0432746)\right] + 3.86x - 201.1736 \tag{6-14}$$

（2）形状角。所谓的形状角的定义就是辊身边缘的位置对应的某个特定角度。Smart-Crown 辊缝可表示为余弦函数，即无载辊缝形状对应于余弦曲线顶点区域的某一段。轧制过程中，板形的控制实际上是对辊缝的控制。

考虑到带钢截面基本上是对称的，SmartCrown 的承载辊缝可用余弦函数表示，其标准式为：

$$f(x) = a_0 + a_1\cos(x) \quad x \in [-1, +1] \tag{6-15}$$

式中，x 为以辊缝中心为原点，沿计算宽度（例如辊身长度或轧件宽度等）的相对坐标；a_0、a_1 为项系数。

由式（6-15）可以看出：该辊缝函数的周期为 2π，其形状角为 1 弧度。

SmartCrown 的承载辊缝的一般式为：

$$f(x) = a_0 + a_1\cos(\omega x) \quad x \in [-1, +1] \tag{6-16}$$

由式（6-16）可以看出：该辊缝函数的周期为 $\dfrac{2\pi}{\omega}$，其形状角为 ω 弧度。

SmartCrown 的承载辊缝的通用式为：

$$f(x) = a_0 + a_1\cos\left(\frac{\pi\alpha}{90B}x\right) \quad x \in \left[-\frac{B}{2}, +\frac{B}{2}\right] \tag{6-17}$$

式中，x 为辊缝中心为原点，沿计算宽度（例如辊身长度或轧件宽度等）的绝对坐标；a_0、a_1 为项系数；B 为计算宽度。

由式（6-17）可以看出：该辊缝函数的周期为 $\dfrac{180B}{\alpha}$，其形状角为 $\dfrac{\pi\alpha}{180}$ 弧度，即 α 角度。

所以，SmartCrown 工作辊的形状通过所谓的形状角 α 角进行调节。通过精调形状角，也就相应调节了辊缝形状，不同表达式下的形状角见表 6-8。

表 6-8　不同表达式下形状角的定义

类　别	标准式	一般式	通式
表达式	$f(x) = a_0 + a_1\cos(x)$	$f(x) = a_0 + a_1\cos(\omega x)$	$f(x) = a_0 + a_1\cos\left(\dfrac{\pi\alpha}{90B}x\right)$
自变量取值范围	$x \in [-1, +1]$	$x \in [-1, +1]$	$x \in [-B/2, +B/2]$
周　期	2π	$2\pi/\omega$	$180B/\alpha$
形状角的大小	1 弧度	ω 弧度	$\pi\alpha/180$ 弧度，即 α 角度

（3）板形分量。

二次部分 $f_2(x)$ 为：

$$f_2(x) = C_{W2}\left[1 - \left(\frac{2x}{B}\right)^2\right] = a_1\sin\left[\frac{\pi\alpha}{90B}(s_0 + s)\right]\left[1 - \cos\left(\frac{\pi\alpha}{180}\right)\right]\left[1 - \left(\frac{2x}{B}\right)^2\right] \tag{6-18}$$

高次部分 $f_4(x)$ 为：

$$f_4(x) = D(x) - f_0(x) - f_2(x)$$

$$= a_1\sin\left[\frac{\pi\alpha}{90B}(s_0 + s)\right]\left\{\cos\left(\frac{\pi\alpha}{90B}x\right) - 1 - \left[1 - \cos\left(\frac{\pi\alpha}{180}\right)\right]\left[1 - \left(\frac{2x}{B}\right)^2\right]\right\} \tag{6-19}$$

（4）辊缝凸度与窜辊量的关系。CVC 三次辊形没有高次凸度。三次辊形的二次凸度 C_{W2} 与窜辊量 s 之间成正比。这种简单的线性关系给问题的分析和控制过程的实现都带来了方便。

CVC plus 是五次辊形，它的高次凸度不等于零。辊缝凸度与窜辊量 s 之间已不是线性关系，但仍是单调的关系。这意味着，通过轧辊的轴向窜辊，可以同时改变辊缝二次凸度和高次凸度的大小，这对需要控制辊缝的高次成分的场合十分有利。

SmartCrown 的辊缝的二次凸度 C_{W2} 与窜辊量 s 之间的关系如图 6-51 所示。

$$C_{W2} = a_1 \sin\left[\frac{\pi\alpha}{90B}(s_0 + s)\right]\left[1 - \cos\left(\frac{\pi\alpha}{180}\right)\right] \tag{6-20}$$

SmartCrown 的辊缝的高次凸度 C_{W4} 与窜辊量 s 之间的关系如图 6-52 所示。

$$C_{W4} = a_1 \sin\left[\frac{\pi\alpha}{90B}(s_0 + s)\right]\left(\cos\frac{\pi\alpha}{360} - \frac{3}{4} - \frac{1}{4}\cos\frac{\pi\alpha}{180}\right) \tag{6-21}$$

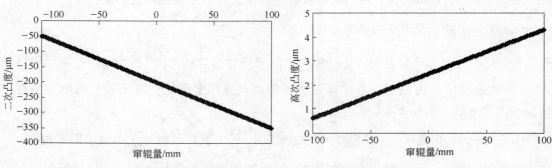

图 6-51　辊缝二次凸度与窜辊量的关系　　　　图 6-52　辊缝高次凸度与窜辊量的关系

（5）辊缝凸度与形状角的关系。SmartCrown 辊缝的形状可以通过所谓的形状角进行调节，通过精调形状角，也就相应调节和优化了辊缝形状。形状角对辊缝形状的影响见图 6-53。

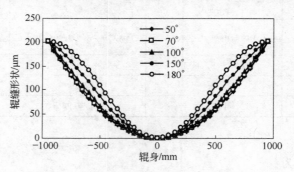

图 6-53　无载辊缝形状随形状角的变化

板带轧制实践表明，随着大宽度带钢的增加，高次板形缺陷所占比重明显提高。这时，如图 6-54 所示，如果正确选择形状角，那么 SmartCrown 的优势就能充分发挥出来，从轧制开始就可以避免出现 1/4 浪。因为无载辊缝在 1/4 浪敏感区域的局部厚度增大，从而降低了该区域的局部厚度减薄程度。局部厚度的降低，减弱了带钢中产生纵向压应力的趋势，而纵向压应力正是产生带钢浪形的原因。

6.5.2　工作辊辊形和辊缝曲线对比

圆柱形轧辊的直径沿辊身长度是均匀不变的，CVC、CVC plus 和 SmartCrown 等特殊

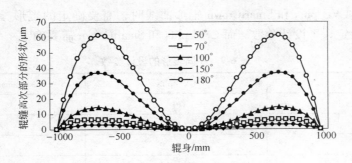

图 6-54 无载辊缝高次部分随形状角的变化

形状的轧辊直径则是变化的，它们都可以用直径函数 $D(x)$ 来表示。由于轧辊的直径函数 $D(x)$ 代表了轧辊的辊身形状，因此，直径函数 $D(x)$ 又可称为辊形函数。

当轧辊轴向移动距离为 s 时，上辊辊形函数（半径函数）$G_t(x)$ 为：

$$G_t(x) = \frac{1}{2}D_t(x - s) = \frac{1}{2}D(x - s) \tag{6-22}$$

根据轧机上下工作辊的反对称性，可知下辊的辊形函数 $G_b(x)$ 为：

$$G_b(x) = \frac{1}{2}D_b(x + s) = \frac{1}{2}D(-x - s) \tag{6-23}$$

于是，辊缝函数 $G(x)$ 为：

$$G(x) = D + H - G_t(x) - G_b(x) \tag{6-24}$$

辊缝凸度 C_W：

$$C_W = G(0) - G\left(\pm \frac{L}{2}\right) \tag{6-25}$$

式中，D 为轧辊名义直径；H 为辊缝中点开口度；L 为轧辊辊身长度。

对于一对凸度相同的简单凸度辊，按定义轧辊的凸度与辊缝的凸度大小相等，符号相反。尽管 CVC、CVC plus 和 SmartCrown 等工作辊不是简单定义的凸度辊，不能用凸度来计量，但其形成的辊缝与简单凸度辊形成的辊缝相同。CVC、CVC plus 和 SmartCrown 工作辊辊形仍可以用凸度来表征，该凸度称为轧辊的等效凸度。该凸度不是从 CVC、CVC plus 和 SmartCrown 辊形上直接测到的，而是由其形成的辊缝来求出。辊缝凸度与轧辊的等效凸度大小相等，符号相反。本节采用辊缝凸度来表示辊缝的大小和形状。

（1）辊形曲线。

CVC 辊形为三次幂关系，其辊形函数（直径函数）为：

$$D(x) = b_0 + b_1\left(\frac{x - s_0}{L/2}\right) + b_3\left(\frac{x - s_0}{L/2}\right)^3 \tag{6-26}$$

CVC plus 辊形则为高次幂曲线，其辊形函数（直径函数）为：

$$D(x) = b_0 + b_1\left(\frac{x - s_0}{L/2}\right) + b_3\left(\frac{x - s_0}{L/2}\right)^3 + b_5\left(\frac{x - s_0}{L/2}\right)^5 \tag{6-27}$$

SmartCrown 辊形可描述为正弦和线性叠加的函数，其辊形函数（直径函数）为：

$$D(x) = c_2\sin\left[\beta\left(\frac{x - s_0}{L/2}\right)\right] + c_1\left(\frac{x - s_0}{L/2}\right) + c_0 \tag{6-28}$$

设计 CVC、CVC plus 和 SmartCrown 辊形曲线时，需要确定的辊形参数见表 6-9。可知，CVC 需要确定 3 个设计参数，而 CVC plus 和 SmartCrown 需要确定 4 个设计参数。

表 6-9　不同辊形的设计参数

CVC	CVC plus	SmartCrown
b_1	b_1	c_1
b_3	b_3	c_3
s_0	s_0	s_0
	b_5	β

由泰勒公式可知：

$$
\begin{aligned}
D(x) &= c_2 \sin\left[\beta\left(\frac{x - s_0}{L/2}\right)\right] + c_1\left(\frac{x - s_0}{L/2}\right) + c_0 \\
&= c_2\beta\left(\frac{x - s_0}{L/2}\right) - \frac{c_2\beta^3}{6}\left(\frac{x - s_0}{L/2}\right)^3 + \frac{c_2\beta^5}{120}\left(\frac{x - s_0}{L/2}\right)^5 - \\
&\cdots + (-1)^{n-1}\frac{c_2\beta^{2n-1}}{(2n-1)!}\left(\frac{x - s_0}{L/2}\right)^{2n-1} + c_1\left(\frac{x - s_0}{L/2}\right) + c_0 \quad (n = 1, 2, \cdots)
\end{aligned}
$$

$$(6\text{-}29)$$

式（6-29）的等式右边只取到 $n=2$，并结合式（6-26）可得：

$$
\begin{cases}
b_1 = c_2\beta + c_1 \\
b_3 = -\dfrac{c_2\beta^3}{6}
\end{cases}
\tag{6-30}
$$

式（6-29）的等式右边只取到 $n=3$，并结合式（6-27）可得：

$$
\begin{cases}
b_1 = c_2\beta + c_1 \\
b_3 = -\dfrac{c_2\beta^3}{6} \\
b_5 = \dfrac{c_2\beta^5}{120}
\end{cases}
\tag{6-31}
$$

式（6-30）和式（6-31）建立了 CVC、CVC plus 与 SmartCrown 辊形对应的关系。

（2）辊缝曲线。

传统的 CVC 辊缝形状为抛物线形状，其辊缝函数为：

$$G(x) = D + H - (b_0 - b_1 t - b_3 t^3 - 3b_3 tX^2) \tag{6-32}$$

CVC plus 的辊缝函数为：

$$G(x) = D + H - (b_0 - b_1 t - b_3 t^3 - b_5 t^5 - 3b_3 tX^2 - 10b_5 t^3 X^2 - 5b_5 tX^4) \tag{6-33}$$

对于任何窜辊位置，SmartCrown 辊缝形状表现为余弦函数：

$$G(x) = D + H + c_2 \sin(\beta t)\cos(\beta X) + c_1 t - c_0 \tag{6-34}$$

式中，$t = \dfrac{s_0 + s}{L/2}$、$X = \dfrac{x}{L/2}$、$\beta = \dfrac{\pi}{180}\alpha$，将 β 称为形状角，即辊身边缘的位置对应的某个特定角度。

按表6-9的参数分别设计出 CVC 辊形，其与 SmartCrown 辊形的对比如图6-55所示，其中图6-55a 为 CVC 和 SmartCrown 辊形对比图，图6-55b 为 SmartCrown 与 CVC 的辊形差对比图。从中可以看出，由外商所提供的 SmartCrown 工作辊辊形与 3 次 CVC 辊形差别不大，沿辊身长度方向上，SmartCrown 和 CVC 的辊形差相差不超过 10μm，由于 SmartCrown、CVC 等辊形曲线通常由数控磨床磨削出，目前数控磨床的磨削公差带通常在 ±5μm，就目前来说，外商提供的 SmartCrown 辊形和 3 次 CVC 辊形一样，其空载辊缝只能提供对 2 次凸度即 2 次浪形的控制。

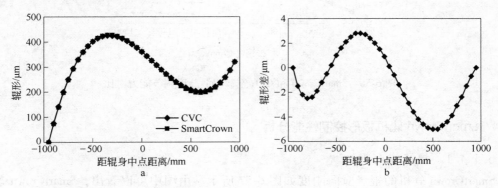

图 6-55　SmartCrown 和 CVC 辊形对比图

a—CVC 和 SmartCrown 辊形对比图；b—SmartCrown 与 CVC 辊形差对比图

6.5.3　空载辊缝的凸度调节能力对比

CVC 的辊缝凸度调节与带钢宽度成平方关系，即：

$$C_{WB} = -3b_3 t\left(\frac{B}{L}\right)^2 \tag{6-35}$$

CVC plus 的辊缝凸度调节与带钢宽度的关系为：

$$C_{WB} = -3b_3 t\left(\frac{B}{L}\right)^2 - 10b_5 t^3\left(\frac{B}{L}\right)^2 - 5b_5 t\left(\frac{B}{L}\right)^4 \tag{6-36}$$

SmartCrown 的辊缝凸度调节与带钢宽度的关系为：

$$C_{WB} = c_2\sin(\beta t)\left[1 - \cos\left(\beta\frac{B}{L}\right)\right] \tag{6-37}$$

当所轧带钢宽度为 $B \in [B_{min}, B_{max}]$ 时，定义空载辊缝的凸度调节能力为：

$$\lambda = \frac{C_{max} - C_{WB}}{C_{max}} \tag{6-38}$$

式中，λ 为带钢宽度为 B 时的空载辊缝凸度调节变化率；C_{max} 为带钢宽度为 B_{max} 时的空载辊缝凸度调节能力；C_{WB} 为带钢宽度为 B 时的空载辊缝凸度调节能力。

SmartCrown 和 CVC 空载辊缝凸度调节能力对比如图6-56所示。从图中可以看出，带钢宽度从 1500mm 变为 900mm 时，SmartCrown 和 CVC 空载辊缝凸度调节能力下降基本相同，分别为 63.0719% 和 63.0844%。从中可以看出，外商提供的 SmartCrown 连续变凸度工作辊的空载辊缝凸度调节与带钢宽度近似成平方的关系，带钢宽度越窄，轧机对带钢的控制能力越弱，并没有发挥出其优势作用。

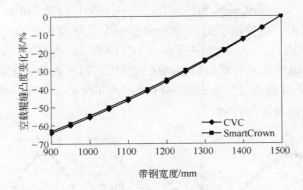

图 6-56 SmartCrown 和 CVC 空载辊缝凸度调节能力对比

6.5.4 SmartCrown 轧机板形控制性能分析

6.5.4.1 辊缝横向刚度

SmartCrown 轧机的辊缝横向刚度如图 6-57 所示。由图中可以看出，SmartCrown 轧机在工作辊窜辊过程中，其辊缝横向刚度基本保持不变，其主要原因是不论 SmartCrown 工作辊如何窜辊均为辊间全线接触，因而"有害接触区"及其造成的挠曲一直存在，所以其辊缝横向刚度不变且其值较小。

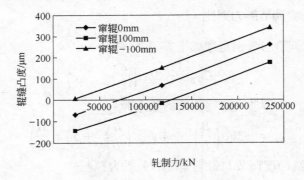

图 6-57 SmartCrown 轧机的辊缝横向刚度

6.5.4.2 辊缝各点横向刚度系数

SmartCrown 轧机的各点辊缝横向刚度系数如图 6-58 所示。由图中可以看出，SmartCrown 轧机越靠近中点，该点辊缝刚度越大，说明越靠近中部其抵抗轧制力波动越强。SmartCrown 轧机工作辊在不同的窜辊位置，辊缝各点横向刚度基本保持不变。

6.5.4.3 辊缝凸度调节域

SmartCrown 轧机辊缝凸度调节域如图 6-59 所示。由图中可以看出，带钢宽度越宽，SmartCrown 轧机辊缝凸度调节域也越大，说明其平坦度的调控能力也越强。而对宽度较窄的带钢，其辊缝凸度调节域很小，说明轧机对其平坦度调控能力较弱。从以上分析可以看出，SmartCrown 轧机在板形控制方面对宽度窄的带钢控制能力较弱。

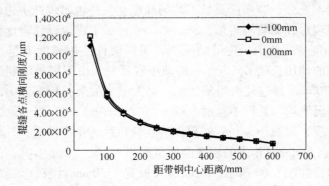

图 6-58　SmartCrown 轧机的各点辊缝横向刚度系数

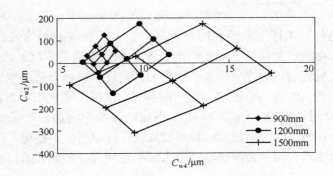

图 6-59　SmartCrown 轧机辊缝凸度调节域

6.5.4.4　承载辊缝形状分布特性系数

SmartCrown 轧机承载辊缝形状分布特性系数见表 6-10。由表 6-10 可以看出，Smart-Crown 轧机随着带钢宽度的增加，轧机对带钢复杂浪形控制能力相对增强，对带钢边部区域控制能力相对减弱。在宽度一定的情况下，SmartCrown 轧机工作辊在不同的窜辊位置，其控制带钢复杂浪形能力和控制边部区域能力都基本相当。

表 6-10　SmartCrown 轧机承载辊缝形状分布特性系数

带钢宽度/mm	W_s	−100mm	0mm	100mm
900	R_Q	4.136	4.130	4.130
	R_E	0.278	0.278	0.278
1200	R_Q	4.247	4.234	4.245
	R_E	0.206	0.206	0.206
1500	R_Q	4.375	4.384	4.399
	R_E	0.161	0.165	0.162

6.5.5　SmartCrown 辊形改进设计研究

SmartCrown plus 是在 SmartCrown 的基础上，以解决生产中出现的 SmartCrown 工作辊

存在窜辊行程利用不充分、磨损严重且不均匀和配套支持辊出现严重边部剥落等问题，提出配套设计工作辊辊形和支持辊辊形，SmartCrown plus 工作辊设计辊形作了如下改进：

（1）在辊缝凸度变化范围一定的情况下，辊形设计使用长度 L 越大，辊径差通常越大。因此选取适宜的使用长度 L，以尽可能减小辊径差。由于板带轧制通常都在辊身的中部区域，假设某 1700mm 冷连轧机组的轧制产品大纲中的最大板宽为 B，则工作辊两端各有一段 y 在任何情况下均与轧件不接触，则 $y=（L-2s-B）/2$，当 y 取为零时，就可以减小辊形设计使用长度，以减小辊径差。根据冷连轧机组的生产情况，轧辊的轴向移动的行程范围为 $s \in [-s_m，+s_m]$，相应的辊缝凸度范围为 $C_W \in [C_1，C_2]$，得到不同辊形设计使用长度下的辊形，如图 6-60 所示。当以最大板宽 1570mm 计算，如取 B 为 1900mm 时，则工作辊两端边部各有一段 65mm 的辊身在任何情况下均不与轧件接触。如取 y 为零，则 B 为 1770mm，边部曲线进行修形改善即可。

（2）通过对现场工业生产的连续跟踪发现，现有 SmartCrown 工作辊窜辊行程最大仅用到 50% 左右。这样，工作辊窜辊利用率不高，加大了轧辊的不均匀磨损程度，降低了轧辊寿命。所以，必须根据现场实际生产的情况，选择合适的辊缝凸度范围 C_W。经过 1 个月的大型工业轧机轧制试验完善和连续跟踪测试发现，选择合适的辊缝凸度 C_W 后，其窜辊行程最大可用到 80% 左右，既满足生产的需要，又减小了轧辊的磨损。

（3）由图 6-60 可以看出，SmartCrown 工作辊的辊身中间部分辊径差较大，而这一部分正好是板带轧制区域，辊径差过大，容易造成板带轧制时的不稳定。因此，在设计辊形时，可以适当加大工作辊两端边部的辊径差来减小中间部分的辊径差，而边部辊形曲线通过修形改善即可。

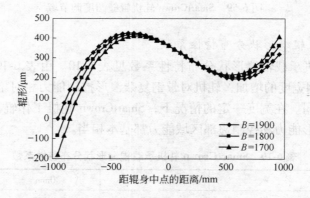

图 6-60　不同设计使用长度下的工作辊辊形

板带轧制实践表明，随着带钢宽度的增加，四次板形缺陷所占比重明显提高。采用传统的平坦度控制系统，可以在标准操作条件下成功的消除中浪和边浪。为了抑制高次浪形的产生，通常在冷连轧机的最后一个机架配备同闭环平坦度控制系统相集成的选择性喷淋冷却系统。但是，由于工作辊喷淋冷却系统的响应时间相对较长，经常出现 1/4 浪等板形问题，并且 1/4 浪经常发生在工作辊刚换辊后，因为此时工作辊处在冷的状态，冷却系统尚未充分发挥性能。外商提供的 SmartCrown 辊形和 3 次 CVC 辊形一样，其空载辊缝只能提供对二次凸度即二次浪形的控制，没有发挥出 SmartCrown 控制高次浪形的能力，因此，设计过程中要根据现场生产的实际情况着重考虑。

由于目前所使用的 SmartCrown 连续变凸度工作辊使空载辊缝凸度的调节能力与板宽近似成平方关系，带钢宽度越窄，轧机对带钢的控制能力越弱。在 SmartCrown 的基础上，通过对 SmartCrown 辊形曲线的深入研究，提出了 SmartCrown plus 辊形曲线，该辊形曲线实现了使空载辊缝凸度的调节能力与板宽成近似线性关系，甚至比空载辊缝凸度的调节能力与板宽线性化更好的辊缝凸度调节能力，提高了轧机对带钢特别是窄带钢的控制能力。

6.5.6 改进后的板形调控特性对比分析

从图 6-61 中 SmartCrown 和改进的 SmartCrown plus 辊形对比可以看出，SmartCrown plus 在 SmartCrown 的基础上缩小了板带轧制的中部辊径差，使板带轧制时趋于稳定。

从图 6-62 中可以看出，SmartCrown plus 和 SmartCrown 工作辊窜辊量都与空载辊缝凸度调节近似成线性关系，SmartCrown plus1 工作辊窜辊与空载辊缝凸度调节线性误差在 2% 以内，SmartCrown plus2 工作辊窜辊与空载辊缝凸度调节线性误差在 3% 以内，适合现场工业实际生产要求。

从图 6-63 中可以看出，带钢宽度从 1600mm 变为 900mm 时，SmartCrown 和 SmartCrown plus 的空载辊缝凸度调节能力差异很大，SmartCrown 空载辊缝凸度调节能力下降较大，接近 70%；SmartCrown plus1 空载辊缝凸度调节能力下降相对较缓，接近 60%；而 SmartCrown plus2 空载辊缝凸度调节能力下降相对最缓，接近 50%。从中可以看出，SmartCrown plus1 辊形实现了空载辊缝凸度调节与板宽线性化，而 SmartCrown plus2 辊形实现比空载辊缝凸度调节与板宽线性化更好的辊缝凸度调节能力。

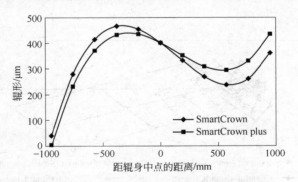

图 6-61 SmartCrown 和改进的 SmartCrown plus 辊形对比

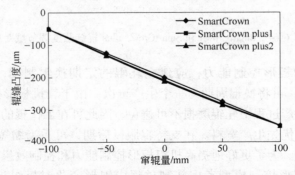

图 6-62 工作辊窜辊量与空载辊缝凸度关系对比

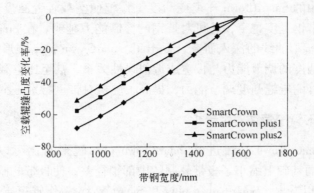

图 6-63　空载辊缝凸度调节能力对比

图 6-64 为 SmartCrown 和 SmartCrown plus 凸度调节域对比图。从图中可以看出，在带钢宽度相同条件下，SmartCrown plus 的辊缝凸度调节域明显大于 SmartCrown 的辊缝凸度调节域，SmartCrown plus 扩大了带钢凸度和平坦度的调节范围。

通过对 SmartCrown plus 工作辊的 1 个月的连续工业上机轧制试验，通过对 SmartCrown 工作辊和 SmartCrown plus 工作辊测试并分析试验数据得到的轧辊沿辊身长度方向各点磨损量差值如图 6-65 所示，其中，图 6-65a 为 SmartCrown 工作辊各点磨损量差值，图 6-65b 为 SmartCrown plus 工作辊各点磨损量差值。对比可以看出，SmartCrown plus 工作辊磨损量减小，且工作辊操作侧与传动侧磨损均匀，上、下工作辊磨损趋于均匀，轧辊的自保持性区域良好。

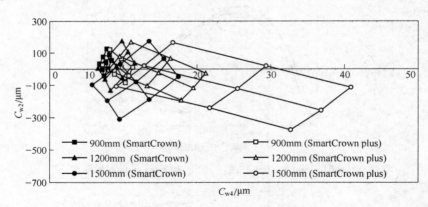

图 6-64　SmartCrown 和 SmartCrown plus 辊缝凸度调节域对比

为保持新辊形的板形控制能力，应建立轧辊的定期换辊制度，轧制长度不宜超过 200km，为方便执行，可将换辊周期为一个生产班次。由于轧机板形控制能力随带钢宽度的增加而扩大，而生产过程中轧辊磨损不可避免，因此可在工作辊的服役前期优先安排生产窄料，而服役后期优先生产宽料。在支持辊服役后期，可适当缩短工作辊的服役时间，以保证板形控制效果。为了更好地提高机组板形控制能力和控制效果，还可开发配套的支持辊新辊形，并在板形控制模型考虑轧制过程中辊形变化对机组板形调控能力的动态影响。

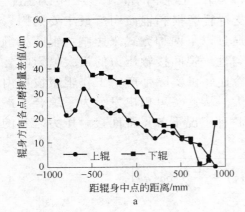 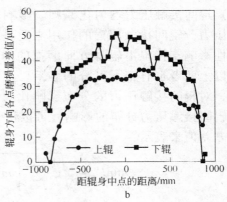

图 6-65　SmartCrown plus 与 SmartCrown 工作辊磨损对比

6.5.7　配套支持辊 FSR 的设计

　　轧辊的破坏取决于各种应力的综合影响，包括弯曲应力、扭转应力、接触应力、由于温度分布不均或交替变化引起的温度应力以及轧辊制造过程中形成的残余应力等的综合影响。具体来说，轧辊的破坏可能由下列三方面原因造成：（1）轧辊的形状设计不合理或设计强度不够。例如，在额定负荷下，轧辊因强度不够而断裂或因接触疲劳超过许用值，使辊面疲劳剥落等。（2）轧辊的材质、热处理或加工工艺不合要求。例如，轧辊的耐热裂性、耐黏附性及耐磨性差，材料中有夹杂物或残余应力过大等。（3）轧辊在生产过程中使用不合理。热轧轧辊在冷却不足或冷却不均匀时，会因热疲劳造成辊面热裂；冷轧时事故黏附也会导致热裂甚至表层剥落；在冬季新换上的冷辊突然进行高负荷热轧或者冷轧机停车，轧热的轧辊骤然冷却，往往会因温度应力过大，导致轧辊表层剥落甚至断辊；压下量过大或因工艺过程安排不合理造成过载荷轧制也会造成轧辊破坏等。

　　为防止轧辊破坏，应从设计、制造和使用等诸方面去努力。考虑到变凸度冷连轧机的实际生产情况，SmartCrown plus 工作辊配套支持辊的辊形设计应该遵循以下两个原则：

　　（1）减小有害接触区的原则。有害接触区是四辊轧机（常规四辊轧机、HCW 和 CVC4 等）中导致钢板板形恶化和降低轧机板形抗干扰能力的重要原因。优化设计后的支持辊辊形首先应该能使辊间接触长度与带钢宽度相适应，即对于不同的带钢宽度，辊间接触长度能与带钢宽度大致相等。根据这一思想，本课题组提出了 VCR 支持辊，其设计思想是：采用特殊设计的支持辊辊形，基于辊系弹性变形的特性，使在受力状态下支持辊与工作辊之间的接触线长度正好与轧制带钢的宽度相适应，做到自动消除"有害接触区"。针对生产的实际状况，参照生产中出现的几种典型工况下的辊间接触长度。优化设计的过程就是使这几种工况下辊间接触长度大于带钢宽度并且使总的辊间接触长度最小，用公式表示如下：

$$\min F_1 = \sum_{i=1}^{M} \left[L_C(i) - B(i) \right] \tag{6-39}$$

式中，$L_C(i)$ 为第 i 工况下辊间接触长度；$B(i)$ 为第 i 工况下的带钢宽度；M 为工况数。

（2）辊间接触压力均匀化原则。影响支持辊磨损和辊面剥落最主要的因素是辊间接触压力。辊间接触压力的作用主要是通过以下两种方式来影响：辊间接触压力的均匀性影响支持辊沿辊身方向磨损的均匀性；辊间接触压力的最大值影响轧辊的剥落。以上两者也有密不可分的联系。在冷连轧机实际生产中工作辊服役期内磨损比较大，对辊间接触压力的分布影响比较大。从这一思想出发，为了综合考虑这些因素对辊间接触压力分布的影响，可以用 M 种工况下各点辊间接触压力之和的平均值的均方差值来表示：

$$minF_2 = \sqrt{\frac{1}{N}\sum_{i=1}^{N}\left[qa(i) - \frac{1}{N}\sum_{k=1}^{N}qa(k)\right]^2} \qquad (6\text{-}40)$$

式中，$qa(i) = \frac{1}{M}\sum_{j=1}^{M}q(j, i)$，各工况下第 i 点辊间接触压力之和的平均值；$q(j, i)$ 为第 j 种工况下第 i 点的辊间接触压力；N 为支持辊辊身长度所划分的单元数。

工作辊采用 SmartCrown plus 辊形，作为配套的支持辊，最理想的支持辊辊形如果采用与工作辊辊形反对称的 SmartCrown plus 辊形，即类 SC plus 支持辊辊形，如图 6-66 所示。工作辊和支持辊之间的辊间压力分布非常均匀，它解决了支持辊辊形设计应该遵循一个原则，即辊间接触压力均匀化原则的问题。

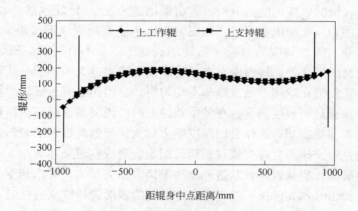

图 6-66　SmartCrown plus 工作辊与类 SC plus 支持辊接触示意图

工作辊采用 SmartCrown plus 辊形，作为配套的支持辊，如果采用 VCR 支持辊辊形，如图 6-67 所示，则基于辊系弹性变形的特性，使在受力状态下支持辊与工作辊之间的接触线长度正好与轧制带钢的宽度相适应，做到自动消除"有害接触区"，消除了边部辊间接触的压力尖峰，它解决了支持辊辊形设计应该遵循一个原则，即减小有害接触区的原则的问题。

在综合上述两个支持辊辊形设计原则的基础上，提出了 FSR（Flexible Shape Roll）支持辊。FSR 支持辊是综合类 SC plus 支持辊和 VCR 支持辊优势基础上，并考虑到现场工艺和设备条件研究开发的，如图 6-68 所示。它兼有类 SC plus 支持辊辊间压力分布均匀的特点和 VCR 支持辊自动消除"有害接触区"的特点。

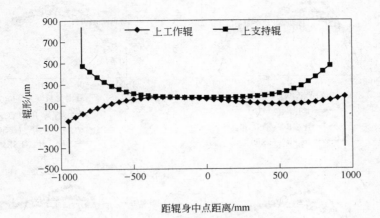

图 6-67 SmartCrown plus 工作辊与 VCR 支持辊接触示意图

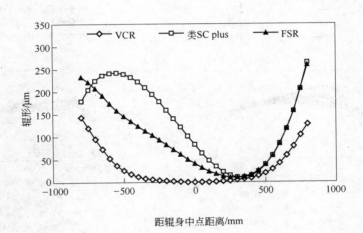

图 6-68 FSR 支持辊生成机理

6.5.8 仿真结果分析

图 6-69 为单位轧制力 q 为 10kN/mm，带钢宽度为 1200mm 时不同板形调控手段下，SmartCrown plus 工作辊分别和 VCR、类 SC plus 和 FSR 3 种不同支持辊配套使用的辊间压力分布值。从图中可以看出：从辊间接触压力的均匀性来看，类 SC plus 支持辊最好，FSR 支持辊次之，VCR 支持辊最差；从边部有害接触区的辊间压力峰值大小来看，VCR 支持辊边部的峰值最小，FSR 支持辊次之，类 SC plus 支持辊最大。FSR 支持辊兼顾了类 SC plus 支持辊辊间压力分布均匀和 VCR 支持辊自动消除"有害接触区"特点。

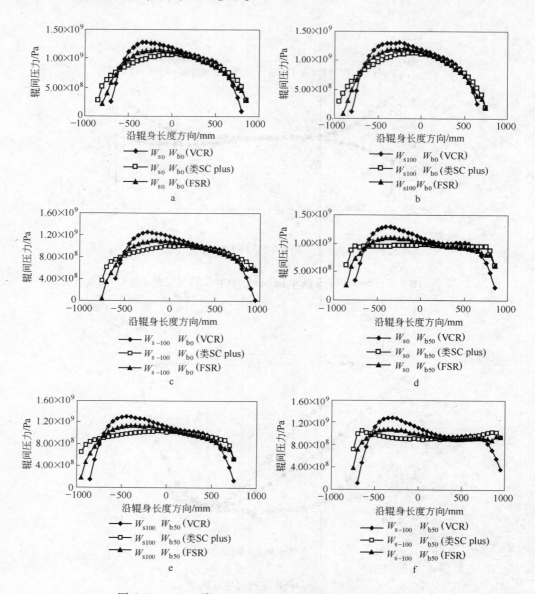

图 6-69　VCR、类 SC plus 和 FSR 支持辊辊间压力对比图

表 6-11 为 SmartCrown 轧机不同支持辊下的辊间压力分布情况。其中，最大辊间压力 σ_{max}、平均辊间压力 σ_{mean} 和辊间压力不均匀度系数 ξ_q 分别定义为：

$$\sigma_{mean} = \frac{F_C}{S_A} \tag{6-41}$$

式中，σ_{mean} 为接触面法向平均正应力，Pa；F_C 为辊间接触总压力，N；S_A 为辊间接触总面积，m^2。

$$\xi_q = \frac{\sigma_{max}}{\sigma_{mean}} \tag{6-42}$$

式中，σ_{max} 为接触面法向最大正应力，Pa；σ_{mean} 为接触面法向平均正应力，Pa。

表 6-11　最大辊间压力 σ_{max}、平均辊间压力 σ_{mean} 和辊间压力不均匀度系数 ξ_q

支持辊	VCR		类 SC plus		FSR		常规凸度支持辊	
工作辊窜辊 /mm	0	100	0	100	0	100	0	100
工作辊弯辊 /kN	0	500	0	500	0	500	0	500
σ_{max} /GPa	1.28	1.30	1.07	1.04	1.16	1.13	1.15	1.15
σ_{mean} /GPa	0.965	0.998	0.855	0.936	0.880	0.927	0.855	0.934
ξ_q	1.330	1.322	1.255	1.110	1.318	1.222	1.350	1.232

可以看出，σ_{mean} 可以用来表示辊间接触范围内轧辊表面的绝对磨损量；ξ_q 可以用来表示轧制过程中轧辊表面磨损分布的均匀性和极端情况下轧辊表面产生剥落的可能性。由表 6-11 可以看出，FSR 支持辊兼顾了类 SC plus 支持辊辊间压力分布均匀的优点和 VCR 支持辊自动消除"有害接触区"的优点，且 FSR 支持辊的 σ_{max}、σ_{mean} 和 ξ_q 值均小于常规凸度支持辊，所以，SmartCrown plus 工作辊和 FSR 支持辊配套使用时的辊间压力分布状态明显要好于 SmartCrown plus 工作辊和普通凸度支持辊配套使用时的辊间压力分布状态。

6.6　考虑带钢压下率的冷连轧机最佳工作辊径配置

随着市场竞争的加剧，用户对板带的质量要求越来越高，对影响板带质量的重要因素轧辊的要求也越来越高。一方面要求轧辊必须具有很高的质量精度来满足产品的要求，另一方面在生产成本中占较大比例的轧辊消耗尽可能低，以降低冷轧生产成本，提高经济效益。目前，冷连轧机作为生产冷轧板带的主要机型，其轧辊的辊耗一直是板带生产厂家关注的热点和难点。合理选择和配置冷连轧机的轧辊，可以合理地利用现场有限的轧辊资源，降低生产成本，提高板带质量。

6.6.1　辊径对轧机刚度特性的影响

轧机的横向刚度与板形是密切相关的，在板带生产中，不仅要求能控制板形，而且要求板形的稳定性要好，即在轧制条件发生变化的情况下，板形受到的影响很小或不受影响。轧机的横向刚度一般用横向刚度系数 K_B 来表示，即：

$$K_B = \frac{\partial P}{\partial \varphi}$$

式中，∂P 为轧制力的波动值；$\partial \varphi$ 为板凸度的波动值。

轧机的纵向刚度与板厚是密切相关的，在板带生产中，不仅要求能控制板厚，而且要求板厚的稳定性要好，即在轧制条件发生变化的情况下，板厚受到的影响很小或不受影响。轧机的纵向刚度一般用纵向刚度系数 K_z 来表示，即：

$$K_z = \frac{\partial P}{\partial y}$$

式中，∂P 为轧制力的波动值；∂y 为承载辊缝中点开口度的变化量。

图 6-70 和图 6-71 分别为辊径对轧机横向刚度系数和纵向刚度系数的影响。从图 6-70 中可以看出，辊径越大，轧机横向刚度系数越大，表明承载辊缝凸度抵抗轧制力波动而保持不变的能力增强，对板形控制越有利；从图 6-71 中可以看出，辊径越大，轧机纵向刚度系数越大，表明承载辊缝在轧制力波动情况下保持板厚的能力增强，对板厚控制越有利。

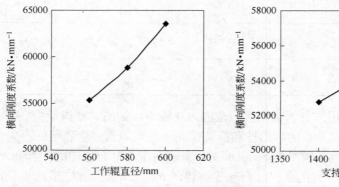

图 6-70   辊径对横向刚度系数的影响

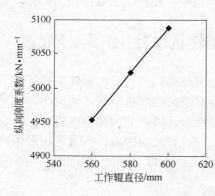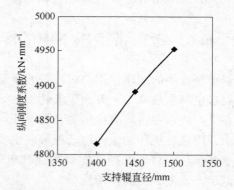

图 6-71   辊径对纵向刚度系数的影响

6.6.2   冷连轧机工作辊最大许用直径的确定

板带在轧制过程中，由于工作辊直接与其接触，工作辊的选择与所轧带钢的品种与规格是有密切联系的。目前，最小可轧厚度的理论按其推导依据主要有以下三类数学模型：第一类模型由于轧辊弹性压扁而不能继续压下，因此可将轧制压力公式与轧辊压扁公式联立求解出最小可轧厚度值，其计算公式有 Stone 公式、Ford-Alexander 公式、Roberts 公式、连家创公式、孙铁铠公式等。常以 Stone 公式为代表。第二类模型根据工作辊辊面压扁后两个轧辊中心线的接近量来表示最小可轧厚度。辊面局部弹性压扁值可利用弹性力学中二圆柱体相互压缩时产生的变形求得，其计算公式有 Hill-Langman 公式、Tong-Sachs 公式等。上述公式大部分都是引用 Hitchcock 接触弧长度公式，没有考虑轧件弹性变形对最小可轧厚度的影响。第三类模型考虑轧件弹性变形和压下率对最小可轧厚度的影响，能够满足冷轧工艺和生产率的要求，并符合冷轧最小可轧厚度实际过程的物理变化规律，其计算公式有胡锡增公式等。本节以第三类模型为基础，对冷连轧机的轧辊辊径配置问题进行了分析研究。

6.6.2.1 最小可轧厚度的数学模型

轧机最小可轧厚度是说明轧机极限工作条件的一个参数，它是轧辊在压力下产生局部弹性压扁后可能轧制的最小厚度。轧机最小可轧厚度是带钢厚度达到某一极限以后，再继续轧制也不能产生塑性变形，因而不能继续延伸，这时的带钢厚度称为最小可轧厚度。最小可轧厚度理论逐步形成了设计轧机时选定轧辊直径和为已有轧机确定产品规格范围的理论依据。

设 $m_0 = \mu_y \dfrac{l_0}{h_y}$，则：

$$h_1 = \left(\frac{\mu_y}{m_0}\right)^2 \frac{R\varepsilon(1-\varepsilon)}{\left(1 - \dfrac{2}{3}\varepsilon\right)^2}$$

式中，$h_y = \dfrac{h_0 + 2h_1}{3} = h_0 - \dfrac{2}{3}\Delta h$；$l_0 = \sqrt{R\Delta h}$；$\varepsilon$ 为压下率，$\varepsilon = \dfrac{\Delta h}{h_0} = \dfrac{h_0 - h_1}{h_0}$；$R$ 为轧辊半径；μ_y 为摩擦系数；h_0 为入口厚度；h_1 为出口厚度；h_y 为轧件平均厚度；l_0 为接触弧长。

由轧制压力简化解法公式可知：

$$m^2 = m_0^2 + m_a k_{np}\varphi_m(3e^m - m - 3)$$

式中，$\varphi_m = \dfrac{\sqrt{(1 + 2\psi)\left(1 + \dfrac{\nu_2\psi_0}{1 - \nu_1\psi_0}\right)}}{2\xi_1 + \sqrt{1 - \nu_1\psi}}$；$m_a = \dfrac{2\mu_y(1 - \nu_0^2)R}{h_y E}$；$m_0 = \dfrac{\mu l_0}{h_y}$；$m = \dfrac{\mu l}{h_y}$（$\psi$、$\psi_0$、$\nu_1$、$\nu_2$、$\xi_1$、$k_{np}$ 等所代表的参数见参考文献［131］）。

从 $m - m_0$ 关系曲线可以看出：在 $m_a k_{np}\varphi_m$ 一定的条件下，m_0 有一极大值 m_{0max}。当压下率 ε 一定时，则：

$$h_{1min} = \left(\frac{\mu_y}{m_{0max}}\right)^2 \frac{R\varepsilon(1-\varepsilon)}{\left(1 - \dfrac{2}{3}\varepsilon\right)^2}$$

6.6.2.2 最小可轧厚度的对比分析

表 6-12 为某 1700mm 冷轧机的典型轧制规程，图 6-72 为采用不同公式得到的冷连轧机各机架最小可轧厚度比较。可以看出，采用相同的轧制规程，在不考虑带钢压下率的情况下，由 Ford-Alencmder 等公式所计算的冷连轧机各机架带钢的最小可轧厚度随着机架号

表 6-12　轧制规程

机架号	入口厚度/mm	出口厚度/mm	压下率/%	后张力/MPa	前张力/MPa
s1	4.25	3.29	22.6	50	102
s2	3.29	2.47	24.9	102	128
s3	2.47	1.93	21.9	128	161
s4	1.93	1.58	18.1	161	161
s5	1.58	1.50	5.1	161	75

的增大而增大，即 s1 的最小，s5 的最大；因此在不考虑带钢压下率的情况下，冷连轧机最小可轧厚度的机架应以 s5 为基准；而在考虑带钢压下率的情况下，冷连轧机各机架带钢的最小可轧厚度随着机架号的增大先增大后减小，s1 的最小，s4 的最大；因此在考虑带钢压下率的情况下，冷连轧机最小可轧厚度计算的基准机架前移。

6.6.2.3　最大许用直径的确定

不考虑带钢压下率（以 Stone 公式为代表）和考虑带钢压下率的工作辊最大许用直径，可以分别表示为：

$$D_{max} = \frac{3.58\mu(k - \sigma)h_{min}}{E}$$

$$D_{max} = \frac{2m\left(1 - \frac{2}{3}\varepsilon\right)Eh_{min}}{k_{np}\left[\varphi'_m(3e^m - m - 3) + \varphi_m(3e^m - 1)\right]\mu_y(1 - \nu_0^2)}$$

从图 6-73 可以看出，不考虑压下率的情况下，冷连轧机各机架最大许用直径随轧机机架次号的增大而减小，且 s1 的直径超过 s5 的直径 50% 以上，造成了现场生产的使用困难。而考虑压下率的情况下，冷连轧机各机架最大许用直径 s1 和 s5 较为接近，而 s2、s3 和 s4 较为接近，为现场的实际生产带来方便。

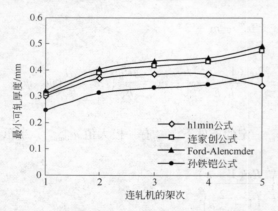

图 6-72　冷连轧机各机架最小可轧厚度比较

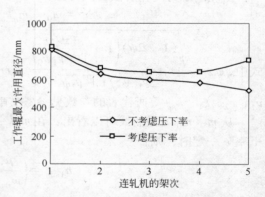

图 6-73　冷连轧机各机架最大许用直径比较

6.6.3　配辊方案应用

五机架冷连轧机轧辊配置见表 6-13。

表 6-13　五机架冷连轧机轧辊配置

机架号	s1	s2	s3	s4	s5
辊径范围/mm	610~600	540~610	550~610	560~610	610~600
配对辊径差/ mm	≤3	≤7	≤7	≤7	≤3

通过以上配辊方案使用可以看出：

（1）提高了冷连轧机 s1 和 s5 机架的轧制力纵向刚度和横向刚度，有利于消除冷轧来料带钢厚度和板形扰动，提高冷轧成品带钢的厚度和板形精度；

（2）易于冷连轧机来料的咬入，提高冷轧带钢出口轧制速度；

（3）配辊方案将冷连轧机工作辊辊径按机架分成两个部分；易于现场工作辊配辊的实现。

6.7 综合测试分析

6.7.1 生产轧机概况

武钢冷轧薄板厂的1700mm五机架冷连轧机组系从德国SMS公司引进的成套设备，1978年9月建成投产。拥有连续酸洗、五机架冷连轧、罩式炉光亮退火、单机架平整、双机架平整、连续热镀锌、连续电镀锡、钢板纵、横剪等15条生产线。1984年从英国引进了具有80年代水平的彩色涂层钢板生产线，1987年从联邦德国引进了一条专为轧制镀锡原板的HC轧机作业线。1990年又从联邦德国引进一条镀锡板的纵、横剪切线和两台翁格尔冷轧板飞剪机。1996年由美国AEG（Westinghouse）公司完成了过程控制计算机的技术改造，1996~1998年引进ABB公司的板形控制系统，第五机架后新增了ABB板形仪。武钢1700mm冷连轧机于2004年3月完成了以酸轧联机为主要内容的技术改造，如图6-74所示。改造后的轧机主要工艺参数为：

轧辊尺寸：工作辊（第1机架）：ϕ610/ϕ600mm×1700/1900mm

（第2~第4机架）：ϕ610/ϕ540mm×1700mm

（第5机架）：ϕ610/ϕ600mm×1900mm

支持辊（第1~第5机架）：ϕ1525/ϕ1400mm×1700mm

图6-74 武钢1700mm冷连轧机现场图

具体的轧辊配置表如表6-14所示。

最大轧制力：2500kN

最大轧制速度：23.5m/s

工作辊弯辊力：工作辊（第1~第5机架）：−500~+500kN/侧

表 6-14 武钢 1700mm 五机架冷连轧机轧辊配置

	机架	s1	s2	s3	s4	s5
工作辊	辊径/mm	$\phi600\sim610$	$\phi540\sim610$	$\phi550\sim610$	$\phi560\sim610$	$\phi600\sim610$
	配对辊径差/mm	≤3	≤7	≤7	≤7	≤3
	凸度/mm	0.07	0.07	0.07	0.07	0.07
	粗糙度/μm	2.0~2.5 (80~100)	0.75~1.0 (30~40)	0.75~1.0 (30~40)	0.75~1.0 (30~40)	2.0~2.5 (80~100)
	辊身硬度 HS（D）	85~94	85~94	85~94	≥90	≥90
	辊面要求	不允许有网纹、磨烧、压痕、划伤、锈蚀等缺陷并进行探伤检查				
	护板安装	护板不与下辊辊面接触，不高于上辊辊面				
	换辊	当轧辊辊面出现损伤，带钢表面出现严重橙皮现象及换计划时应换辊				
支持辊	辊径使用范围/mm	$\phi1525\sim1400$				
	凸度/mm	0.07				
	粗糙度/μm	0.75~1.0（30~40）				
	辊身硬度 HS（D）	60~65				
	辊面要求	不允许有网纹、磨烧、压痕、划伤、锈蚀等缺陷				
	换辊	辊面损伤严重，应更换轧辊				

工作辊窜辊量：工作辊（第 5 机架）：±100mm（上工作辊往操作侧方向窜动为正，反之为负）。

冷轧来料厚度范围：6.0~2.5mm；

成品厚度范围：3.0~0.32mm；

带宽范围：825~1570mm；

年产量：150 万吨。

6.7.2 测试仪器

（1）HY-301S 接触式测温计。

测量范围：–15~150℃；测量精度：1℃；

特点：该测温计具有操作方便、测量精度高的特点，可用于静态测量轧辊表面温度。

（2）PX-7DL 超声波测厚仪。

带钢横向厚度资料测量采用的是美国 DAKOTA ULTRASONICS 公司精密超声波测厚仪 PX-7DL，该设备的技术指标如下：

测量范围：0.15 ~ 25.40mm，英制/公制可选择；分辨率：20.00mm 以下时为 0.001mm；20.00mm 以上时为 0.01mm；声速范围：1250~10000m/s；测量模式：回波-回波模式、接口-回波模式、对单点测量每秒可读 4 次、扫描模式每秒可读 16 次；显示：4.5 位数字液晶显示屏（LCD），背光可选；外壳：挤压铝制外壳，底盖为镍板镀铝，防止碰伤，环保封装；尺寸：63.5mm×114.3mm×31.5mm；工作温度：–30 ~

50℃；电源：2 节 1.5V 碱性或 1.2V 镍镉电池（AA），碱性电池最多可用 200h，镍镉电池可用 130h。

对横截面进行测量时采样点间距（单位：mm）如图 6-75 所示。

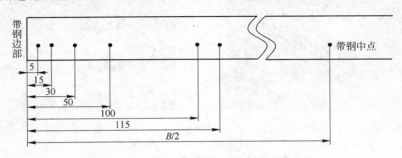

图 6-75　带钢横截面厚度测量采样间距

边降定义为距带钢边部 15mm 和 100mm 处带钢厚度之差，这两个采样点必须有；目前进行边降控制的无取向硅钢在后续工艺中要每侧剪边 15mm，提交用户时以剪边后的带钢边降为考核基准，30mm 和 115mm 两点也必须有；为了分析带钢凸度，增加了带钢中点厚度；为了研究冷轧带钢边降区域的变化情况，特别是边降控制后边降区是否依然存在，故而增加了距边缘 5mm 的点；为了考察带钢边部"超厚"出现的区域，增加了距边缘 50mm 的点，以区分超厚产生原因的类型。

6.7.3　轧辊辊形的加工

板带在轧制过程中，由于轧机的工作辊直接作用于轧件，相当于机床的刀具。工作辊辊形是影响和控制板形最直接、最灵敏的因素，又是最活跃的因素，其新的辊形只需通过磨辊就能实现。因此带钢的最终产品质量和轧机板形控制的稳定性是与工作辊辊形的加工精度密切相关，所以磨床的加工能力与精度就显得更为重要。

武钢 1700mm 冷连轧机的工作辊的磨削加工主要是由意大利的 POMINI 数控磨床和德国的 HERKULES 数控磨床来完成的，如图 6-76 和图 6-77 所示。POMINI 磨床是 2003 年武钢 1700mm 冷连轧机进行"酸轧联机"改造时引进的，主要用于磨削 SmartCrown 工作辊和单锥度工作辊。为了满足生产需要，武钢于 2006 年 8 月又引进了 HERKULES 磨床，主要用于磨削 CVTR 工作辊和 SmartCrown plus 工作辊等。POMINI 数控磨床结构设计是导轨采用静压导轨、砂轮主轴采用液压轴承、主传动部件可以迅速地拆卸和更换、微米进给机构技术、集对轧辊的监测（偏心、圆度、圆跳动、锥度、尺寸、探伤）于一体的在线测量装置、自动砂轮动平衡装置。POMINI 磨床控制是基于 CNC 技术，在程控中大量采用数字控制取代逻辑控制，利用技术数据及质量控制反馈方式来精确地控制磨床的磨削。CNC 控制十几个轴向动作并检测整个管理工作程序，PLC 和 CNC 系统相融，控制和修改磨床的逻辑操作，用 PC 机制作报告、记录数据和存储数据，并与上一级的 CNC 系统联系。检测数据与通讯命令相连，通过 PC 与 CNC 联系。采用精密定位误差补偿技术：微米级精度补偿的方式，保证最终误差补偿精度稳定的伺服系统设计，能补偿微米精度差。POMINI 磨床的磨削加工性能参数如表 6-15 所示。

图 6-76   意大利 POMINI 数控磨床

图 6-77   德国 HERKULES 数控磨床

表 6-15   POMINI 磨床的磨削加工性能参数

轧辊类型	双机架 工作辊	冷连轧 工作辊	冷连轧 工作辊	单机架 工作辊	HC 轧机 工作辊	HC 轧机 中间辊
最大辊径/mm	$\phi610$	$\phi610$	$\phi610$	$\phi660$	$\phi420$	$\phi470$
辊身全长/mm	1420	1700	1900	1700	1250	1250
曲线类型	Sin0. 15	CVC0. 5	单锥度	Sin0. 1	平 辊	特殊辊
粗糙度 R_a/μm	0. 025~0. 05	0. 16~0. 32	0. 16~0. 32	0. 16~0. 32	0. 16~0. 32	0. 16~0. 32
圆度/mm	0. 001	0. 001	0. 001	0. 001	0. 001	0. 001
直线度 /mm·m^{-1}	0. 001	0. 001	0. 001	0. 001	0. 001	0. 001
形状度 /mm·m^{-1}	±0. 001	±0. 001	±0. 001	±0. 001	±0. 001	±0. 001

当工作辊辊形进行磨削时，首先是辊形自动检测仪从尾架开始进行自动扫描来检测辊形，并与磨削的标准辊形各点进行对比来计算磨削量一边确定磨削参数，给出误差补偿，然后砂轮从轧辊中部进给，待砂轮接触轧辊后砂轮开始向尾架缓慢移动，然后沿辊身方向循环往复进行磨削。磨削工艺分为以下工序：粗磨、半精磨和精磨等，每道工序结束后都要对辊形进行检测以便给出误差补偿量。

HERKULES 磨床的磨削精度与 POMINI 磨床相近，但是在辊形加工方式和误差补偿方面上两者有所区别。POMINI 磨床具有误差补偿功能，磨削过程中在每次辊形检测完毕之后都可以与标准辊形进行对比计算得出辊形偏差量，并在下一道次磨削中自动调整各个进给量，不需人工调整。但 POMINI 磨床只能在每道次磨削完成之后才能进行辊形检测，这种方式在磨削单锥度辊和 CVTR 辊等大锥度的特殊辊形时，其磨削能力相对较弱。对于 HERKULES 磨床来说，其缺少辊形误差自动补偿功能，但是它采用了随动辊形检测功能，即在辊形磨削的同时进行辊形检测，每道次磨削完成都会输出辊形偏差值，方便操作人员手动调整电流参数和横向进给速度参数，因此其对特殊辊形的磨削能力更强些。由于武钢第一冷轧厂采用了磨削精度较高的 POMINI 磨床和 HERKULES 磨床，所以，武钢 1700mm 冷连轧机的单锥度工作辊、CVTR 工作辊和 SmartCrown plus 工作辊等特殊辊形的工作辊的磨削精度得到了有力保证。

6.7.4 工作辊综合测试

6.7.4.1 SmartCrown 工作辊辊形测量

现场测试中，对冷连轧机第 5 机架 SmartCrown 工作辊辊形进行了测量和数据采集，记录了 54 对 SmartCrown 辊上机前和下机后的辊形数据。辊形测量采用磨床辊形测量仪完成，测量时沿辊身长度方向每隔 25mm 取点测量，以保证真实反映辊形变化曲线。同时采集到的信息有数据采集时间、每对轧辊的上机前磨削时间、在线生产使用时间、下机后的检测时间、轧制量和辊号等。图 6-78 给出了 12 对 SmartCrown 辊服役前后的相对磨损量图。

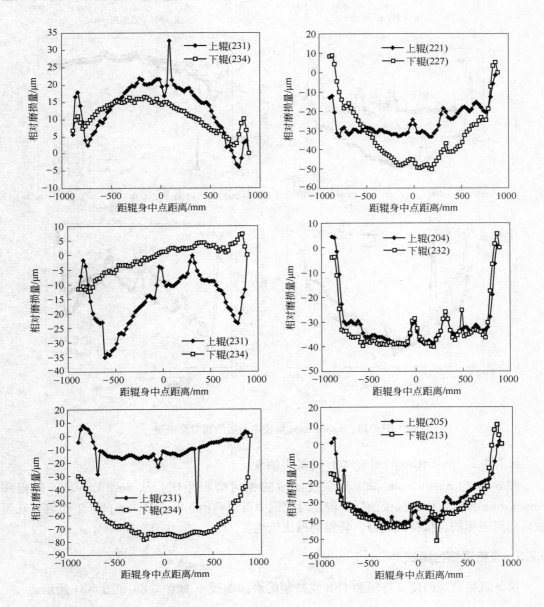

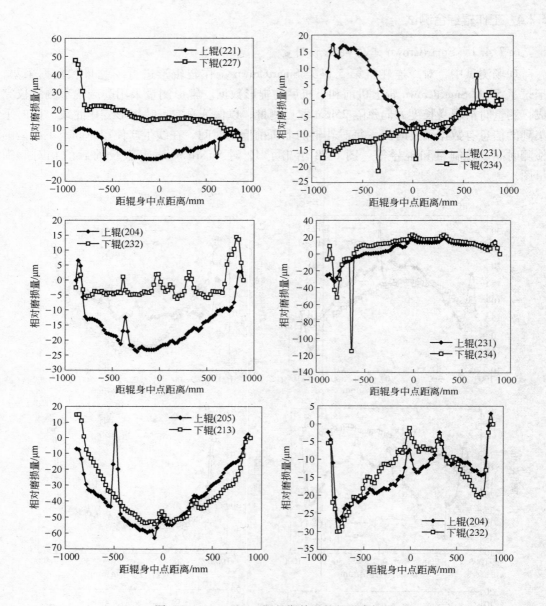

图 6-78　SmartCrown 服役期前后的相对磨损量

6.7.4.2　SmartCrown plus 工作辊辊形测量

图 6-79 为 SmartCrown plus 辊服役前后的相对磨损量图。从 SmartCrown 工作辊和 SmartCrown plus 工作辊服役前后的辊形对比图中可以看出：SmartCrown plus 工作辊在轧辊服役前后辊形的自保持性良好，轧辊磨损比较均匀。

6.7.5　支持辊综合测试

第 5 机架常规凸度支持辊和 FSR 支持辊的磨损曲线，如图 6-80 和图 6-81 所示。

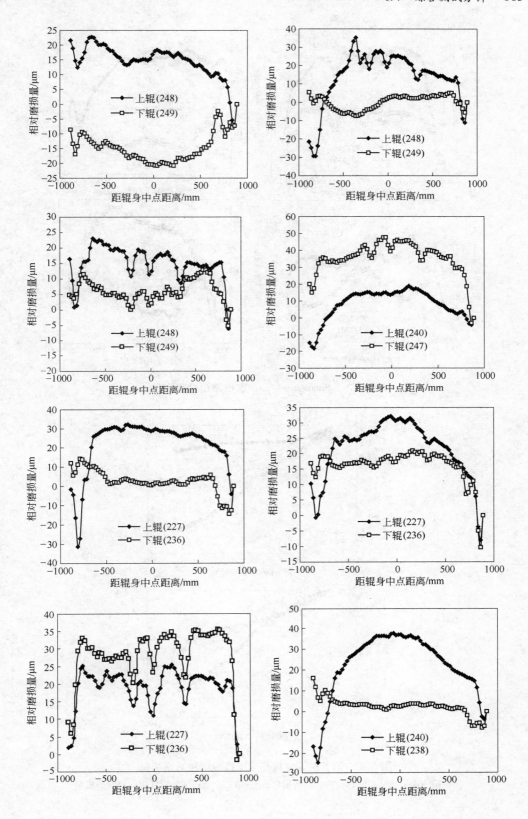

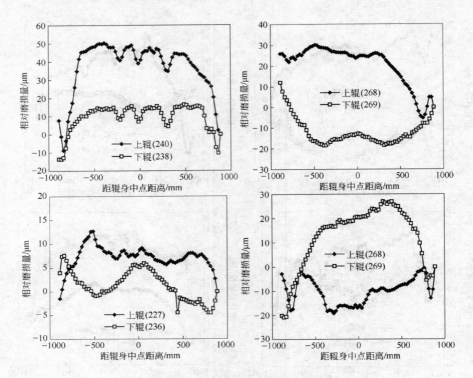

图 6-79 SmartCrown plus 服役期相对磨损量

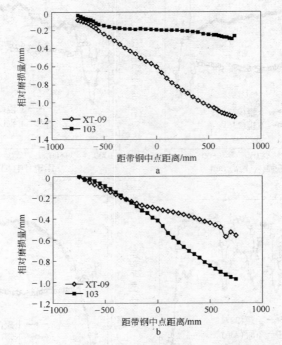

图 6-80 第 5 机架常规凸度支持辊的相对磨损量

a—第一次上机试验后轧辊的相对磨损量；b—第二次上机试验后轧辊的相对磨损量

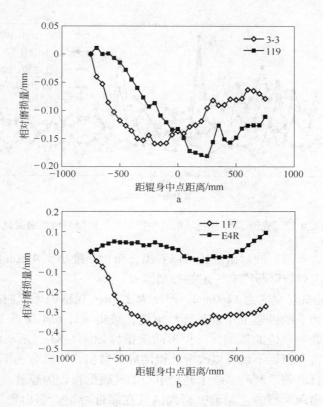

图 6-81　第 5 机架 FSR 支持辊的相对磨损量

a—第一次上机试验后轧辊的相对磨损量；b—第二次上机试验后轧辊的相对磨损量

由图 6-80 可以看出：1700mm 冷连轧机第 5 机架 SmartCrown plus 工作辊在配套使用常规凸度支持辊轧制带钢时，其支持辊下机后轧辊磨损严重且不均匀，磨损量沿辊身长度方向可达 1.2mm；而由图 6-81 可以看出，在使用 SmartCrown plus 和 FSR 配套使用后，支持辊下机后轧辊磨损较为均匀且磨损量较小，使用 FSR 后效果明显。

6.7.6　带钢横向厚度的测量

6.7.6.1　冷轧原料横截面形状跟踪测量

武钢 1700mm 冷连轧机的原料主要来自武钢 2250mm 热连轧机和 1700mm 热连轧机的热轧卷，有必要对冷轧原料进行跟踪测试，以便生产出板形质量更好的冷轧成品。

针对 2250mm 热连轧机进行轧制实验，共轧制无取向硅钢 41 块，分别统计带钢的横截面参数，如图 6-82 所示。

由图中可以看出，在轧辊服役初期，随着带钢轧制块数的增多，带钢的中心凸度（C100）和整体凸度（C25）较大且变化有异常，第 16 卷带钢的中心凸度和整体凸度分别可达 157.25μm 和 179.5μm。这说明 2250mmCVC 热连轧机上在对无取向硅钢进行轧制过程中，在轧制服役初期由于轧辊的不均匀磨损、热凸度及弹性压扁等原因造成轧制设备运行不够稳定，导致带钢中心凸度较大。同时可以看出，在整个轧制过程中，边降值变化不大，这说明 CVC 热连轧机在窜辊过程中，对边降的控制能力基本不变，也就是说，其

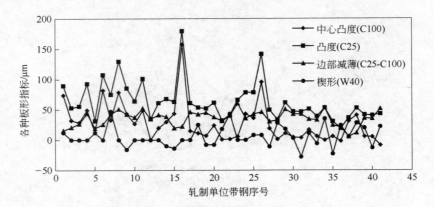

图 6-82   武钢 2250 热连轧机轧制硅钢单位内带钢横截面参数

对带钢边降控制能力有限。同时由统计可以看出，带钢凸度小于 45μm 的约为 63.4%，所以 2250mm 热连轧机对带钢凸度有一定的控制能力。

1700mm 热连轧机对宽度为 1280mm、厚度为 2.3mm 规格的无取向硅钢进行轧制，采用常规凸度工作辊和下游机架工作辊长行程窜辊，采集统计 654 块近 145000 吨宽规格无取向硅钢。取一个轧制单位的带钢，其板形质量指标如图 6-83 所示。由图可以看出，由于采用了工作辊长行程窜辊不仅可以改善轧辊的局部磨损，同时有利于降低带钢凸度和边降。热连轧机在进行硅钢轧制时，一个轧制单位的轧辊磨损较为显著，特别是在轧制后期轧辊磨损更严重，出现典型的"箱形"磨损区且在靠近带钢边部出现局部"猫耳朵"现象的磨损，造成了对带钢凸度和控边降制能力下降。

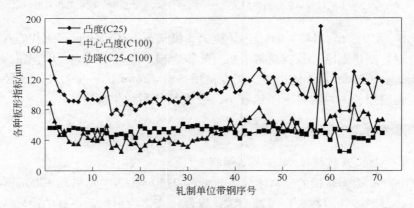

图 6-83   武钢 1700mm 热连轧机应用常规凸度工作辊轧制一个单位内带钢横截面参数

1700mm 热连轧机下游机架工作辊在采用 ASR 工作辊后，轧制单位内的板形质量指标如图 6-84 所示。由图中可以看出，轧制单位内带钢中心凸度（C100）、边降（C25-C100）、整体凸度（C25）保持相对稳定轧制，有利于轧制单位的扩大和带钢整体板形质量的提高和控制。

马钢 1720mm 冷连轧机的原料主要来自马钢 CSP 1800mm 热连轧机所轧带钢，并对冷轧原料进行跟踪测试。由图 6-85 可以看出，马钢 CSP1800mm 热连轧机由于采用了 CVC

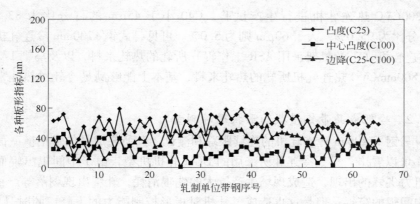

图 6-84　武钢 1700mm 热连轧机应用 ASR 工作辊轧制一个单位内带钢横截面参数

板形控制技术，所轧带钢各板形质量指标（中心凸度（C100）、边降（C25-C100）、整体凸度（C25））变化较大。

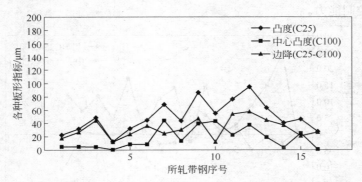

图 6-85　马钢 1800 热连轧机所轧带钢横截面参数

四种轧制方法的 C40 分布情况见表 6-16。

表 6-16　四种轧制方法的 C40 分布情况　　　　（%）

机　型	C40			
	≤45μm	45~52μm	52~60μm	>60μm
武钢 1700mm 常规辊	50	17.4	12.4	20.2
武钢 1700mmASR 辊	86.2	8.4	4.0	1.4
武钢 2250mmCVC 轧机	63.4	12.2	9.8	14.6
马钢 1800mmCVC 轧机	82.5	6.25	6.25	5.0

由表 6-16 可以看出，武钢 1700mm 热连轧机采用常规工作辊轧制无取向硅钢时，板形控制能力相对较弱，符合厂方考核指标 C40 小于 45μm 的百分比为 50%，小于 60μm 的百分比为 79.8%，而大于 60μm 为 20.2%，且在轧制第 25 卷以后带钢板形控制比较困难；而使用 ASR 辊后，C40 小于 45μm 的百分比提高到 86.2%，小于 60μm 的百分比提高到 98.6%，相应大于 60μm 则降为 1.4%；而在武钢 2250 CVC 热连轧机进行生产试验，C40 小于 45μm 的百分比为 63.4%，小于 60μm 的百分比为 85.4%，大于 60μm 则为 14.6%。

马钢 CSP1800CVC 热连轧机进行生产试验，C40 小于 45μm 的百分比为 82.5%，小于 60μm 的百分比为 95.0%，大于 60μm 则为 5.0%。可见，武钢 1700mm 冷连轧机采用武钢 1700mm 热连轧机（下游机架采用 ASR 工作辊）所轧的热轧来料，以及马钢 1720mm 冷连轧机采用 1800mmCVC 热连轧机所轧的热轧来料，基本上能够满足冷轧对热轧来料板形质量的要求。

6.7.6.2 冷轧成品带钢横截面形状跟踪测量

通过对马钢 1720mm 冷连轧机的连续跟踪和测试，其所轧成品的带钢横截面参数如图 6-86 所示。可以看出，马钢冷连轧所采用的 UCM 轧机机型，由于中间辊窜辊而造成非常大的辊间压力尖峰的出现，造成现场生产巨大的轧辊消耗，轧辊出现剥落等严重问题，不得不减小中间辊的窜辊，但是这也造成了轧机对板形控制能力的下降，同时马钢 1720mm 冷连轧机采用的 UCM 轧机机型，工作辊无锥度，不具备工作辊窜辊功能，所以对带钢边降的控制能力受到了限制。可以根据本章对六辊冷连轧机机型配置的分析进行辊型优化配置，不用进行较大改造，即可以克服由于过大辊间压力尖峰给板形控制带来的困难，增强轧机对板形的控制能力。

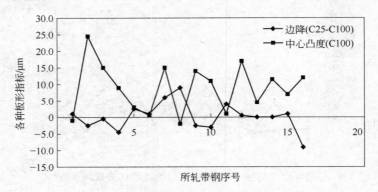

图 6-86 马钢 1720mm 冷连轧机所轧带钢横截面参数

通过对武钢 1700mm 冷连轧机的连续跟踪和测试，其所轧成品的带钢横截面参数如图 6-87 所示。经过分析发现：针对 1700mm 冷连轧机生产的无取向硅钢，当热轧来料 C_e/H 为 0.008478，C_s/H 为 0.004483；冷轧成品 C'_e/H' 为 0.0065，C'_s/H' 为 0.0035，可得：

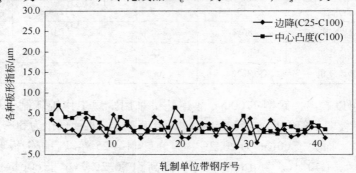

图 6-87 武钢 1700mm 冷连轧机轧制一个单位内带钢横截面参数

$$(C_e/H)/(C'_e/H') = 1.304 > 1.0$$
$$(C_s/H)/(C'_s/H') = 1.281 > 1.0$$

式中，C_e 为对于热轧来料中心凸度取距带钢边部 115mm 处；C'_e 为对于冷轧成品中心凸度取距带钢边部 100mm 处；C_s 为对于热轧来料边降取带钢边部 115mm 到 40mm 处；C'_s 为冷轧成品边降取带钢边部 100mm 到 25mm 处（考虑到带钢 15～20mm 的切边量，热轧来料和冷轧成品取值有所不同）；H 为热轧来料厚度；H' 为冷轧成品厚度。

　　由此可以分析出，在武钢 1700mm 冷连轧机轧制过程中，带钢中心比例相对凸度和带钢边部比例相对凸度都偏离 1.0 很多，但实际上未引起瓢曲，说明在四辊冷连轧机门户机架配置使用 CVTR 工作辊（或单锥度工作辊）和配套 VCR 变接触支持辊进行板带轧制时，该辊型配置增大了轧机辊缝横向刚度，可以允许门户机架单位板宽轧制压力在大范围内调节，以提高轧机的消化和适应能力，为实现带钢凸度和平坦度解耦控制创造了条件，增强了轧机对带钢凸度和边降的控制能力。成品机架采用 SmartCrown plus 工作辊和 FSR 支持辊的辊型配置，可以增强轧机对轧制过程中出现的各种浪形的控制能力；中间机架采用 VCR 变接触支持辊，可以避免在轧制薄规格品种时上下工作辊辊端之间发生"压靠现象"，从而保持轧制过程的稳定性。通过对武钢 1700mm 冷连轧机不同机架轧制特点的分析研究并提出改进方案，这种国内首次采用窜辊机架和普通机架混合布置的特定轧机机型适应现场生产的特点，满足对板形质量控制的要求。

7   2180mm 六辊冷连轧机组工艺改进

2000 年之前，国内除宝钢 2030mm 冷连轧机外，其他冷轧机组的工作辊辊身长度都在 1800mm 以下。近年来，我国新建成多套冷连轧机，其中一些轧机的可轧制宽度在 1800mm 以上，被称为超宽带钢冷连轧机（简称为超宽轧机）。见表 7-1。

表 7-1   近年来我国新建成冷连轧机一览表

机 组	建成时间	产品宽度 / mm	年产量/万吨
宝钢 1800	2004	800～1750	170
邯郸 1780	2004	930～1680	137
武钢 2180	2005	800～2080	215
包钢 1780	2005	800～1680	143
鞍山 2130	2006	1000～1980	200
首钢 1970	2007	900～1870	150

武钢冷轧厂二冷轧于 2005 年年底投产，主要工艺机组包括酸洗-轧机联合机组（PL-TCM）1 条、连续退火机组（CAL）1 条、热镀锌机组（CGL）3 条、彩色涂层机组 1 条等。其中酸洗-连轧机组装备了目前我国辊身长度最长，所轧带钢宽度最大的全连续轧机，可以生产最薄 0.3mm，宽至 2080mm 的带钢，设计年产量为 215 万吨。其产品定位主要立足于轿车用板、家电用板、镀锌板卷、彩涂板卷、高深冲性能冷轧板、高强度冷轧板等品种。整套机组机械部分由德国西马克-德马克公司（SMS-Demag）设计制造，部分部件由中国一重生产，控制部分由西门子（Siemens）公司引进。

7.1   酸洗-联轧机组工艺流程

武钢 2180mm 酸洗-联轧机组于 2005 年年底投产，设计年产量为 215 万吨。该机组工艺流程由开卷、酸洗、剪边、轧制四个部分组成，如图 7-1 所示。

开卷工序配备有 2 台开卷机、2 台 7 辊矫直机、1 台 Miebach 的 HSL21 型激光焊机，主要负责将钢卷打开、展平，焊接后送入入口活套。酸洗工序用于清理带钢表面铁锈等杂质，配备有 3 段酸槽（盐酸）、热循环系统、烘干系统、排雾系统、废水收集系统等。剪边工序的主要设备有圆盘剪、月牙剪、碎边剪、废料输送皮带等。

轧机是轧制工序的主要设备，由德国 SMS&Demag 公司负责设计和主要设备制造，部分设备由中国一重制造，控制系统由 Siemens 公司提供，见图 7-2。该轧机是我国"十五"期间唯一可以轧制 2000mm 以上带钢的轧机。其采用五机架六辊机型，可以轧制宽度在 800mm 至 2080mm，来料厚度在 1.5～6.0mm，重量在 38 吨以下的热轧低碳钢、超低碳钢及高强度钢等，轧制成品厚度在 0.3～2.5mm 之间。轧机能够实现带钢动态变规格，包括

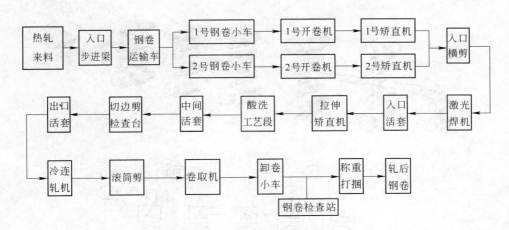

图 7-1 酸洗-联轧机组工艺流程图

材质、宽度和厚度的变规格。轧制后的带钢由卡洛塞尔卷取机卷成钢卷,当卷重或带钢长度达到所规定的值后,由滚筒剪进行剪切分卷。分卷后的钢卷经卸卷小车送至出口步进梁,经称重、打捆后送至轧后库,经钢卷库吊车吊运到轧后库存放,待后处理机组使用。

图 7-2 2180mm 冷连轧机生产现场

2180mm 轧机也是我国目前最为先进的冷轧机组,可以对带钢厚度、板形及边降进行实时控制,见图 7-3。在厚度控制方面,该轧机在第 1 机架前后、第 5 机架前后装有 X 射线测厚仪,并采用了厚度反馈控制。在板形控制方面,该轧机具有如下特点:

(1)具有丰富板形控制手段。各机架均具有压下倾斜、工作辊弯辊、中间辊弯辊和中间辊窜辊四种板形控制手段,第 5 机架还配备有分段冷却手段。

(2)具有板形闭环控制系统。第 1 和第 5 机架后分别配备了接触式应力测量辊和 SI-FLAT 非接触式板形仪,板形闭环控制系统能够利用板形仪的测量值进行闭环控制,自动对上述手段进行调节。

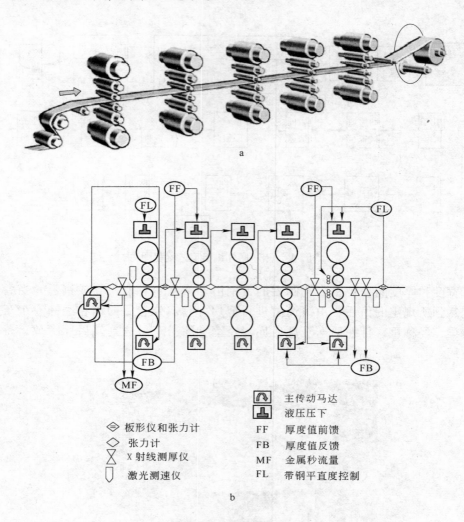

图 7-3　2180mm 轧机控制系统组成

a—轧机控制系统示意图；b—冷连轧机示意图

该轧机的主要技术参数见表 7-2。

表 7-2　轧机主要技术参数

设备名称	轧 辊 尺 寸			轧制速度 /m·s⁻¹	最大轧制力/kN	入/出口张力/kN
	工作辊/mm×mm	中间辊/mm×mm	支持辊/mm×mm			
s1	φ950/820×2180	φ1500/1370×2580	φ1465/1300×2140	1.19/3.57	44000	330/1000
s2	φ950/820×2180	φ1500/1370×2580	φ1500/1370×2140	1.19/3.57	44000	1000/1000
s3	φ750/660×2180	φ1500/1350×2580	φ1500/1350×2140	2.15/6.31	42000	1000/800
s4	φ750/660×2180	φ1500/1350×2580	φ1500/1350×2140	3.00/8.81	42000	800/800
s5	φ620/540×2180	φ1500/1350×2580	φ1500/1350×2140	5.71/16.23	32000	800/130

7.2 酸洗-联轧机组的主要工艺设备对比

酸洗-联轧机组的主要工艺设备对比见表7-3。

表 7-3 酸洗-联轧机组的主要工艺设备对比

机组 工艺设备		武钢 2180mm	宝钢 1800mm	宝钢 1550mm
供货厂商	机械设备	西马克-德马克	三菱日立	三菱日立
	电气设备	西门子	日立电气	日立电气
产品品种规格	机组年产量	235.8 万吨	185.7 万吨	106 万吨
	产品品种	低碳钢、高强钢 最高强度：800MPa	低碳钢、高强钢 最高强度：600MPa	低碳钢、高强钢、电工钢 最高强度：600MPa
	带钢厚度	0.30~2.50mm	0.30~2.00mm	0.30~1.60mm
	带钢宽度	800~2080mm	800~1730mm	800~1430mm
主要设备技术特点	轧机类型	第1~第5机架：6H-CVC/ESS 中间辊3次CVC辊形、中间辊边部加强动态窜辊、工作辊动态窜辊及EDC工作辊	第1~第5机架： 6H-UCM 中间辊动态窜辊	第1~第5机架： 6H-UCMW 中间辊动态窜辊 工作辊动态窜辊
	轧机技术特点	自动焊缝跟踪 自动厚度控制（AGC） 自动平直度控制（AFC） 动态变规格（FGC） 边降自动控制（EDC）	自动焊缝跟踪 自动厚度控制（AGC） 自动平直度控制（AFC） 动态变规格（FGC）	自动焊缝跟踪 自动厚度控制（AGC） 自动平直度控制（AFC） 动态变规格（FGC） 边降自动控制（EDC）
	酸洗技术特点	自动酸洗工艺模型控制技术	无	无
	轧机工作辊弯辊及窜动	工作辊正负弯辊及轴向窜动，伺服控制	工作辊正负弯辊，无窜动，比例控制	工作辊正负弯辊及轴向窜动，比例控制
	轧机中间辊弯辊及窜动	中间辊正负弯辊及轴向窜动，伺服控制	中间辊正弯辊及轴向窜动，比例控制	中间辊正弯辊及轴向窜动，比例控制

续表 7-3

工艺设备	机组	武钢 2180mm	宝钢 1800mm	宝钢 1550mm
主要仪表设置	X 射线测厚仪边降仪	酸洗部分：无 轧机部分： 第 1 机架前带中部测厚的边降仪 1 台 第 1 机架后、第 5 机架前测厚仪各 1 台 第 5 机架后测厚仪 1 台和带中部测厚的边降仪 1 台 机组总计：测厚仪 3 台；带中部测厚的边降仪 2 台	酸洗部分：无 轧机部分： 第 1 机架前测厚仪 1 台 第 1 机架后、第 5 机架前测厚仪各第 1 台 第 5 机架后测厚仪 2 台 机组总计：5 台	酸洗部分：头部测厚仪 2 台 轧机部分： 第 1 机架前凸度仪 1 台，测厚仪 1 台 第 1 机架后、第 5 机架前测厚仪各 1 台 第 5 机架后测厚仪 1 台和带中部测厚的边降仪 1 台 机组总计：测厚仪 6 台；带中部测厚的边降仪 1 台；凸度仪 1 台
	板形仪	第 5 机架后无接触式板形仪 1 台，与第 5 机架工作辊的精细冷却系统形成板形控制闭环 第 1 机架后接触式板形仪 1 台，用于带钢横向张力分布测量，实现带钢横向张力（尤其在边降控制中的带钢边部张力）的预控及监控、板形闭环控制，预防机架间断带	第 5 机架后接触式板形仪 1 台，与第 5 机架工作辊的精细冷却系统形成板形控制闭环	第 5 机架后接触式板形仪 1 台，与第 5 机架工作辊的精细冷却系统形成板形控制闭环
	张力仪	酸洗部分：4 套 轧机部分：第 1 机架前及第 1 机架~第 5 机架后各 1 套，共计 6 套 机组总计：10 套	酸洗部分：2 套 轧机部分：第 1 机架前及第 1 机架~第 5 机架后各 1 套，共计 6 套 机组总计：8 套	酸洗部分：2 套 轧机部分：第 1 机架前及第 1 机架~第 5 机架后各 1 套，共计 6 套 机组总计：8 套
	激光测速仪	第 1 机架前后，第 5 机架前后，共计 4 台	第 2~第 5 机架后，共计 4 台	第 1~第 5 机架后，共计 5 台

7.3 中间辊 CVC 辊形曲线

为了调整辊缝形状来控制板形，德国西马克 SMS 公司开发了连续变凸度 CVC 板形控制技术，其核心是 CVC 辊形。CVC 辊形首先使用在四辊轧机的工作辊上，后来将其应用到六辊轧机的中间辊上。上辊辊形曲线半径函数可以用多项式表示为：

$$y_{t0}(x) = R_0 + a_1 x + a_2 x^2 + a_3 x^3$$

式中，R_0 为轧辊名义半径；x 为轧辊轴向坐标；a_1、a_2、a_3 均为辊形系数。

图 7-4 为 2180mm 冷连轧机中间辊所采用的 CVC 辊形曲线。图 7-5 为 2180mm 冷连轧机 CVC 中间辊空载等效凸度与窜辊量的关系。可以看出，CVC 中间辊的直径辊径差约为 1.5mm。CVC 中间辊空载等效凸度与窜辊量成线性变化关系。中间辊在窜辊过程中，其

轧辊的等效凸度变化为 1.1mm。

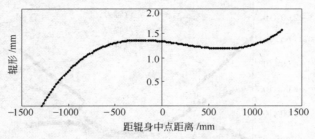

图 7-4　中间辊 CVC 辊形曲线

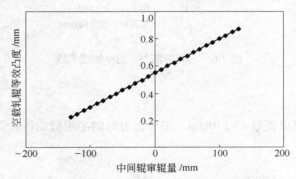

图 7-5　中间辊 CVC 辊形等效凸度与窜辊量的关系

7.4　板形调控特性分析

7.4.1　不同弯辊力

图 7-6a 为板宽为 1040mm、工作辊窜辊量 $s = 130$mm、平均轧制力 $q = 48533.33$kN/mm 时的半辊缝曲线；图 7-6b 为板宽为 1040mm、工作辊窜辊量 $s = 0$mm、平均轧制力 $q = 48533.33$kN/mm 时的半辊缝曲线。可以看出，作为主要板形控制手段的工作辊弯辊力和中间辊弯辊力，可以有效地改变承载半辊缝的形状。

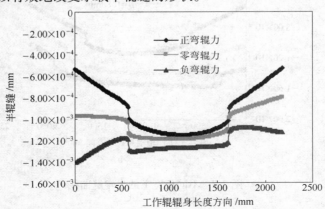

a

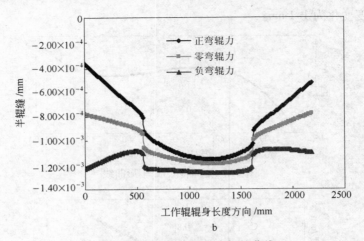

图 7-6　不同弯辊力下的半辊缝曲线

7.4.2　不同板宽

图 7-7a 为工作辊窜辊量 s = 130mm、零弯辊力时的半辊缝曲线；图 7-7b 为工作辊窜辊

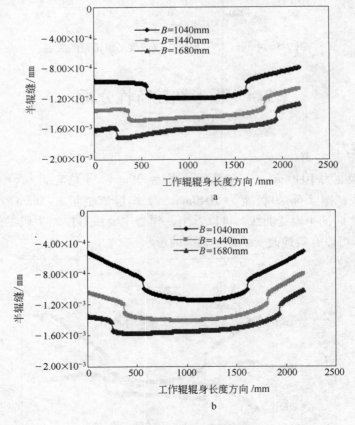

图 7-7　不同板宽下的半辊缝曲线

量 $s=130mm$、正弯辊力时的半辊缝曲线。可以看出，在不同的板宽工况下，其承载的半辊缝形状明显不同，且板宽越宽，其半辊缝的倾斜程度越大，其原因主要是因为轧机中间辊采用 CVC 辊形，轧辊辊身中间区域的辊径差较小，两端区域的辊径差较大，板宽较窄时，辊形对半辊缝的倾斜程度影响较小，板宽越宽，辊形对半辊缝的倾斜影响就越大。

7.4.3 不同窜辊量

图 7-8 为板宽 $B=1040mm$，负弯辊力时的半辊缝曲线。可以看出，在不同的中间辊窜辊量的条件下，其承载的半辊缝形状明显不同；且在不同的中间辊窜辊量的条件下，半辊缝的倾斜程度明显不同，其原因是在不同的中间辊窜辊位置，带钢所对应的中间辊辊身区域位置不同，其对半辊缝的影响也不同。

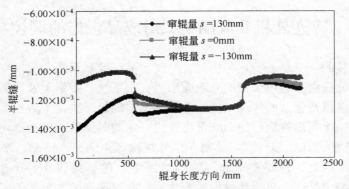

图 7-8 不同中间辊窜辊下的调控特性

7.4.4 辊间接触压力分析

图 7-9 为工作辊窜辊量 $s=130mm$、正弯辊力时的中间辊和支持辊间的辊间接触压力分布。图 7-10 为工作辊窜辊量 $s=130mm$、正弯辊力时的中间辊和工作辊间的辊间接触压力分布。可以看出，不同板宽情况下，中间辊和支持辊间、中间辊和工作辊间的辊间接触压力呈现出 S 形，其主要原因是中间辊的辊形采用 S 形的 CVC 辊形。

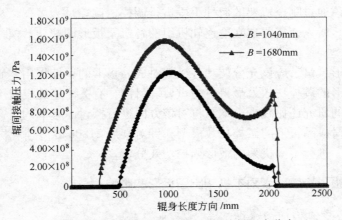

图 7-9 中间辊和支持辊间的辊间接触压力分布

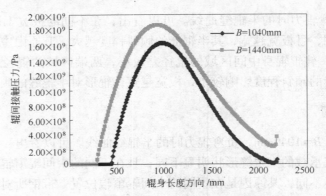

图 7-10　中间辊和工作辊间的辊间接触压力分布

7.5　冷连轧机非成品机架对成品板形的调控功效

　　带钢冷热连轧的一个显著特点是机械、电气、液压控制系统和轧件变形之间存在紧密联系，多机架连轧机由于通过带钢的联系而形成一个系统，带钢起着机架间传递厚度、凸度、平坦度、温度以及张力的作用。前一个机架出口的板形决定了后一个机架的板形，因此各种扰动对前一机架出口板形的影响都将经过一定的时间后，由被影响的那一段带钢带到下一个机架而成为新的"外扰源"。每一个外扰量产生的凸度波动、平坦度波动等都将成为新的外扰源。因此，各种"原始"的和"再生"的外扰将在各个机架间相互影响。可见，冷连轧机组中某一个机架参数发生变化后，除直接影响本机架的工作外，还将影响其他机架的工作，最终都会在成品的板形上表现出来。

　　国内最新投产的一些冷连轧机组，虽配备了先进的轧机，具有丰富的板形控制手段，但生产的产品仍存在一定的板形质量问题。在实际生产中，对板形的控制多依赖于控制系统的反馈控制。某厂 2180mm 冷连轧机组，在第 1 机架和第 5 机架的出口设有板形仪，板形控制模型首先计算板形应力与目标曲线之间的偏差，并将板形应力偏差转化为板廓偏差，通过在板廓偏差和各板形控制手段的调节量之间作最小二乘拟合，确定各控制手段的调节量。所以，无法在离线评价各机架对成品板形的调控功效，以至于无法确定在带钢出现板形缺陷时应该通过哪个机架的何种手段进行调控，调控量为多少，从而对轧制参数进行更合理的设置。所以，需要建立冷连轧机组的各机架板形调控功效模型，从而对整个机组进行分析。

　　为了提高板形质量，应该充分调动各机架对成品板形的调控作用，研究各机架板形调控手段对成品板形的调控功效就显得更为重要。目前，有关冷连轧机组不同机架对成品带钢板形调控功效的研究还比较少，本节将对该方向进行探讨。本节的研究目标是建立各机架板形调控手段对成品板形的调控功效模型，针对某厂 2180mm 冷连轧机组，结合其四个典型的轧制规程，进行不同机架的板形调控功效分析。

7.5.1　单机架各板形影响因素对本机架出口板形的影响

7.5.1.1　忽略金属横向流动的平坦度模型

　　假设从带钢中部和边部各取一条纵向纤维条，如图 7-11 所示，其轧制前边部和中部的纤维宽度、厚度和长度分别为 b、H_e、L_e 和 b、H_m、L_m，其轧后的纤维宽度、厚度和长度分别为 b_e、h_e、l_e 和 b_m、h_m、l_m，如果忽略金属的横向流动，则由体积不变原则，可得：

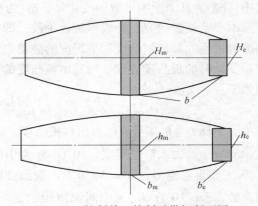

$$H_m L_m = h_m l_m$$

$$H_e L_e = h_e l_e$$

轧件入口凸度为：

$$C_{i-1} = H_m - H_e$$

轧件出口凸度为：

$$C = h_m - h_e$$

图 7-11 轧制前、轧制后带钢断面图

轧件入口纤维延伸差为：

$$\Delta L = L_m - L_e$$

轧件出口纤维延伸差为：

$$\Delta l = l_m - l_e$$

对上面 6 个式子进行整理，可得：

$$(H_m - C_{i-1})(L_m - \Delta L) = (h_m - C)(l_m - \Delta l)$$

对上式进行展开，略去高阶小量，可得：

$$\frac{\Delta l}{l_m} = \frac{\Delta L}{L_m} + \frac{C_{i-1}}{H_m} - \frac{C}{h_m}$$

即：

$$\rho = \frac{C_{i-1}}{H_m} - \frac{C}{h_m} + \rho_{i-1}$$

推广到各机架，则有

$$\rho_i = \frac{C_{i-1}}{H_{mi}} - \frac{C_i}{h_{mi}} + \rho_{i-1}$$

式中，ρ_{i-1}，ρ_i 分别为第 i 机架轧件入口和出口的平坦度；C_{i-1}，C_i 分别为第 i 机架轧件入口和出口的凸度；H_{mi}，h_{mi} 分别为第 i 机架轧件入口和出口的厚度。

可以看出，上一机架带钢出口凸度和平坦度会对本机架的出口平坦度造成影响。在已知轧件入口板形和压下量的情况下，轧件出口平坦度由出口凸度决定。

7.5.1.2 凸度模型

假设在初始情况下，压下量一定、前后张力一定、辊形（包括磨损、热凸度等）一定，工作辊弯辊力、中间辊弯辊力、中间辊窜辊量均为零，来料凸度为零、平坦度良好，此时轧制出来的板凸度称为基本板凸度，用 C_b 表示。任一参数的改变都可能会导致板形产生一个新的值，即再生板凸度。

各影响系数是指出口板凸度变化量同影响参数变化量的比值，其表征任一参数的单位改变量所引起的板凸度变化。

$$K = \frac{\delta C}{\delta X}$$

式中，δX 为某个影响参数的变化量；δC 为出口板凸度的变化量。

本小节主要研究三种板形调控手段，即中间辊窜辊、中间辊弯辊、工作辊弯辊对板形的影响，而入口带钢凸度和平坦度的波动也会引起出口凸度的改变，故需要建立含这 5 种变量变动时的板凸度方程。以基本板凸度的计算为基准，带钢板凸度与影响参数的理论模型如下：

$$C_i = C_{bi} + K_{ci}C_{i-1} + K_{\rho i}\rho_{i-1} + K_{si}S_{fi} + K_{mi}F_{mi} + K_{wi}F_{wi}$$

式中，下标 i 为机架号，C_i 为出口板凸度，mm；C_{bi} 为基本板凸度，mm；C_{i-1} 为入口板凸度，mm；ρ_{i-1} 为入口平坦度，10^5I；S_{fi} 为中间辊窜辊量，mm；F_{mi} 为中间辊弯辊力，kN；F_{wi} 为工作辊弯辊力，kN；K_{ci} 为入口板凸度的影响系数，mm/mm；$K_{\rho i}$ 为入口平坦度的影响系数，mm/10^5I；K_{si} 为中间辊窜辊的影响系数，mm/mm；K_{mi} 为中间辊弯辊的影响系数，mm/kN；K_{wi} 为工作辊弯辊的影响系数，mm/kN。

7.5.1.3　板形调控功效模型

由以上分析可知，对于任何一个机架，各因素对板形的影响系数可整理见表 7-4。

表 7-4　不同因素对板形的影响系数

影响因素	对出口凸度的影响系数	对出口平坦度的影响系数
中间辊窜辊	K_{si}	$-K_{si}/h_{mi}$
中间辊弯辊	K_{mi}	$-K_{mi}/h_{mi}$
工作辊弯辊	K_{wi}	$-K_{wi}/h_{mi}$
入口凸度	K_{ci}	$1/H_{mi}-K_{ci}/h_{mi}$
入口平坦度	$K_{\rho i}$	$1-K_{\rho i}/h_{mi}$

7.5.2　不同机架对成品板形调控功效模型的建立

在冷连轧机组中，某一机架的板形调控手段造成出口凸度和平坦度的变化，通过带钢的传递作用，引起下一机架的入口凸度和平坦度波动，进而造成下一机架的出口凸度和平坦度波动。为了研究某一机架的板形调控手段对成品机架板形的影响，需对各机架的板形调控功效模型进行机架间迭代研究。

为了静态地分析任何一个扰动量及控制量对目标量的影响，引入了"影响系数"K_{si}^{ci}、K_{mi}^{ci}、K_{wi}^{ci}、K_{ci}^{ci}、$K_{\rho i}^{ci}$、$K_{si}^{\rho i}$、$K_{mi}^{\rho i}$、$K_{wi}^{\rho i}$、$K_{ci}^{\rho i}$、$K_{\rho i}^{\rho i}$。其中，i 代表机架号；下标中的 s 代表中间辊窜辊，m 代表中间辊弯辊，w 代表工作辊弯辊，c 代表入口凸度，ρ 代表入口平坦度；上标 c 代表出口凸度，ρ 代表出口平坦度。例如，K_{s1}^{c3} 表示第一机架中间辊窜辊对第三机架出口凸度的影响。

由于冷轧的板形主要是指平坦度，所以在本节中所提到的各机架各板形调控手段对成品板形的调控功效，均指对成品平坦度的调控功效。

7.5.2.1　第 5 机架对成品板形调控功效

第 5 机架各板形调控手段对成品板形的调控功效为：

中间辊窜辊：

$$K_{s5}^{\rho 5} = - \frac{K_{s5}}{h_{m5}}$$

中间辊弯辊：

$$K_{m5}^{\rho 5} = - \frac{K_{m5}}{h_{m5}}$$

工作辊弯辊：

$$K_{w5}^{\rho 5} = - \frac{K_{w5}}{h_{m5}}$$

为了研究冷连轧机组中其他各机架板形调控手段对成品平坦度的调控功效，需要进行机架间迭代，还需要研究带钢入口凸度和平坦度对成品板形的影响。第 5 机架入口凸度对成品平坦度的影响系数为：

$$K_{c5}^{\rho 5} = \frac{1}{H_{m5}} - \frac{K_{c5}}{h_{m5}}$$

入口平坦度对成品平坦度的影响系数为：

$$K_{\rho 5}^{\rho 5} = 1 - \frac{K_{\rho 5}}{h_{m5}}$$

7.5.2.2 第 4 机架对成品板形调控功效

A 各板形调控手段对成品板形调控功效的影响

（1）中间辊窜辊。

1）第 5 机架入口板形对成品板形的影响。对于第 4 机架，中间辊窜辊会引起出口凸度和出口平坦度的变化，从而造成第 5 机架的入口凸度和入口平坦度的变化。因此，首先需要分析第 5 机架入口板形对成品板形的影响。在入口凸度和平坦度都有单位波动的情况下，造成的成品平坦度波动为：

$$K_{c5}^{\rho 5} + K_{\rho 5}^{\rho 5} = \left(\frac{1}{H_{m5}} - \frac{K_{c5}}{h_{m5}} \right) + \left(1 - \frac{K_{\rho 5}}{h_{m5}} \right) \tag{7-1}$$

2）第 4 机架中间辊窜辊对本机架出口板形的影响。第 4 机架中间辊窜辊对本机架出口凸度影响系数为 K_{s4}，对本机架出口平坦度影响系数为 $-K_{s4}/h_{m4}$，将其代入式（7-1），可得第 4 机架中间辊窜辊对成品板形的调控功效为：

$$K_{s4}^{\rho 5} = K_{s4} \left(\frac{1}{H_{m5}} - \frac{K_{c5}}{h_{m5}} \right) - \frac{K_{s4}}{h_{m4}} \left(1 - \frac{K_{\rho 5}}{h_{m5}} \right) \tag{7-2}$$

（2）中间辊弯辊。

同理，可以求出中间辊弯辊对成品板形的调控功效，即：

$$K_{m4}^{\rho 5} = K_{m4} \left(\frac{1}{H_{m5}} - \frac{K_{c5}}{h_{m5}} \right) - \frac{K_{m4}}{h_{m4}} \left(1 - \frac{K_{\rho 5}}{h_{m5}} \right) \tag{7-3}$$

（3）工作辊弯辊。

同理，可以求出工作辊弯辊对成品板形的调控功效，即：

$$K_{w4}^{\rho 5} = K_{w4} \left(\frac{1}{H_{m5}} - \frac{K_{c5}}{h_{m5}} \right) - \frac{K_{w4}}{h_{m4}} \left(1 - \frac{K_{\rho 5}}{h_{m5}} \right) \tag{7-4}$$

B 第 4 机架入口板形对成品板形的影响

（1）入口凸度。对于第 4 机架，入口凸度会引起出口凸度和出口平坦度的变化，从而造成第 5 机架的入口凸度和入口平坦度的变化。同样地，首先要分析第 5 机架入口板形对成品板形的影响。对于第 5 机架，在入口凸度和平坦度都有单位波动的情况下，造成的成品平坦度波动见式（7-1）。

接下来分析第 4 机架入口凸度对本机架出口板形的影响。第 4 机架入口凸度对本机架出口凸度影响系数为 K_{c4}，对本机架出口平坦度影响系数为 $1/H_{m4} - K_{c4}/h_{m4}$，将其代入式（7-1），可得第 4 机架入口凸度对成品平坦度的影响系数为：

$$K_{c4}^{\rho 5} = K_{c4}\left(\frac{1}{H_{m5}} - \frac{K_{c5}}{h_{m5}}\right) - \left(\frac{1}{H_{m4}} - \frac{K_{c4}}{h_{m4}}\right)\left(1 - \frac{K_{\rho 5}}{h_{m5}}\right) \tag{7-5}$$

（2）入口平坦度

同理，可得第 4 机架入口平坦度对成品平坦度的影响系数，即：

$$K_{\rho 4}^{\rho 5} = K_{\rho 4}\left(\frac{1}{H_{m5}} - \frac{K_{c5}}{h_{m5}}\right) - \left(1 - \frac{K_{\rho 4}}{h_{m4}}\right)\left(1 - \frac{K_{\rho 5}}{h_{m5}}\right) \tag{7-6}$$

同理，可以推出第 3 机架、第 2 机架和第 1 机架的各板形调控手段对成品板形调控功效的影响以及入口板形对成品板形的影响。

7.5.3 2180mm 机组不同机架板形调控功效的分析

7.5.3.1 典型轧制规程

为了能够更好的研究各机架板形调控功效，包括随带钢宽度、厚度变化的情况，本小节在参考 2180mm 冷连轧机组轧制规程的基础上，选取了其中较为典型的四个轧制规程。这 4 个轧制规程分别对应的各机架主要工艺参数（前后张力、压下率）均相等，具体参数见表 7-5。各轧制规程的各机架轧后带钢厚度见表 7-6，其中，轧制规程 1 和轧制规程 2 的板宽为 1000mm，轧制规程 3 和轧制规程 4 的板宽为 2000mm。

表 7-5 各轧制规程的主要工艺参数

工艺参数	s1	s2	s3	s4	s5
压下率/%	30	30	27	25	5
前张力/kN	210	164	121	101	23
后张力/kN	139	210	164	121	101

表 7-6 各机架轧后带钢厚度 （mm）

轧制规程	来料	s1	s2	s3	s4	s5	板宽
1	2.5	1.75	1.225	0.894	0.671	0.637	1000
2	3.5	2.45	1.715	1.252	0.939	0.892	
3	2.5	1.75	1.225	0.894	0.671	0.637	2000
4	3.5	2.45	1.715	1.252	0.939	0.892	

对有限元仿真所得到的数据进行拟合，然后将各轧制规程的设定参数代入并计算得出不同机架板形调控功效模型的各系数，见表 7-7~表 7-10。

表 7-7 计算轧制规程 1 所需各参数

影响系数	s1	s2	s3	s4	s5
K_{ci}/mm·mm^{-1}	0.212	0.2375	0.27065	0.292104	0.401686
$K_{\rho i}$/mm·10^{-5}I	0.53	0.415625	0.331546	0.261141	0.269531
K_{si}/mm·mm^{-1}	−0.000113	−0.000094	−0.000081	−0.000072	−0.000067
K_{mi}/mm·kN^{-1}	−0.000103	−0.000091	−0.000082	−0.000076	−0.000073
K_{wi}/mm·kN^{-1}	−0.000217	−0.000192	−0.000174	−0.000163	−0.000155

表 7-8 计算轧制规程 2 所需各参数

影响系数	s1	s2	s3	s4	s5
K_{ci}/mm·mm^{-1}	0.178	0.2137	0.25399	0.279932	0.392574
$K_{\rho i}$/mm·10^{-5}I	0.623	0.523565	0.435593	0.350475	0.368627
K_{si}/mm·mm^{-1}	−0.000138	−0.000111	−0.000093	−0.000081	−0.000073
K_{mi}/mm·kN^{-1}	−0.000120	−0.000103	−0.000090	−0.000082	−0.000077
K_{wi}/mm·kN^{-1}	−0.000250	−0.000215	−0.000190	−0.000175	−0.000164

表 7-9 计算轧制规程 3 所需各参数

影响系数	s1	s2	s3	s4	s5
K_{ci}/mm·mm^{-1}	0.257	0.2825	0.31565	0.337104	0.446686
$K_{\rho i}$/mm·10^{-5}I	0.5925	0.494375	0.386671	0.301371	0.299726
K_{si}/mm·mm^{-1}	−0.00045	−0.00038	−0.00032	−0.00029	−0.00027
K_{mi}/mm·kN^{-1}	−0.000207	−0.000182	−0.000164	−0.000153	−0.000145
K_{wi}/mm·kN^{-1}	−0.000434	−0.000383	−0.000348	−0.000326	−0.000311

表 7-10 计算轧制规程 4 所需各参数

影响系数	s1	s2	s3	s4	s5
K_{ci}/mm·mm^{-1}	0.223	0.2587	0.29899	0.324932	0.437574
$K_{\rho i}$/mm·10^{-5}I	0.7805	0.633815	0.512768	0.406815	0.410882
K_{si}/mm·mm^{-1}	−0.00055	−0.00045	−0.00037	−0.00033	−0.00029
K_{mi}/mm·kN^{-1}	−0.000240	−0.000205	−0.000180	−0.000165	−0.000154
K_{wi}/mm·kN^{-1}	−0.000501	−0.000430	−0.000381	−0.000350	−0.000329

7.5.3.2 不同机架的板形调控功效

A 中间辊窜辊调控功效

各机架中间辊窜辊对成品板形的影响系数见表 7-11。可见，从成品机架到门户机架，各机架中间辊窜辊对成品板形的影响系数越来越小，而且是以 3 个或 4 个数量级的关系递减，相差非常大。除了成品机架外，中间辊窜辊对成品板形影响最大的是第 4 机架。当进行满量程调控时，四个轧制规程的第 4 机架中间辊窜辊对成品板形的调控范围分别为 −0.66I~0.66I、−0.534I~0.534I、−2.44I~2.44I 和−1.998I~1.998I。可见，能够起到一定的调控作用，但作用有限。而对于第三机架，即便四个轧制规程均进行满量程调控，其中最大值对成品板形的影响也仅为0.004I，可以认为，几乎无法起到调控作用。前两个机架对成品板形的影响更小，可以忽略。

表 7-11　各机架中间辊窜辊对成品板形的调控功效　　　　　　　　　　（I/mm）

轧制规程	s1	s2	s3	s4	s5
1	4.72×10^{-12}	1.85×10^{-9}	5.62×10^{-6}	3.30×10^{-3}	1.1
2	4.38×10^{-12}	1.73×10^{-9}	5.01×10^{-6}	2.67×10^{-3}	0.82
3	-9.33×10^{-12}	-5.34×10^{-9}	-2.01×10^{-5}	1.22×10^{-2}	4.2
4	-8.78×10^{-12}	-4.92×10^{-9}	-1.75×10^{-5}	0.999×10^{-2}	3.3

表 7-12　各机架中间辊窜辊对本机架板形的调控功效　　　　　　　　　（I/mm）

轧制规程	s1	s2	s3	s4	s5
1	0.65	0.77	0.91	1.1	1.1
2	0.56	0.65	0.74	0.86	0.82
3	2.57	3.1	3.6	4.3	4.2
4	2.24	2.6	3.0	3.5	3.3

由表 7-11 和表 7-12 可知，各机架中间辊窜辊对本机架出口板形的影响系数有一定差别，但相差不大，尚处在同一数量级，而对成品板形的影响相差会变大很多，达到3个或4个数量级。这是因为各机架中间辊窜辊对成品板形的调控是通过带钢的传递作用实现的，即对于本机架出口板形的影响，需进行通过机架间的迭代才能转化为对成品板形的影响，而经过每一个机架，都会削弱很多，越靠近成品机架，影响越大，越靠近门户机架，影响越小。

B　中间辊弯辊调控功效

由各机架中间辊弯辊对成品板形的影响系数见表 7-13。可见，从成品机架到门户机架，各机架中间辊弯辊对成品板形的影响系数越来越小，而且是以3个或4个数量级的关系递减，相差非常大。除了成品机架外，中间辊弯辊对成品板形影响最大的是第4机架。当进行满量程调控时，4个轧制规程的第4机架中间辊窜辊对成品板形的调控范围分别为 $-1.571I \sim 2.093I$、$-1.215I \sim 1.62I$、$-2.898I \sim 3.864I$ 和 $-2.246I \sim 2.994I$，能够起到一定的调控作用，但作用有限。而对于第3机架，即便四个轧制规程均进行满量程调控，其中最大值对成品板形的影响也仅为0.006I，可以认为，几乎无法起到调控作用。前两个机架对成品板形的影响更小，可以忽略。

由表 7-13 和表 7-14 可知，各机架中间辊弯辊对本机架出口板形的影响系数有一定差别，但相差不大，尚处在同一数量级，而对成品板形的影响相差会变大很多，达到3个或4个数量级。这是因为各机架中间辊弯辊对成品板形的调控是通过带钢的传递作用实现的，即对于本机架出口板形的影响，需进行通过机架间的迭代才能转化为对成品板形的影响，而经过每一个机架，都会削弱很多，越靠近成品机架，影响越大，越靠近门户机架，影响越小。

表 7-13　各机架中间辊弯辊对成品板形的调控功效　　　　　（I/kN）

轧制规程	s1	s2	s3	s4	s5
1	$4.30×10^{-12}$	$1.79×10^{-9}$	$5.69×10^{-6}$	0.00349	1.1
2	$3.81×10^{-12}$	$1.61×10^{-9}$	$4.85×10^{-6}$	0.00270	0.86
3	$-5.29×10^{-12}$	$-2.56×10^{-9}$	$-1.03×10^{-5}$	0.00644	2.3
4	$-4.83×10^{-12}$	$-2.24×10^{-9}$	$-8.51×10^{-6}$	0.00499	1.7

表 7-14　各机架中间辊弯辊对本机架板形的调控功效　　　　　（I/kN）

轧制规程	s1	s2	s3	s4	s5
1	0.59	0.74	0.92	1.1	1.1
2	0.49	0.6	0.72	0.87	0.86
3	1.18	1.5	1.8	2.3	2.3
4	0.98	1.2	1.4	1.8	1.7

C　工作辊弯辊调控功效

各机架工作辊弯辊对成品板形的影响系数见表 7-15 和表 7-16。可见，从成品机架到门户机架，各机架工作辊弯辊对成品板形的影响系数越来越小，而且是以 3 个或 4 个数量级的关系递减，相差非常大。除了成品机架外，工作辊弯辊对成品板形影响最大的是第 4 机架。当满量程调控时，4 个轧制规程的第 4 机架工作辊弯辊对成品板形的调控范围分别为 $-2.618I \sim 3.74I$、$-2.016I \sim 2.88I$、$-4.34I \sim 5.79I$ 和 $-3.3I \sim 4.4I$，能够起到一定的调控作用。而对于第 3 机架，即便四个轧制规程均进行满量程调控，其中对成品板形影响最大的也仅为 0.01I 左右，可以认为，几乎无法起到调控作用。前两个机架对成品板形的影响更小，可以忽略。

表 7-15　各机架工作辊弯辊对成品板形的调控功效　　　　　（I/kN）

轧制规程	s1	s2	s3	s4	s5
1	$7.93×10^{-12}$	$3.35×10^{-9}$	$1.02×10^{-5}$	0.00748	2.4
2	$4.30×10^{-12}$	$1.79×10^{-9}$	$5.69×10^{-6}$	0.00576	1.8
3	$-9.00×10^{-12}$	$-5.38×10^{-9}$	$-2.19×10^{-5}$	0.01370	4.9
4	$-8.00×10^{-12}$	$-4.70×10^{-9}$	$-1.80×10^{-5}$	0.01060	3.7

表 7-16　各机架工作辊弯辊对成品板形的调控功效　　　　　（I/kN）

轧制规程	s1	s2	s3	s4	s5
1	1.2	1.6	1.9	2.4	2.4
2	1.0	1.3	1.5	1.9	1.8
3	2.5	3.1	3.9	4.9	4.9
4	2.0	2.5	3.0	3.7	3.7

由表 7-15 和表 7-16 可知，各机架工作辊弯辊对本机架出口板形的影响系数有一定差别，但相差不大，尚处在同一数量级，而对成品板形的影响相差会变大很多，达到 3 个或

4 个数量级。这是因为各机架工作辊弯辊对成品板形的调控是通过带钢的传递作用实现的，即对于本机架出口板形的影响，需进行通过机架间的迭代才能转化为对成品板形的影响，而经过每一个机架，都会削弱很多，越靠近成品机架，影响越大，越靠近门户机架，影响越小。

根据以上分析，可以认为，若成品带钢出现平坦度缺陷，第 5 机架和第 4 机架的各板形控制手段均具有对其进行调控的能力，其中第 5 机架的板形控制手段调控作用更大，应首先进行运用，第 4 机架的板形控制手段可以在必要时进行一定的补充，但作用范围有限。前 3 个机架的板形控制手段不具备对成品带钢平坦度缺陷进行消除的能力，仅能在维持本机架比例凸度不变方面起作用。

轧制规程 1 和轧制规程 2、轧制规程 3 和轧制规程 4 的板宽分别相等，板厚不等，进行对比分析，可以看到，板厚相对较大的轧制规程，其各机架板形控制手段对成品板形的调控功效相对较小。这是因为，尽管带钢较厚，相同的弯辊量或窜辊量所引起的凸度改变量相对较大，但从通过控制凸度来控制平坦度的角度考虑，带钢较厚则改变相同凸度所能引起的平坦度改变量相对较小，而对两种因素进行比较，后者的作用大于前者。

轧制规程 1 和轧制规程 3、轧制规程 2 和轧制规程 4 的板厚分别相等，板宽不等，进行对比分析，可以看到，板宽相对较大的轧制规程，其各机架板形控制手段对成品板形的调控功效相对较大。这是因为带钢相对较宽，则相同的弯辊量或窜辊量所引起的凸度改变量相对较大，在板厚相等的情况下，所引起的平坦度改变量也就相对较大。

7.5.4　试验分析

为了研究冷连轧机非成品机架对成品板形的调控功效研究，在 2180mm 冷连轧机组上进行过相关实验。对于 1000mm 板宽的带钢，其他各机架的轧制参数保持不变，在带钢纵向位置 1700~1900m 处将第四机架的工作辊弯辊力增大 250kN，成品带钢纵向应力分布如图 7-12 所示。图 7-13 为 2000mm 板宽的成品带钢纵向应力分布图，其中在 700~900m 处将第四机架工作辊弯辊增大 280kN。从两个图中都可以看到，第四机架工作辊弯辊力的变化对成品板形造成了一定的影响。

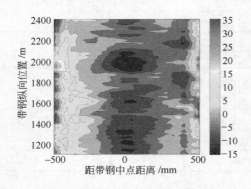

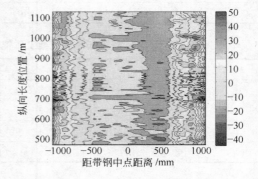

图 7-12　1000mm 成品带钢纵向应力分布　　　图 7-13　2000mm 成品带钢纵向应力分布

7.5.5 机架间的影响分析

通过分析不同板形调控手段对成品板形的影响系数,可以看出,从成品机架(s5)到门户机架(s1),各机架板形调控手段对成品板形的影响系数越来越小,机架间影响倍数约为 10^{-3}。因此,除了成品机架外,对成品板形影响最大的是第 4 机架。经计算得到 3 种板形控制手段的最大影响约为 10I。而对于前 3 个机架,即便 4 个轧制规程均进行满量程调控,其对成品板形的影响也很小,可以忽略。

通过分析冷连轧机各机架不同板形调控手段对本机架板形的影响系数,可以看出,各机架不同板形调控手段对本机架出口板形的影响系数基本处在同一数量级,而对成品板形的影响却相差很大。这是因为各机架对成品板形的影响是通过带钢的传递作用实现的,即通过对本机架出口板形的影响,然后经过机架间的迭代才能转化为对成品板形的影响,而每经过一个机架,都会有一定的削弱,所以,越靠近成品机架,影响越大,越靠近门户机架,影响越小。

经以上分析可以看出,第 4 机架各板形控制手段对成品板形具有一定的影响,该影响是优点(控制量)还是缺点(干扰量)应该由板形控制策略以及轧机的实际板形控制能力等方面决定。如果第 5 机架各板形控制手段的调控能力不足,那么第 4 机架的各板形控制手段可以起到一定的补充作用。但是,如果第 5 机架各板形控制手段的调控能力充足,当第 4 机架的各板形控制手段要对本机架的出口板形进行调控时,由于第 4 机架的调节,必然会影响到成品机架的板形,这又是一种干扰因素。因此,要对成品机架的板形控制手段进行适度调节,以补偿上一机架所带来的影响。

7.6 非接触式 SI-FLAT 板形仪

7.6.1 轧机板形控制系统

2180mm 冷连轧机采用五机架六辊 CVC 机型,装备了自动厚度控制、自动板形控制、轧制速度控制等多种自动化控制系统,是我国目前最先进的轧机之一。如图 7-14 所示,其板形控制系统具有轧辊倾斜、工作辊弯辊、中间辊弯辊和中间辊窜辊、分段冷却等丰富的板形调控手段。第 5 架轧机后安装了新型非接触式板形仪,可以对板形进行在线测量,通过调整相关调控手段实现对板形的实时闭环控制。

7.6.2 板形计算模型解析

本节在对板形检测原理分析的基础上,给出了该板形计算模型的推导过程。

通常情况下,带钢板形的表示方法及检测原理都默认带钢各纵向纤维条之间没有相互影响。此时,带钢的各个纤维条可以分别考虑成欧拉梁。同时,可将纤维条受迫振动振幅与张应力的关系近似为反比关系,即:

$$\sigma(i) = \frac{k}{A(i)}$$

式中,$\sigma(i)$ 为带钢第 i 个纤维条的张应力,MPa;$A(i)$ 为带钢第 i 个纤维条的受迫振动振

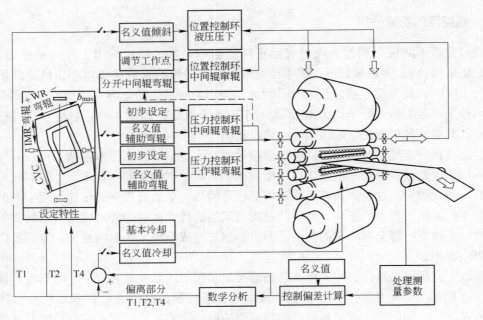

图 7-14　板形自动化控制系统

幅，μm；k 为反比系数，Pa·m。

设 $\overline{\sigma}$ 为带钢各纤维条张应力的平均值，则：

$$\overline{\sigma} = \frac{1}{n} \sum_{i=1}^{n} \frac{k}{A(i)}$$

带钢第 i 个纤维条的张应力与带钢平均张应力之差：

$$\Delta\sigma(i) = \sigma(i) - \overline{\sigma} = \frac{k}{A(i)} - \frac{1}{n} \sum_{i=1}^{n} \frac{k}{A(i)}$$

所以：

$$\frac{\Delta\sigma(i)}{\overline{\sigma}} = \frac{\dfrac{k}{A(i)} - \dfrac{1}{n} \sum\limits_{i=1}^{n} \dfrac{k}{A(i)}}{\dfrac{1}{n} \sum\limits_{i=1}^{n} \dfrac{k}{A(i)}} = \frac{\dfrac{1}{A(i)} - \overline{\dfrac{1}{A}}}{\overline{\dfrac{1}{A}}}$$

即：

$$\Delta\sigma(i) = \overline{\sigma} \cdot \left[\frac{\dfrac{1}{A(i)} - \overline{\dfrac{1}{A}}}{\overline{\dfrac{1}{A}}} \right]$$

由板形表示方法和胡克定律，有：

$$\rho(i) = \frac{\Delta L(i)}{\overline{L}} = \frac{\Delta\sigma(i)}{E} = \frac{\overline{\sigma}}{E} \cdot \left[\frac{\dfrac{1}{A(i)} - \overline{\dfrac{1}{A}}}{\overline{\dfrac{1}{A}}} \right]$$

可以看出，气流激振与涡流测幅式板形仪通过对带钢施加随时间呈正弦变化的激振力，使带钢产生受迫振动，利用电涡流传感器测量出带钢沿宽度方向作受迫振动的振幅，再通过振幅与板形（张应力）之间的计算模型，计算得到带钢的板形。

7.6.3 简单状况下带钢振动问题分析

由文献可知，当薄板宽度极小（宽度与厚度较为接近，均远小于长度）时，可将此薄板视为欧拉梁。因此，欧拉梁的振动问题可视为带钢振动问题的简单情况。欧拉梁的基本假设为：（1）梁的中心轴线、外载荷及其振动都在梁的纵向对称平面内；（2）梁的变形主要是弯曲变形，忽略剪切变形和转动惯量的影响。

与本节研究对象各条件相对应的欧拉梁受力情况如图 7-15 所示。梁的两端边界条件为简支，激振力设置为正弦函数形式的集中力（其中，激振力为 $p = P\sin\omega_p t$，P 为振幅，ω_p 为激振频率，a 为激振位置，c 为测量位置）。与图 7-16 的带钢模型相比，此处的欧拉梁模型的主要区别在于没有考虑宽度方向的影响。因此，该欧拉梁模型可以认为是本节所研究带钢的简单情况。

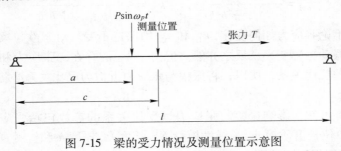

图 7-15　梁的受力情况及测量位置示意图

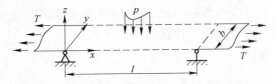

图 7-16　在线冷轧带钢动力学模型示意图

分别对该欧拉梁模型的固有振动和受迫振动求解析解，可解出固有频率为：

$$\omega_i = \frac{i^2\pi^2}{l^2}\sqrt{\frac{EI}{m}}\sqrt{1 + \frac{Tl^2}{i^2\pi^2 EI}} \qquad (i = 1,\ 2,\ 3,\ \cdots) \tag{7-7}$$

求得梁的主振型函数为：

$$Y(x) = \sqrt{\frac{2}{ml}}\sin\frac{i\pi x}{l}$$

式中，梁的单位长度质量为 m；弯曲刚度为 EI。其中，矩形截面梁的弯曲刚度 $EI = Eb_s h^3/12$，b_s 为梁的宽度（或称为检测宽度，$b_s = b/n$，b 为带钢宽度，n 为沿带钢宽度方向的传感器个数）；h 为梁的厚度。

求得受迫振动解为：

$$y(x,\ t) = \frac{2P}{ml}\sum_{i=1}^{\infty}\frac{\sin\dfrac{i\pi a}{l}}{\omega_i^2 - \omega_p^2}\left(\sin\omega_p t - \frac{\omega_p}{\omega_i}\sin\omega_i t\right)\sin\frac{i\pi x}{l}$$

该解是两个不同频率的简谐振动之和：一是按固有频率振动的自由振动部分，二是按激振力频率振动的纯受迫振动部分。只考虑纯受迫振动部分。纯受迫振动部分为：

$$y_p(x,\ t) = \frac{2P}{ml} \sum_{i=1}^{\infty} \frac{\sin \frac{i\pi a}{l}}{\omega_i^2 - \omega_p^2} \sin \omega_p t \sin \frac{i\pi x}{l} \tag{7-8}$$

梁的张应力与张力间的关系为：

$$T = \sigma b_s h \tag{7-9}$$

将式（7-9）和式（7-7）代入式（7-8），并经过整理，可以得到在测量点处受迫振动振幅与张应力之间的关系为：

$$A = \sum_{i=1}^{\infty} A_i = \sum_{i=1}^{\infty} \frac{k_{1i}}{\sigma - k_{2i}} \tag{7-10}$$

式中

$$k_{1i} = \frac{2Pl \sin \frac{i\pi a}{l} \sin \frac{i\pi c}{l}}{i^2 \pi^2 b_s h}; \ k_{2i} = \frac{\omega_p^2 ml^2}{i^2 \pi^2 b_s h} - \frac{i^2 \pi^2 EI}{l^2 b_s h}$$

可以看出，不论张应力如何变化，k_{1i} 和 k_{2i} 均保持不变。对于欧拉梁而言，若其张应力变大，则受迫振动振幅变小；反之亦然。但由于 k_{2i} 的存在，张应力和受迫振动振幅之间并不是成绝对的反比关系，所以，将振幅与张应力近似为反比关系必将导致板形计算出现误差。

由式（7-10）可知，影响振幅与张应力呈反比关系的参数包括张应力 σ、激振频率 ω_p、密度 ρ（或单位长度质量 m）、弹性模量 E、长度 l、厚度 h 和检测宽度 b_s。一般情况下，带钢长度 l（即板形仪检测区域段的长度）为固定值，密度 ρ 和弹性模量 E 基本可以认为保持不变，且如果板形仪的激振频率 ω_p、厚度 h 和检测宽度 b_s 已定，研究将振幅与张应力近似为反比关系所导致的板形计算偏差。

令板形计算偏差 δ 为：

$$\delta = \sum_{i=1}^{\infty} \frac{k_{1i}}{\sigma - k_{2i}} - \sum_{i=1}^{\infty} \frac{k_{1i}}{\sigma}$$

图 7-17 为带钢长度为 1000mm，检测宽度为 20mm，厚度为 2.2mm，弹性模量为 2.1×10^{11}Pa，密度为 7850kg/m³，激振力幅值为 10N，激振频率为 5.105Hz，激振位置为 500mm，测量位置为 500mm 时，振幅 A 和偏差 δ 随张应力的变化关系。可以看出，张应力越大，振幅越小。如将振幅与张应力假定为严格反比关系必将导致振幅计算出现偏差 δ。可以看出，张应力越大，计算偏差 δ 越小，当张应力为 20MPa 时，计算偏差为 8.5%；当张应力为 40MPa 时，计算偏差为 4.67%；当张应力为 260MPa 时，计算偏差为 0.81%。由以上分析可以看出，当张应力为 40MPa 时，计算偏差小于 5%。所以，如将振幅与张应力近似为反比关系时，应给带钢施加较大的张应力，这样所造成的计算偏差较小。

7.6.4 忽略纤维条间相互作用所引起的板形误差

7.6.4.1 有限元模型的建立

为了对带钢的受迫振动进行谐响应分析，需要建立带钢振动仿真模型。带钢在板形仪测量区域一端缠绕于导向辊上，一端夹在夹送辊之间，可简化为简支约束。在线冷轧带钢

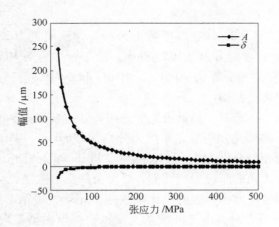

图 7-17 振幅和计算偏差随张应力的变化

通常存在两个明显的特征：一是受到大张力的作用；二是有沿带钢长度方向的运动。相关研究表明，运动速度对带钢固有频率的影响不大，可不考虑，而张力对固有频率的影响较大。本节只考虑张力的影响而不考虑运动速度的影响。此外，在带钢运动过程中作用于带钢的阻力主要是空气阻力，而由于带钢振动速度不快、振幅不大，空气阻力可以忽略，故不考虑空气阻力的影响。所以，在线冷轧带钢可简化为对边简支对边自由并承受张力作用的薄板。

利用大型有限元软件 ANSYS12.0 建立了带钢振动仿真模型，如图 7-18 所示。模型采用弹性壳单元 shell63，四节点六自由度，不考虑剪切变形。其中模态分析模型的求解方法为分块兰索斯法（Block Lanczos）方法，谐响应分析模型的求解方法为模态迭加法。

为了比较欧拉梁模型和有限元模型的计算结果，所采用的参数如下：带钢长度为 1000mm，宽度为 20mm，厚度为 1.0mm，张应力为 30MPa，弹性模量为 2.1×10^{11} Pa，密度为 7850kg/m^3，激振力大小设置为 0.024N/mm，激振频率为 5.105Hz，激振位置为 335mm，测量位置为 410mm。计算结果如表 7-17 所示。从仿真结果可以看出带钢有限元解与欧拉梁解析解的结果相吻合，可见带钢有限元仿真建模过程及相关参数设置的可靠性。

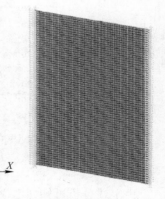

图 7-18 带钢有限元仿真模型

表 7-17 受迫振动振幅计算结果

激振频率/Hz	有限元解/μm	欧拉梁解析解/μm
3	147.195	147.330
5	149.085	149.222
7	152.019	152.159
9	156.129	156.272

7.6.4.2　板形误差分析

图 7-19 为带钢宽度为 1400mm，厚度为 1.5mm，弹性模量为 $2.1×10^{11}$Pa，泊松比为 0.3，密度为 7850kg/m³，激振力为 0.032N/mm，激振频率为 5.105Hz，激振力均匀施加在 $x=335$mm 的线上，张应力分别为 20MPa、40MPa 和 60MPa 时，采用 ANSYS 谐响应分析模型计算得到的受迫振动振幅。

可以看出，当张应力一定时，带钢沿宽度方向各处的振幅并不相等，具体表现为中部振幅基本相当，边部振幅却变化明显，张应力分别为 20MPa、40MPa 和 60MPa 时，边部区域的最大值与最小值相差分别为 11.019μm、4.398μm 和 2.578μm。这与在忽略纤维条间相互影响时，若各纤维条的张应力相同则各纤维条的受迫振幅也应该完全相等的情况有所不同，这说明沿带钢宽度方向各处的反比系数并不相等，带钢沿宽度方向也存在振型，当提取任一纤维条进行考虑时，由于纤维条宽度极小，该振型表现得不明显，可忽略不计。然而，当把带钢作为一个整体进行考虑时，宽度较大，该振型表现得较为明显。

若在考虑纤维条间相互作用的情况下，振幅-板形关系仍按板形计算模型进行处理，则会对板形计算结果造成影响。如当张应力为 40MPa 时，将振幅按板形计算模型计算得到的板形分布如图 7-20 所示。由于本身设定张应力处处为 40MPa，即各处板形均为零，图 7-20 即为板形计算误差分布图。可见，造成的计算误差在带钢中部并不大，在边部却急剧增大，可达 0.68I。

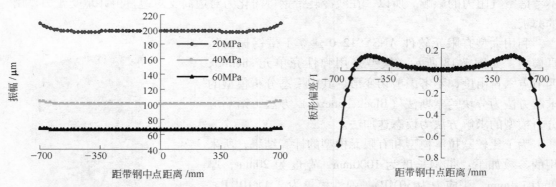

图 7-19　带钢在不同张应力下的振幅分布　　　　图 7-20　均布张应力为 40MPa 时的板形

由上述分析可知，考虑纤维条间的相互作用时，带钢宽度方向上的振幅并不一致，纤维条间的相互作用对带钢的振幅与板形关系存在较大影响，若不考虑纤维条间相互作用，其计算得到的板形结果与真实板形存在较大误差。

7.6.5　板形计算误差分析

下面对不同影响因素所造成的板形计算误差分别进行分析。获取板形计算误差所采用的方法为：

（1）设定不同的带钢板形 ρ_j（$j=1,2,3,\cdots$）（以下称为"设定板形"），利用带钢 ANSYS 谐响应模型来求出振幅分布 A_j；

（2）利用板形计算模型对振幅 A'_j 进行计算，从而得出一组板形 ρ'_j（以下称为"SI-FLAT 板形"）；

（3）计算 SI-FLAT 板形与设定板形之间的板形偏差 δ_j。

7.6.5.1 不同板形下的误差

图 7-21 为板形形式分别为中浪、边浪、四分之一浪和边中复合浪，综合板形为 2.5I 的情况下带钢的板形计算误差。可以看出，在不同的板形形式下，SI-FLAT 板形计算模型计算误差的大小和分布形式都会有较大变化。总体而言，误差的表现形式均体现为带钢上原本有浪的区域，误差趋向于使得该区域无浪，而原本无浪的区域，误差趋向于使得该区域有浪。这是由于纤维条间的相互作用，使得原本有浪区域的振幅变小而原本无浪区域的振幅变大。而四分之一浪和边中复合浪等复杂浪形的误差相对于中浪和边浪等简单浪形的误差更大的原因，在于复杂浪形带钢的宽度方向上无浪区域和有浪区域的交替更为频繁，从而使得相邻纤维条间的张应力差变化更剧烈，相互作用更大。

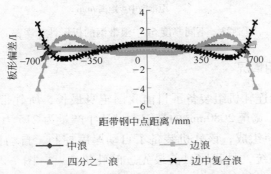

图 7-21　不同板形形式（综合板形 2.5I）的带钢板形计算误差

7.6.5.2 不同几何尺寸下的误差

图 7-22 为带钢宽度分别为 800mm、1400mm 和 2000mm 情况下，5I 中浪带钢的板形计算误差。可以看出，随着带钢宽度的减小，SI-FLAT 板形计算模型误差增大，这是因为在综合板形大小相等的情况下，随着带钢宽度的减小，带钢无浪区域和有浪区域的宽度也都分别减小，两种区域的交替更为急促，使得相邻纤维条间的张应力差变大，纤维条间的相互作用也更为明显。

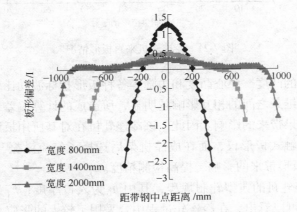

图 7-22　不同宽度 5I 中浪带钢的板形计算误差

图 7-23 为带钢厚度分别为 0.5mm、1.5mm 和 2.5mm 下 5I 中浪带钢的板形计算误差。可以看出，总体而言，带钢厚度越大，SI-FLAT 板形计算模型误差也越大，这是因为纤维条间的相互作用随着带钢厚度的增大而增大。

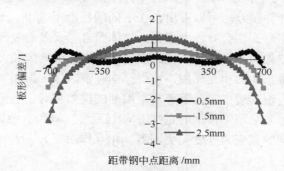

图 7-23　不同厚度 5I 中浪带钢的板形计算误差

7.6.6　板形仪选型应用情况

国内某 2180mm 冷连轧机组装备了目前我国辊身最长，所轧带钢最宽的全连续轧机，可以生产最薄 0.3mm，宽至 2080mm 的带钢，设计年产量为 215 万吨。该冷连轧机组由 5 架串联的六辊 CVC 轧机组成，该轧机装备了自动厚度控制、自动板形控制、轧制速度控制等多种自动化控制系统，是我国目前最先进的轧机之一。图 7-24 为 2180mm 冷连轧机的来料情况。

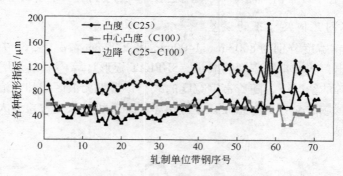

图 7-24　冷连轧机来料板形情况

可以看出，来料的凸度、中心凸度和边降等各种板形指标波动比较明显。来料板形越不良，带钢各纵向纤维条之间的相互影响越明显，所造成的计算偏差越大，所以应减小来料板形不良对检测结果带来的影响。因此，该冷连轧机在对其所用板形仪进行选型时，在门户机架后选择了接触式板形仪，而在成品机架后选择了气流激振与涡流测幅式板形仪 SI-FLAT，减小来料板形带来的影响，提高检测精度。

表 7-18 为该冷连轧机的典型轧制规程，其中 h_0 为入口厚度；h_1 为出口厚度；ε 为压下率；σ 为张应力。可以看出，在冷连轧过程中，采用了较大的张应力进行轧制，经对比实物板形和测量板形发现，在板形测量过程中，如将振幅与张应力近似为反比关系时所造成的计算偏差较小，计算偏差小于 2.5%。经过连续跟踪 80 卷带钢实测资料表明板形仪所

测板形与实际板形相符，满足现场生产对板形仪的使用要求。

表 7-18 轧制规程 1

参 数	s1	s2	s3	s4	s5
h_0/mm	3.5	2.55	1.81	1.37	1.08
h_1/mm	2.55	1.81	1.37	1.08	1.00
$\varepsilon/\%$	27.1	29.0	24.3	21.1	7.41
σ/MPa	102	128	161	161	80

8 　宽带钢冷连轧机选型配置研究

8.1 　选型配置分析

宽带钢冷连轧机的建设与改造首先面临的就是轧机机型的选择与配置。轧机选型配置需要重点考虑的就是板形质量，冷连轧机各个机架的机型选择与配置，是决定轧机板形控制性能的第一因素和基础，并将对轧机板形控制性能的优劣长期起作用。选型配置不当，将成为生产中长期难以解脱的制约因素。因此研究冷连轧机的选型配置与板形控制具有重要意义。

带钢板形（strip shape）包括横截面外形（profile）和平坦度（flatness）两个项目，凸度（crown）和边部减薄（edge drop）是横截面外形的主要参数。机型选择中需要重点考虑的就是板形质量，对冷连轧机而言，不同机架有不同的板形质量控制要求，板形控制的重点在于第一架（门户机架）与第五架（成品机架）。

8.1.1 　选型配置策略

8.1.1.1 　门户机架

冷连轧机的第 1 机架是消化热轧来料板形波动以实现凸度控制和边部减薄控制的门户，同时在第 1 机架出口处保证轧件具有良好的板形，是保证带钢在机组运行平稳、避免发生跑偏断带的关键。宽带钢冷轧生产中，冷轧带钢成品凸度主要取决于热轧来料。通常用轧件入口和出口截面几何相似条件作为不出现浪形的平坦判据，即保持带钢比例凸度相等：

$$C_{PH}/C_{Ph} = 1.0 \tag{8-1}$$

式中，C_{PH} 为入口轧件的比例凸度，即入口凸度 C_{WH} 与入口厚度 H 的比值；C_{Ph} 为出口轧件的比例凸度，即出口凸度 C_{Wh} 与出口厚度 h 的比值。

若严格遵守冷轧带钢平坦判据式（8-1），则冷轧成品凸度 C_{Wh} 将随着热轧来料凸度 C_{WH} 的变化而波动，而轧机对凸度的干预控制将以影响平坦度为代价。实际上，热轧带钢是以轧制单位组织生产的，一个轧制单位内带钢受温度、硬度变化、轧辊磨损、热胀等多因素的动态影响，使得冷连轧机入口的热轧来料横截面外形不可避免地存在变化。理论研究和生产实践都表明，在冷轧门户机架（此处轧件厚度最大）适度偏离几何相似条件，并不一定导致浪形的生成。为了在门户机架消化热轧来料凸度波动以实现凸度控制，武钢 1700mm 和宝钢 2030mm 冷连轧机均采用了自主开发的变接触长度支持辊，实现了对带钢凸度的有效控制。在某冷连轧机上进行的工业轧制实验发现：虽然轧件在第一机架处平坦判据值偏离 1.0 甚多，达到 1.303 以上，实际并未产生浪形；第 1 机架出口带钢的实际凸度比按式（8-1）计算的理论凸度下降了 23.5% 以上，从而创造条件便于第 2 架至第 5 机架遵守平坦判据，从第 2 机架开始带钢凸度符合比例凸度相似的条件，轧出符合控制目标的板形。

　　冷轧带钢可在边部有限区域产生三维变形（图 8-1），即可进行边部减薄控制 EDC（Edge Drop Control）。作为门户机架的第 1 机架，还承担着边部减薄控制的任务，它可通过采用单锥度工作辊窜辊、EDC 冷却、EDC 工作辊、工作辊窜移和交叉、小直径工作辊（如六辊）等多种控制手段来实现。此外，强化门户机架的板形控制能力，保证其出口带钢板形（包括横截面外形和平坦度）良好，可保持良好稳定的机架间穿行导向性，防止跑偏断带事故发生。

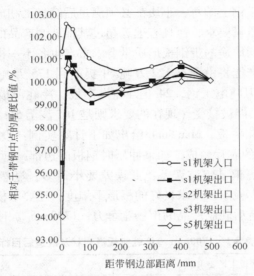

图 8-1　冷连轧机轧制过程带钢的边部减薄变化

8.1.1.2　成品机架

　　第 5 机架作为冷连轧机板形控制的成品机架，是在轧件厚度最薄处对成品板形特别是平坦度进行最后控制的要害所在。这时，横截面几何形状的变化几乎全部转化为平坦度的变化，所以应尽量保持比例凸度不变，但实际生产中总是难以保证理想的恒比例凸度条件，所以冷轧中的平坦度缺陷有左侧边浪、右侧边浪、中间浪、双侧边浪、四分之一浪、边中复合浪以及局部浪形等。因此为了充分利用该关键机架控制带钢板形，满足现在及将来发展的需要，成品机架必须提供足够的板形控制能力，这也是国内外的共识。

8.1.1.3　中间机架

　　冷连轧机的中间第 2~4 机架，其主要任务则是实现边部减薄控制，并保持比例凸度相等以实现平坦度控制。边部减薄控制不仅有利于满足目前市场对电工钢板质量的迫切要求，而且可以提高所有冷轧带钢的成材率，提高轧制产量。对工业轧机的带钢横向厚度的测量结果表明，在目前通常缺乏边部减薄控制手段的轧机上，带钢出口边部减薄明显，其主要取决于热轧带钢来料形状。

　　Ozaki 等人的研究表明，在冷连轧机的前两机架控制边部减薄可取得最理想的效果。生产实践取样结果也表明，强化前面机架的板形控制能力，实施对带钢边部减薄的有效控制（此处带钢厚度较大，带钢边部仍可适度横向流动），使得带钢边部适当增厚，并不会产生平坦度缺陷，从而创造条件保证下游机架轧出符合控制目标的边部减薄。

另外，为了保证从第 1 机架出口板形良好的带钢的顺利轧制，中间第 2~4 机架应该保持带钢的比例凸度相等，以获得良好的平坦度。

8.1.2 冷轧带钢产品对板形的要求

由于冷轧宽带钢主要的后续加工方式为冲压成型，而且随着工业用户已实现机电一体化和柔性化生产，对带钢板形质量要求日趋严苛。冷轧宽带钢一般是以 3~10 吨的带卷和 3~5 吨重的钢板形式交货，并用于加工工业的。每块薄板或每段带钢往往被冲压成许多零件。因此，要求冷轧带钢上的每一小块都必须满足后续加工和成品使用的要求。对冷轧带钢不仅有日趋严苛的质量要求，而且有远远超过其他轧制产品的质量均一性要求。

需要指出的是，不同用途的带钢板形质量要求重点也各不一样。某 1700mm 冷连轧机完成酸轧联机改造后，产能将由现有 122 万吨/年提高到 175 万吨/年，拟规模生产 106.3 万吨冷轧薄板卷，44.5 万吨电工钢，24.6 万吨汽车板。冷轧薄板的板形平坦度要求日趋严苛，原来平坦度 20I 已能被接受，现在的要求则是 10I 甚至 5I；电工钢板的边部控制精度更是明显高于其他冷轧薄板，Maueione 给出如下计算实例：设铁芯叠层厚度为 75mm，它由 120 片厚 0.625mm 的芯片叠成，如果冲压时钢板的边部减薄量为 0.0125mm，则 120 片积累误差就达 1.5mm，但其组装误差比此误差要小得多，显然，若边部精度不高会直接给生产带来麻烦；汽车板不仅要求良好的板形平坦度，还要求横向和纵向厚差小，质量均一稳定。为了增强改造后轧制产品的市场竞争力，1700mm 带钢板形质量要求见表 8-1。

表 8-1 1700mm 冷连轧机板形现状及改造后目标

板形质量项目	目前普板市场要求	生产现状	改造后目标
平坦度 /I	≤25	约 15	≤6（轿车面板，95% 带长，热轧卷头尾各 50m 除外）；≤8（电工钢）
凸度 /μm	用户要求	15~25	≤1%h（轿车面板，h 为带钢厚度）；≤15（电工钢）
边部减薄 /μm	用户要求	25~35	≤8~10

8.1.3 冷连轧机机型配置

8.1.3.1 冷轧主要机型

20 世纪 70 年代以来，HC（含 UC）、FPC、WRS、CVC（含 CVC4 和 CVC6）、PC、VC、NIPCO、DSR 等多种新机型竞相问世，形成新一代薄带冷轧机。它们的基本特征是在厚度自动控制技术和动态变规格技术已经相对成熟，轧机出口速度已高达 1200~2300m/min 的基础上，将薄带冷轧机技术发展的重点集中到板形控制技术上。上述各种新的机型名称，实际上就是所采用的代表性板形控制技术的名称。目前冷轧可选机型方案有：常规四辊轧机；工作辊窜移型四辊轧机，如 CVC4 轧机；上、下辊成对交叉型四辊轧机，如 PC 轧机；中间辊窜移型六辊轧机，如 CVC6 轧机；中间辊变接触窜移型六辊轧机，如 HCM 轧机；中间辊/工作辊双窜移型六辊轧机，如 UCMW 轧机。

8.1.3.2 1700mm 冷连轧机选型配置

上述多种机型的同时并存和相互竞争，既表明板形控制技术是当前国际上研究开发的前沿和热点，也表明此项技术仍是一项处于发展中的技术，尚未达到成熟稳定的地步，必须进行合理选择与配置，并能结合实际进行自主开发。

鉴于带钢板形质量要求日趋严苛，为了满足现在及将来发展的需要，根据前述选型配置策略，板形控制的重点在于门户机架与成品机架，并考虑到边部减薄控制不仅有利于满足电工钢板的要求，而且可以提高所有冷轧带钢的成材率，推荐1700mm冷连轧机采用的选型配置为：门户机架和成品机架均采用具有中间辊窜辊和工作辊窜辊的六辊轧机；中间第2~4机架可结合实际确定，第2机架机可采用具有工作辊窜辊功能的轧机。若门户机架和成品机架采用具有工作辊窜辊功能的四辊轧机可基本满足上述要求，也不失为一种经济可行的机型配置。

需要强调的是，机型配置的完善程度实质上是板形控制调节手段的完善程度。就轧机控制而言，足够的窜辊行程加上辊形的自主开发，能够成为在生产中实现以满足控制、调节需求的一种强有力的手段，它能为今后生产中将会出现的各种新的要求（例如当前尚不突出但将日趋严苛的对带钢边部控制的要求）和技术进步的需要，留下宝贵的应对处理和技术开发的空间。

8.2　五机架四辊冷轧机板形控制选型配置策略

带钢板形（strip shape）包括横截面外形（profile）和平坦度（flatness）两个项目，凸度（crown）和边部减薄（edge drop）是横截面外形的主要参数。机型选择中需要重点考虑的就是板形质量，对冷连轧机而言，带钢从入口到出口的轧制过程中，由于带钢的规格、性能等存在很大的差异，如表8-2所示，带钢在不同机架必然会有不同的板形质量控制要求。

表 8-2　轧制规程（钢种：50WW800）

机架号	s1	s2	s3	s4	s5
入口厚度/mm	2.300	1.764	1.092	0.699	0.506
出口厚度/mm	1.764	1.092	0.699	0.506	0.500
压下率/%	23.30	38.12	36.00	27.51	1.28
变形抗力/MPa	498	646	713	749	756

8.2.1　门户机架

对于冷连轧机的门户机架第1机架来讲，带钢在该机架最厚、压下量较大和变形抗力最小，由凸度和平坦度控制解耦的影响因素分析可以看出，此时带钢金属横向流动最大。由平坦度模型可知，带钢金属横向流动最大，为凸度和平坦度控制解耦创造了条件。同时，从边降控制的影响因素分析可以看出，带钢厚度最厚、压下量最大，带钢边部减薄最大，此时带钢最需要进行边降控制。对于四辊冷连轧机来说，其对带钢凸度和平坦度控制解耦与带钢边降同时进行控制时，易采用的机型配置是 CVTR 工作辊和 VCR 支持辊的机型配置。

对于四辊冷连轧机的第1机架来讲，采用不同的辊形配置所得辊缝形状如图8-2所示。由图中可以看出，应用 CVTR 和 VCR 的辊形配置实现了以下目标：

（1）为实现带钢凸度和平坦度的解耦控制创造了条件；

（2）减小和消除了辊间接触线超出轧制宽度以外的"悬臂端"（有害接触区）弯矩产生的弯曲挠度所造成的自然凸度和带钢边降；

（3）利用工作辊窜辊使其具有特殊辊形的端部直接作用于带钢边部，减小和消除不均匀压扁所造成的自然凸度和带钢边降。

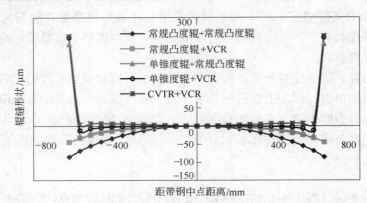

图 8-2　第 1 机架不同辊形配置下的辊缝形状

所以，对于四辊冷连轧机来说，其对带钢凸度和平坦度控制解耦与带钢边降同时进行控制时，应采用 CVTR 工作辊和 VCR 支持辊的机型配置。

8.2.2　成品机架

对于冷连轧机的成品机架第 5 机架来讲，带钢在该机架最薄、压下量最小和变形抗力最大，由凸度和平坦度控制解耦的影响因素分析可以看出，此时带钢金属横向流动最小。由平坦度模型可知，带钢金属横向流动最小，不具备凸度和平坦度控制解耦条件。同时，从边降控制的影响因素分析可以看出，带钢厚度最薄、压下量最小，带钢边部减薄最小，此时进行边降控制效果不明显。对于第 5 机架来讲，其作为冷连轧机板形控制的成品机架，是在轧件厚度最薄处对成品板形特别是平坦度进行最后控制的要害所在。这时，带钢金属的横向流动特别小，可以忽略，横截面几何形状的变化几乎全部转化为平坦度的变化，应尽量保持比例凸度不变，但实际生产中总是难以保证理想的恒比例凸度条件，冷轧中的平坦度缺陷有左侧边浪、右侧边浪、中间浪、双侧边浪、四分之一浪、边中复合浪以及局部浪形等。因此为了充分利用该关键机架控制带钢板形，满足现在及将来发展的需要，成品机架必须提供足够的板形控制能力。

对于四辊冷连轧机的第 5 机架来讲，易采用的机型配置是 SmartCrown plus 工作辊和 FSR 支持辊的辊形配置，应用该辊形配置实现了以下目标：

（1）由于 SmartCrown 技术可以通过 SmartCrown 工作辊辊形曲线的合理设计使其具有所需的足够大的凸度调节域，并且通过 SmartCrown 的优化辊形曲线 SmartCrown plus 的合理设计，来提高轧机对高次浪形的控制能力；并且更重要的是这种辊形优化设计可以在轧机建成投产后根据生产实际情况进行改变，不影响生产的进行。

（2）通过对 SmartCrown plus 工作辊的配套支持辊 FSR 的辊形设计，可以改善工作辊和支持辊的辊间接触压力状态，改善轧辊的磨损状态，增强轧辊服役期间的自保持性，避免了接触压力尖峰的出现和支持辊边部剥落现象的发生，增强轧机对板形的控制能力和改善轧制过程中的稳定性。

8.2.3　中间机架

对于中间机架来说，其处于冷连轧机机组的中央位置，为了完善轧机性能，应该使辊缝同时兼有刚度和柔性两方面，而又不至于在设备和生产中付出过高的代价。本课题组与武钢、宝钢共同开发的 VCR 变接触支持辊非常适合中间机架的要求，它不需采用中间辊窜辊，即可获得在四辊轧机上有效的除去"有害接触区"，以建立低凸度、高刚度的辊缝。并且它的辊间压力均匀，避免了 UCM 轧机由于中间辊的窜动而在轧辊一端出现的过大的辊间压力尖峰。同时，原有弯辊力的弯曲作用在支持辊的辊廓曲线下不受扼制而增大了对辊缝的调节能力。此外，在轧制薄规格品种时它能避免上、下工作辊辊端之间发生"压肩现象"，从而保持轧制过程的稳定性。

本课题组在武钢 1700mm 冷连轧机生产中进行了 VCR 支持辊的工业轧制试验。试验机架为冷连轧机的第四机架。经过为期 23 天的一个轧辊服役周期辊形试验，试验轧制量82602.76 吨，跟踪采集了 VCR 上机前后弯辊力的使用情况（表中数据为正弯辊率，即实际正弯辊力与最大正弯辊力的比值）。对比表 8-3 和表 8-4 数据可以看出，第四机架在VCR 支持辊上机之后，对相同的板形控制要求，弯辊力明显减小，使弯辊过大的现象得到有效抑制，同时说明，弯辊的调控范围得到有效增大。

表 8-3　VCR 辊上机前弯辊力的使用情况

钢种	厚度×宽度/mm×mm	s1/%	s2/%	s3/%	s4/%	s5/%
BDG	0.500×1025	100	93.3	100	94.3	85.0
BDG	0.500×1020	75.8	75.8	75.8	98.5	98.5
DC01	0.910×1020	100	72.9	75.8	96.4	77.6
Q195	0.808×1025	95.1	59.6	79.3	88.4	37.8
SPCC	0.910×1020	98.5	68.6	69.8	91.8	78.2

表 8-4　VCR 辊上机后正弯辊使用情况

钢种	厚度×宽度/mm×mm	s1/%	s2/%	s3/%	s4/%	s5/%
BDG	0.500×1020	100	93.5	98.5	81.2	85.0
BDG	0.500×1020	75.8	75.8	75.8	85.5	94.3
DC01	0.910×1025	100	75.8	75.8	84.2	77.6
Q195	0.808×1020	95.5	60.6	79.3	81.4	37.8
SPCC	0.910×1025	100	68.6	69.8	81.4	78.2

跟踪采集了 VCR 上机前后压下支反力的使用情况，如表 8-5 和表 8-6 所示。设定值为过程控制级系统模型预计算出的压下力数据，实际值为轧机压力传感器压下支反力资料。

因为新 VCR 支持辊上机使用时，并未对控制系统模型进行修改，控制系统依然按照原有常规凸度配辊进行压下支反力计算，因此新辊上机前设定值与实际值基本一致，新辊上机后实际值远小于设定值。对比两表压下支反力数据尤其第四机架的压下力数据可以看出，在 VCR 新支持辊上机之后，有效消除了有害接触区的影响，减少了辊间接触区边部接触压力，降低了正弯辊力，同时避免了辊缝两端非轧制区的"压肩现象"，消除了辊间压靠力，从而使得压下支反力大为降低，同比降幅平均约为 24%。压下支反力的降低很好地减小了轧机轴承的负荷，使得轴承过热的情况得以缓解。现场试验时同期进行了板形采样试验，试验数据表明在使用了 VCR 支持辊之后冷连轧带钢的实物板形质量也有所提高，由原来的 15I 降到 10~11I。

表 8-5　VCR 辊上机前压下支反力数据

钢种	厚度×宽度 /mm×mm	类型	s1/MN	s2/MN	s3/MN	s4/MN	s5/MN
DC01	2.030×1274	设定值	9.5	10.65	10.84	10.25	6.37
		实际值	12.65	12.19	12.11	10.01	6.37
Q195	2.030×1275	设定值	11.84	11.16	10.15	9.18	6.37
		实际值	11.11	11.06	11.59	9.54	6.37
BDG	0.5×1210	设定值	13.36	11.06	10.14	11.22	6.04
		实际值	12.49	10.43	10.03	11.25	6.04

表 8-6　VCR 辊上机后压下支反力数据

钢种	厚度×宽度 /mm×mm	类型	s1/MN	s2/MN	s3/MN	s4/MN	s5/MN
DC01	2.547×1279	设定值	10.33	11.51	11.22	10.4	6.56
		实际值	11.1	11.94	11.12	7.88	6.56
Q195	1.928×1275	设定值	11.92	11.92	11.02	10.22	6.37
		实际值	11.08	11.16	10.78	8.51	6.05
BDG	0.5×1210	设定值	12.68	10.73	10.17	11.64	6.04
		实际值	11.86	10.79	10.36	9.02	6.04

从上面的分析中可以看出，五机架四辊冷连轧机，通过第 1 机架（门户机架）应用 CVTR 和 VCR 辊形配置获得的"刚性辊缝"，第 5 机架（成品机架）应用 SmartCrown plus 和 FSR 辊形配置获得的"柔性辊缝"，中间机架应用 VCR 支持辊得到的刚柔兼备辊缝，实现了以下功能：

（1）消化热轧来料波动，为实现带钢凸度控制和平坦度控制的解耦创造了条件；

（2）实现了带钢边部减薄控制；

（3）增强了对各种规格的带钢，特别是窄带钢的板形调控能力；

（4）避免了辊缝两端非轧制区的"压肩现象"的发生，提高了板形质量；

（5）减小了辊间压力尖峰的出现，避免了"边部剥落"问题发生，降低了辊耗。

因此，五机架四辊冷连轧机通过不同机型间的优化配置，使冷连轧机的板形控制能力得到了很大的提高，并节约了成本。五机架四辊冷连轧机通过对带钢在门户机架（第1机架）、中间机架（第2~4机架）和成品机架（第5机架）的不同机架的特点而采用不同的机型配置，实现了轧机从刚性辊缝到柔性辊缝的过渡，如图8-3所示。

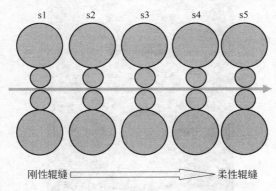

图 8-3　四辊冷连轧机辊缝布置特点

8.3　六辊冷连轧机的机型配置分析

为了加强对板形的控制能力，许多板带生产厂家引进了五机架六辊冷连轧机，如图8-4和图8-5所示。但是，六辊冷连轧机在使用过程中，在板形控制、轧辊损耗等方面存在许多问题。因此，需对六辊冷连轧机的选型配置策略进行分析研究。由上节分析可知，在冷连轧机的上游机架采用刚性辊缝，消化热轧来料波动，下游机架采用柔性辊缝，提高轧机对浪形的控制能力，是一种良好的机型配置方法。

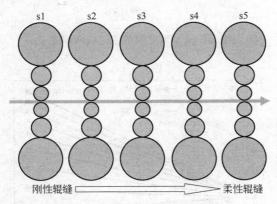

图 8-4　六辊冷连轧机辊缝布置特点

8.3.1　刚性辊缝

由图8-6可以看出，CVC6轧机中间辊在窜辊过程中，其辊缝横向刚度保持不变，约为51000kN/μm。因为CVC6轧机不论中间辊如何窜辊均为辊间全接触，"有害接触区"及其造成的挠曲一直存在，其辊缝横向刚度在窜辊过程中不变且处于比较低的值。

图8-7为UCM轧机的辊缝横向刚度，其中δ为中间辊端部距带钢边部的距离，单位

图 8-5 六辊轧机现场示意图

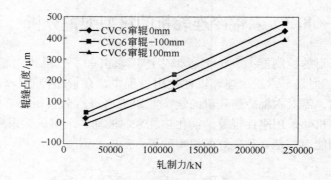

图 8-6 CVC6 轧机的辊缝横向刚度

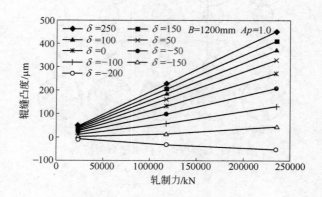

图 8-7 UCM 轧机的辊缝横向刚度

为 mm。由图 8-7 可以看出,当 UCM 轧机 δ 的代数值较大(即中间辊的窜辊量较小)时,K_P 为正值,且其量值较小,随着中间辊窜辊量的增加,K_P 逐渐增大,当 UCM 轧机 δ 接近某一数值时,K_P 急剧增加并趋于无穷;进一步增加中间辊的窜辊量,K_P 将会变为负值。使

K_P 趋于无穷的 UCM 的 δ 值即为该条件下的辊缝横向刚度无穷大点。带钢宽度不同，使 K_P 趋于无穷的值也不同。图 8-8 所分析的工作状况下 K_{Pmax} 所对应的中间辊窜辊量约为 $\delta =$ -171mm。将中间辊设定于横向刚度无穷大点进行轧制时，即使轧制压力发生变化，板形也不改变，因此，弯辊力不需要跟随轧制压力调节。

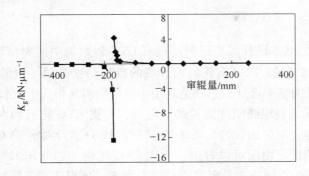

图 8-8 UCM 轧机的横向刚度特性曲线

UCM 轧机利用中间辊窜辊消除"有害接触区"及其产生的悬臂段弯矩，从而有效地降低了辊缝凸度值，提高了辊缝横向刚度。从理论上讲，UCM 轧机能够通过中间辊窜辊使轧机辊缝横向刚度达到最理想的情况，即辊缝横向刚度无穷大的状态。

从冷轧机板形控制选型配置策略的分析可以看出：UCM 轧机通过中间辊窜辊使轧机辊缝具有较大的辊缝横向刚度，能够克服由于热轧来料波动而引起的轧制力过大的波动，保持辊缝的相对稳定性。UCM 轧机其"刚性辊缝"的特点，比较适合第 1 机架的轧制特点，但是 UCM 轧机工作辊不具备工作辊窜辊来控制边降，因此 UCMW 所具有"刚性辊缝"和工作辊窜辊来控制边降的特点更适合第 1 机架的轧制特点。

8.3.2 柔性辊缝

通过对六辊轧机辊缝凸度调节域的分析，如图 8-9 可以看出，CVC6 轧机通过中间辊特殊辊形的设计，在相同带钢宽度条件下，使 CVC6 轧机具有比 UCM 轧机更大的辊缝凸

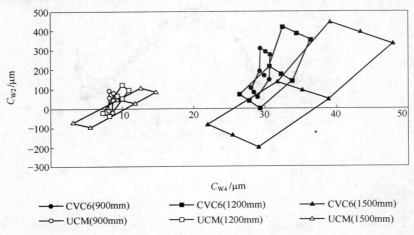

图 8-9 六辊轧机辊缝凸度调节域对比

度调节域。CVC6 轧机可以与机架出口处的板形检测仪器构成闭环反馈，以期对轧制过程中出现的各种浪形进行控制。并且由于 CVC6 轧机是一种连续变凸度技术，所以中间辊辊形可以采用 CVC plus 或 SmartCrown plus 等辊形来提高轧机对各种浪形的控制能力。因此 CVC6 轧机所具有的"柔性辊缝"更适合第 5 机架的轧制特点。

8.3.3 刚柔兼备辊缝

六辊 CVC 轧机的基本设计思想是利用具有 CVC 辊形的中间辊窜辊建立幅宽达 400~500μm 的辊形凸度调节域，以平衡轧制力造成的自然凸度及赋予辊缝较大的凸度调节柔度。而六辊 HC 轧机的基本设计思想则是利用中间辊窜辊从根源上大幅度减小轧制力造成的自然凸度，以达到增强辊缝刚度的目的的。但是，六辊 CVC 轧机和六辊 HC 轧机在增强板形控制能力的同时，须付出代价。图 8-10 和图 8-11 分别为六辊 CVC 轧机和六辊 HC 轧机的辊间压力分布情况。由图可以看出：六辊 CVC 轧机的辊间压力分布呈现"S"形分布；而六辊 HC 轧机的辊间压力呈现"三角形"分布。所以造成了轧机在使用过程中轧辊磨损严重且不均，甚至出现严重边部剥落等问题。影响带钢的板形质量，而且给轧辊的磨削以及备辊带来困难，影响工业的稳定生产。

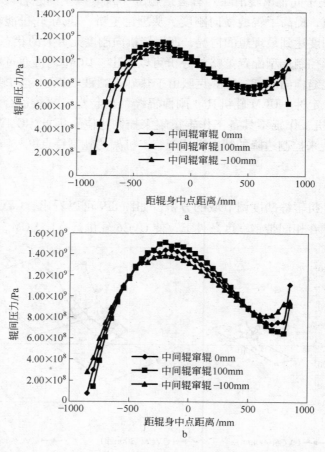

图 8-10　六辊 CVC 轧机辊间压力分布

a—中间辊和支持辊；b—工作辊和中间辊

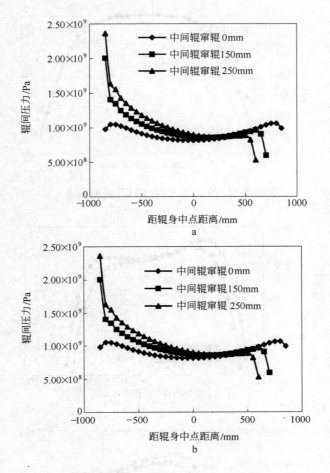

图 8-11 六辊 HC 轧机辊间压力分布

a—中间辊和支持辊；b—工作辊和中间辊

六辊 VCR 轧机的基本原理是中间辊采用特殊的 VCR（Varying Contact Roll）辊形曲线（图 8-12），尽量减小由于中间辊窜辊而带来的辊间压力出现严重不均甚至出现过大辊间压力尖峰，即可在六辊轧机上有效消除"有害接触区"以建立低凸度、高刚度的辊缝。"变接触中间辊"的基本思想是：采用特殊设计的中间辊辊形曲线，基于辊系弹性变形的特性，使在受力状态下工作辊和中间辊、中间辊和支持辊之间的接触线长度正好与轧制带钢的宽度相适应，做到自动消除"有害接触区"，减小了为控制板形而采用的中间辊窜辊量值，使辊间压力分布比较均匀，达到减小和消除辊间压力尖峰的目的。

图 8-13 为六辊 VCR 轧机辊间压力分布情况（单位宽度轧制力为 10kN/mm，带钢宽度为 1200mm，中间辊窜辊量为 150mm，工作辊弯辊力分别为 0kN 和 360kN，中间辊弯辊力分别为 0kN 和 500kN）。对比图 8-10、图 8-11 和图 8-13 可以看出：六辊 VCR 轧机其辊间压力分布比较均匀，克服了六辊 CVC 轧机"S"形辊间压力分布和六辊 HC 轧机严重的"三角形"辊间压力分布，减小和消除了边部出现的辊间压力尖峰，有助于轧辊磨损均匀和工业的稳定生产。

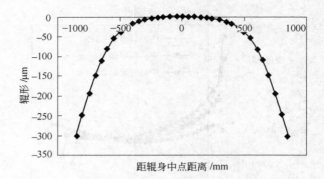

图 8-12 中间辊采用的 VCR 辊形曲线

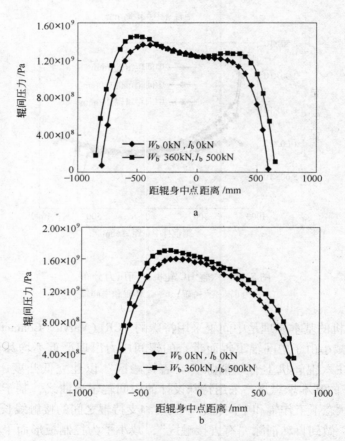

a

b

图 8-13 六辊 VCR 轧机辊间压力分布
a—中间辊和支持辊；b—工作辊和中间辊

图 8-14 为六辊轧机辊缝刚度特性对比图。其中，轧机工作工况为 UCM 轧机中间辊窜辊 250mm，工作辊和中间辊弯辊力为零，带钢宽度为 1200mm。由图可以看出：带钢宽度为 1200mm 时，中间辊窜辊为 0mm，六辊 VCR 轧机的辊缝横向刚度达到 62883.96kN/μm，相当于六辊 UCM 轧机中间辊窜辊 150mm 时的辊缝横向刚度；而中间辊窜辊为 150mm，六辊 VCR 轧机的辊缝横向刚度达到 79668.80kN/μm，相当于六辊 UCM 轧机中间辊窜辊

250mm 时的辊缝横向刚度。六辊 VCR 轧机具有较大的辊缝横向刚度,可以克服轧制力波动带来的不利影响,有利于轧制过程中保持轧机辊缝的稳定性。

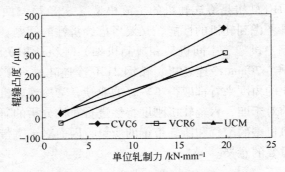

图 8-14　六辊轧机辊缝刚度特性对比

图 8-15 为六辊 VCR 轧机和六辊 UCM 轧机的辊缝凸度调节域对比图。从图中可以看出:六辊 VCR 轧机的辊缝凸度调节域明显大于同工况下的六辊 UCM 轧机的辊缝凸度调节域。六辊 VCR 轧机在板形控制方面表现出了较大的辊缝凸度的调节柔性。本节提出的六辊 VCR 轧机,该轧机兼有"辊缝刚性"和"辊缝柔性"两方面,同时均化了辊间接触压力,在板形控制能力相当的情况下,由于中间辊采用了 VCR 辊形曲线,可以减小中间辊窜辊量,避免了过大辊间压力尖峰的出现,节约生产成本,更适合中间机架的轧制特点。

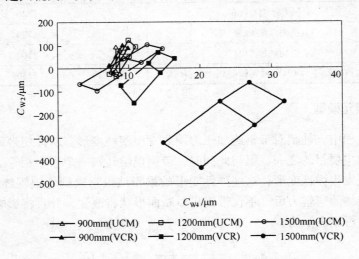

图 8-15　六辊 VCR 和六辊 UCM 轧机的辊缝凸度调节域对比

从六辊轧机板形控制特性的分析可以看出,宽带钢冷连轧机的机型配置,从门户机架采用 UCMW 轧机、中间机架采用六辊 VCR 轧机和成品机架采用 CVC6 轧机,实现了从刚性辊缝到柔性辊缝的过渡。

8.4　宽带钢冷轧机辊系纵向刚度特性对比

轧机纵向刚度是反映轧机结构性能的重要参数,是轧机所能获得轧制精度的主要指标。轧机纵向刚度为编制新的合理的轧制规程提供必要的设备性能数据，并且为实现带钢厚度的自动调节及计算机控制提供数据。不同机型的轧机其纵向刚度特性不同。目前，宽带钢四、六辊 CVC 和 HC 轧机是冷连轧机的主流机型（表8-7），两者同时存在又相互竞争。在选型过程中，既考虑到轧机的性能，又要考虑经济性的问题。所以有必要根据冷连轧机组中不同机架（门户机架、中间机架和成品机架）轧机所担负任务的侧重点不同来进行机型配置，如宝钢 1420mm 冷连轧机、鞍钢 2130 冷连轧机等采用了四辊、六辊混合机型配置，从其性价比的角度来看都取得了较好的业绩，为冷连轧机选型优化配置提供了一定的参考。但是目前对于四、六辊轧机刚度特性进行对比分析的研究较少。鉴于纵向刚度直接关系到冷连轧机机型的配置和所轧带钢的质量，因而对于宽带钢轧机的纵向刚度特性进行对比研究具有重要的意义。

表 8-7 国内部分典型冷连轧机组

冷轧厂	冷连轧机组	轧机规格/mm
宝钢	五机架四辊	2030
	一~三机架四辊（CVC4）+四~五机架六辊（CVC6）	1420
	五机架六辊 UCMW	1550
	五机架六辊 UCM	1800
武钢	五机架四辊	1700
	五机架六辊 CVC6	2230
	五机架六辊 UCM	1780
鞍钢	五机架六辊 UCM	1500
	一、五机架六辊（UCM）+二~四机架四辊（HCW）	2130

8.4.1　辊系有限元模型

板带轧制过程中，轧辊对带钢施加压力使之发生塑性变形，从而使带钢厚度变薄，这是轧制过程中的主要目的之一。但与此同时，带钢也给轧辊一个大小相等、方向相反的反作用力，使轧机发生弹性变形，这些弹性变形的累积结果反映到轧辊辊缝，使辊缝增大；当辊系加上所施加的弯辊力后，不仅带钢出口断面形状将改变，并且将影响出口厚度，因此带钢出口厚度可以表示为：

$$h = S_0 + \frac{F_P - F_{P0}}{k_z} + \frac{F_W}{k_W} + O_F + G_M$$

式中，S_0 为空载辊缝；F_P 为轧制力；F_{P0} 为预压靠力；k_z 为轧制力纵向刚度；F_W 为弯辊力；k_W 为弯辊力纵向刚度；O_F 为轧制条件下液压轴承油膜厚度；G_M 为由于轧辊膨胀及磨损引起的轧机中心线处空载辊缝的漂移，即辊缝零位。

可以看出，轧制力纵向刚度和弯辊力纵向刚度直接关系到冷连轧机带钢出口厚度精度的大小。轧机的弹性变形包括辊系的变形、机架以及其他部分的变形，其中 60% 以上的变形是由辊系贡献的。

为了研究冷轧机辊系纵向刚度特性，根据冷轧机的生产工艺，采用大型通用有限元软件 ANSYS9.0 建立了辊系有限元仿真模型，选取实际生产中的典型工况进行仿真计算。如果忽略带钢的弹性恢复，辊系受力变形后的承载辊缝形状即为带钢断面横向厚度分布形状，本节以承载辊缝形状来确定带钢横向厚度分布。为了提高计算速度，根据四辊、六辊轧机辊系结构的反对称性和轴对称性，只需对辊系的 1/4 建立模型，建模参数见表 8-8。模型中轧辊的物理参数如下：弹性模量为 2.1×10^5 MPa，泊松比为 0.3，密度为 7850kg/m³。

表 8-8　辊系有限元模型的建模参数

参　数	数　值	
	四辊轧机	六辊轧机
工作辊辊身尺寸 $D_W \times L_W$/mm×mm	$\phi 600 \times 1900$	$\phi 500 \times 1700$
中间辊辊身尺寸 $D_1 \times L_1$/mm×mm		$\phi 580 \times 1900$
支持辊辊身尺寸 $D_B \times L_B$/mm×mm	$\phi 1450 \times 1700$	$\phi 1370 \times 1700$
单位宽度轧制力 P/kN·mm⁻¹	7~10	7~10
工作辊弯辊力 F_W/kN	−500~+500	−180~+360
中间辊弯辊力 F_W/kN		0~+500

8.4.2　轧制力纵向刚度分析

带钢进行轧制时，由于带钢的材质、温度和来料厚度等发生变化进而导致承载辊缝和带钢出口厚度发生变化。轧制力纵向刚度 k_z 的物理意义就是指示承载辊缝中点开口度增大 1mm 所需要的轧制力，即：

$$k_z = \frac{\Delta P}{\Delta y}$$

式中，ΔP 为轧制力波动量；Δy 为承载辊缝中点开口度的变化量。

轧制力纵向刚度的大小表示了承载辊缝在轧制力波动情况下保持板厚的能力，显然 k_z 越大，承载辊缝越稳定，对轧制过程中板厚控制越有利。如果假设辊系和机架的轧制力纵向刚度分别为 k_{z1} 和 k_{z2}，那么，轧机的轧制力纵刚度 k_z 为：

$$k_z = \frac{k_{z1} k_{z2}}{k_{z1} + k_{z2}}$$

当机架的结构一定时，k_{z2} 为常数，因此，轧机的轧制力纵向刚度系数 k_z 只取决于 k_{z1}。本章提到的轧制力纵向刚度指的就是轧制力辊系纵向刚度。

8.4.2.1　四辊轧机轧制力纵向刚度

图 8-16 为四辊轧机不同窜辊位置下的轧制力纵向刚度随工作辊弯辊力的变化情况。可以看出，HCW 轧机轧制力纵向刚度受窜辊量的影响大于 CVC4 轧机，且弯辊力相同时，窜辊量越大，轧制力纵向刚度越小。其主要原因是 HCW 轧机在窜辊过程中，工作辊和支持辊的辊间接触长度随着窜辊量的增大而减小，所以引起轧制力纵向刚度发生变化，而 CVC4 轧机工作辊和支持辊的辊间接触长度在工作辊窜辊量过程中几乎保持不变，轧制力纵向刚度变化很小。

8.4.2.2　六辊轧机轧制力纵向刚度

图 8-17 为 HC 六辊轧机轧制力纵向刚度的变化情况。可以看出，HC 六辊轧机在

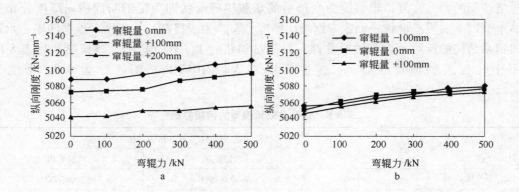

图 8-16 四辊轧机轧制力纵向刚度的变化
a—HCW；b—CVC4

中间辊窜辊量相同，不同工作辊弯辊力或中间辊弯辊力情况下，轧机的轧制力纵向刚度有所变化，但是变化较小，小于 12kN/mm；在相同工作辊弯辊力或中间辊弯辊力，不同中间辊窜辊量情况下，轧机的轧制力纵向刚度变化很大，如中间辊窜辊量由 0mm 变化为 400mm 时，其轧制力纵向刚度减小 10% 左右，可见变化比较明显。因此，为了满足厚度控制精度的要求，在轧制过程中通常不采用动态变化中间辊窜辊量的办法来矫正板形缺陷，而是采用对轧制力纵向刚性影响不显著的弯辊方法，否则会带来厚度的严重波动。

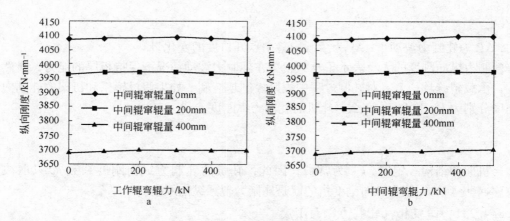

图 8-17 HC 六辊轧机轧制力纵向刚度的变化

图 8-18 为 CVC6 轧机轧制力纵向刚度的变化情况。可以看出，CVC6 轧机在中间辊窜辊量相同，不同工作辊弯辊或中间辊弯辊力情况下，轧机的轧制力纵向刚度不同，但变化较小，小于 10kN/mm；在相同工作辊弯辊或中间辊弯辊力，不同中间辊窜辊量情况下，轧机的轧制力纵向刚度不同，且窜辊量从 -100～+100mm 变化时，纵向刚度变化较小，小于 20kN/mm。CVC6 轧机可以在轧制过程中动态调整中间辊窜辊而控制板形，而此过程对厚度控制精度的影响不大。

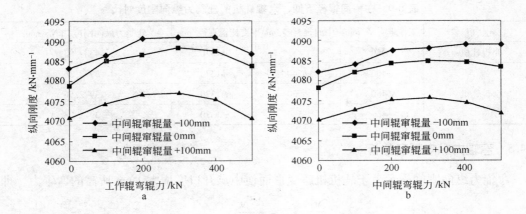

图 8-18　CVC6 轧机轧制力纵向刚度的变化

8.4.2.3　辊径对轧制力纵向刚度的影响

图 8-19 为四、六辊轧机轧制力纵向刚度随辊径的变化情况。由图 8-19a 可以看出，随着工作辊和支持辊直径的增加，四辊轧机的轧制力纵向刚度呈线性增加趋势，且工作辊直径在变化范围内所引起的轧制力纵向刚度的变化量与支持辊直径所引起的轧制力纵向刚度的变化量大体相同。由图 8-19b 可以看出，随着工作辊、中间辊和支持辊直径的增加，六辊轧机的轧制力纵向刚度呈线性增加趋势，且工作辊直径在变化范围内所引起的轧制力纵向刚度的变化量与支持辊直径所引起的轧制力纵向刚度的变化量大体相同，但是中间辊直径所引起的轧制力纵向刚度的变化量较小。

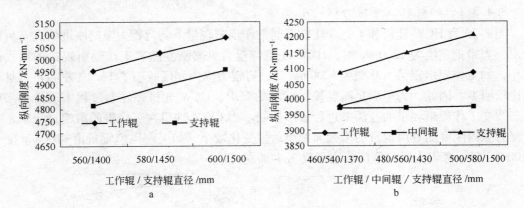

图 8-19　四、六轧机纵向刚度随辊径的变化
a—四辊轧机；b—六辊轧机

四辊、六辊轧机的工作辊和支持辊的直径分别相同时，其轧制力纵向刚度对比见表 8-9。可以看出，在工作辊直径和支持辊直径分别相同时，四辊轧机的轧制力纵向刚度明显大于六辊轧机，约 10.4%。而通常情况下，四辊轧机工作辊直径和支持辊直径比六辊轧机要大，而其轧制力纵向刚度随着工作辊和支持辊直径的增加而增加，因此通常情况下，四辊轧机比六辊轧机的轧制力纵向刚度要大。

表 8-9　在相同辊径下四、六辊轧机的轧制力纵向刚度对比

轧　机	工作辊直径/mm	中间辊直径/mm	支持辊直径/mm	轧制力纵向刚度/ kN·mm⁻¹
四辊轧机	$\phi 460$		$\phi 1370$	4387.93
	$\phi 460$	$\phi 540$	$\phi 1370$	3972.26
六辊轧机	$\phi 460$	$\phi 560$	$\phi 1370$	3972.56
	$\phi 460$	$\phi 580$	$\phi 1370$	3972.78

8.4.3　弯辊力纵向刚度分析

弯辊力纵向刚度表示由于轧机机座变形而使中点开口度增大 1mm 所需的弯辊力，即

$$k_{\mathrm{W}} = \frac{\Delta F_{\mathrm{W}}}{\Delta y}$$

式中，ΔF_{W} 为弯辊力的变化量；Δy 为承载辊缝中点开口度的变化量。

弯辊力纵向刚度的大小表示了承载辊缝在弯辊力改变情况下保持板厚的能力，显然 k_{W} 越大，承载辊缝越稳定，对轧制过程中板厚控制越有利。同轧制力纵向刚度一样，弯辊力纵向刚度也分为辊系和机架的弯辊力纵向刚度，分别设为 k_{WG} 和 k_{WJ}，则弯辊力纵向刚度 k_{W} 为：

$$k_{\mathrm{W}} = \frac{k_{\mathrm{WG}} k_{\mathrm{WJ}}}{k_{\mathrm{WG}} + k_{\mathrm{WJ}}}$$

当机架的结构一定时，k_{WJ} 为常数，因此，弯辊力纵向刚度 k_{W} 取决于 k_{WG}。本节提到的弯辊力纵向刚度指的是辊系弯辊力纵向刚度。

8.4.3.1　四辊轧机弯辊力纵向刚度

图 8-20 为 HCW 轧机和 CVC4 轧机不同工作辊窜辊量下的弯辊力纵向刚度情况。可以看出，当带钢宽度为 1200mm 时，HCW 轧机弯辊力纵向刚度随着工作辊窜辊量的增大而减小，如工作辊窜辊量由 0 变为+200mm 时，弯辊力纵向刚度减小了 16.2%左右，可见变化比较明显。因此，为了满足厚度控制精度的要求，HCW 轧机在轧制过程中通常不采用动态改变工作辊窜辊量的办法来进行板形控制。而 CVC4 轧机在工作辊的窜辊过程中，其弯辊力纵向刚度随着窜辊量的增大而减小，但变化较小，如工作辊窜辊量由−100mm 变为+100mm 时，弯辊力纵向刚度减小了仅 3.44%左右。

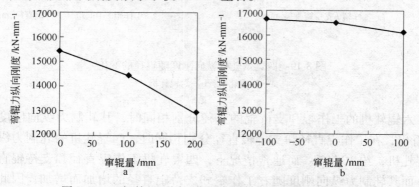

图 8-20　四辊轧机不同工作辊窜辊量下的弯辊力纵向刚度

a—HCW；b—CVC4

8.4.3.2 六辊轧机弯辊力纵向刚度

图 8-21 为 HC 六辊轧机和 CVC6 轧机不同工作辊窜辊量下的弯辊力纵向刚度。可以看出，同种轧机下工作辊弯辊力纵向刚度大于中间辊弯辊力纵向刚度，且随着中间辊窜辊量的增大，工作辊弯辊力纵向刚度和中间辊弯辊力纵向刚度都呈减小趋势。如图 8-21a 所示，当带钢宽度为 1200mm 时，HC 六辊轧机工作辊窜辊量由 0 变为 +300mm 时，工作辊弯辊力纵向刚度减小了 31.6%，中间辊弯辊力纵向刚度减小了 10.4%。如图 8-21b 所示，当带钢宽度为 1200mm 时，CVC6 轧机工作辊窜辊量由 -100mm 变为 +100mm 时，工作辊弯辊力纵向刚度减小了 9.4%，中间辊弯辊力纵向刚度减小了 6.2%。可以看出，中间辊窜辊对 HC 六辊轧机弯辊力纵向刚度的影响要大于 CVC6 轧机。

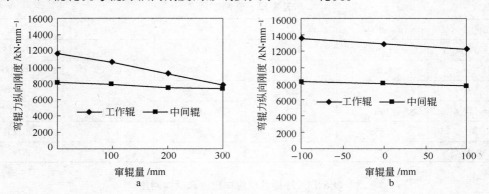

图 8-21 六辊轧机不同中间辊窜辊量下的弯辊力纵向刚度
a—HC 六辊轧机；b—CVC6

8.5 冷连轧机不同刚度配置下的板形板厚控制

8.5.1 刚度设定

从对四辊、六辊轧机的横向和纵向刚度的分析中可以把横向刚度和纵向刚度分成以下三大类，如表 8-10 所示。

表 8-10 刚度分类

类别	轧制力横向刚度 /kN·mm⁻¹	弯辊力横向刚度 /kN·mm⁻¹	轧制力纵向刚度 /kN·mm⁻¹	弯辊力纵向刚度 /kN·mm⁻¹	代表性轧机
Ⅰ	60000	5000	5000	15000	HCW、CVC4
Ⅱ	90000	2500	3000	4000	HC6
Ⅲ	50000	2500	3000	4000	CVC6

本小节对五机架冷连轧机的两个轧制规程、七种刚度配置进行了计算。轧制规程如表 8-11 和表 8-12 所示，刚度配置如表 8-13 所示。

表 8-11　轧制规程 1

工艺参数	s1	s2	s3	s4	s5
h_0/mm	3.5	2.55	1.81	1.37	1.08
h_1/mm	2.55	1.81	1.37	1.08	1.00
ε/%	27.14	29.02	24.31	21.17	7.41
τ_i/MPa	102	128	161	161	80
K_T	0.8474	0.8220	0.7973	0.7850	0.8423
K/MPa	498	646	713	749	764

表 8-12　轧制规程 2

工艺参数	s1	s2	s3	s4	s5
h_0/mm	1.50	1.00	0.65	0.43	0.315
h_1/mm	1.00	0.65	0.43	0.315	0.300
ε/%	33.3	35	33.8	26.7	4.8
τ_i/MPa	102	128	161	161	80
K_T	0.856	0.831	0.807	0.794	0.851
K/MPa	528	679	748	781	792

表 8-13　冷连轧机纵向刚度和横向刚度

方式　机架号	A	B	C	D	E	F	G
1	Ⅰ	Ⅱ	Ⅰ	Ⅱ	Ⅱ	Ⅲ	Ⅰ
2	Ⅰ	Ⅱ	Ⅰ	Ⅱ	Ⅰ	Ⅲ	Ⅰ
3	Ⅰ	Ⅱ	Ⅱ	Ⅱ	Ⅰ	Ⅲ	Ⅲ
4	Ⅰ	Ⅱ	Ⅱ	Ⅰ	Ⅱ	Ⅲ	Ⅲ
5	Ⅰ	Ⅱ	Ⅱ	Ⅰ	Ⅱ	Ⅲ	Ⅲ

8.5.2　各扰动量的影响

图 8-22 为不同轧机刚度配置下来料厚度对成品机架出口厚度和凸度的影响。图 8-23 为不同轧机刚度配置下来料硬度对成品机架出口厚度和凸度的影响。

可以看出，当冷连轧机的来料厚度或来料硬度发生扰动时，在方式 A、方式 C 和方式 G 的刚度配置下，由于 s1 和 s2 机架同时采用刚度类别 Ⅰ，成品机架的厚度波动比其他方式小。

从方式 B 和方式 C、方式 F 和方式 G 比较来看，在方式 C（或 G）刚度配置下，由于其 s1 和 s2 机架同时采用刚度类别 Ⅰ，所以比方式 B（或 F）刚度配置下的成品厚度波动和凸度波动要小。由此可以看出，s1 和 s2 机架同时采用刚度类别 Ⅰ 易于减小冷连轧机来料厚度和来料硬度扰动对成品厚度和凸度的影响。在方式 A、方式 C 和方式 G 的刚度配置下，由于 s3～s5 机架分别采用刚度类别 Ⅰ、类别 Ⅱ 和类别 Ⅲ，其来料厚度和硬度扰动对成品凸度的影响，方式 C 最小，方式 G 次之，方式 A 最大。

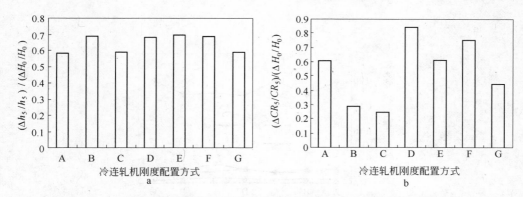

图 8-22 不同轧机刚度配置下来料厚度对成品机架出口厚度和凸度的影响

a—出口厚度；b—出口凸度

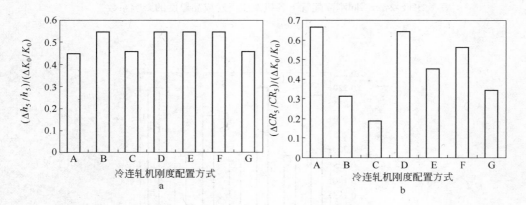

图 8-23 不同轧机刚度配置下来料硬度对成品机架出口厚度和凸度的影响

a—出口厚度；b—出口凸度

8.5.3 各控制量的影响

从图 8-24 可以看出：方式 A、方式 C 和方式 G 由于 s1 采用了刚度类别 Ⅰ，其 s1 的压下性能对成品厚度的控制好于其他方式。当热轧来料厚度扰动 0.1mm 时，方式 A、方式 C 和方式 G 造成的成品厚度波动约为 0.016mm，其他方式约为 0.0195mm，为了消除此成品厚度的波动，方式 A、方式 C 和方式 G 需要移动压下 0.085 mm，好于其他方式压下 0.115 mm，可见方式 A、方式 C 和方式 G 的第 1 机架压下效率好于其他方式。同时可以看出，s1 对成品厚度控制的压下性能明显高于其他机架，加强 s1 机架的压下性能可以提高对成品厚度的控制能力。对于冷连轧机，通常情况下 s1 和 s2 机架主要用于厚度的粗调，s4 和 s5 主要用于厚度的精调（因为压下 s5 容易影响成品板形，见图 8-26，所以 s5 主要用于厚度的精调），s1 和 s2 的压下对成品厚度的压下调节性能对于成品厚度的控制非常重要，由图 8-25 可以看出，方式 A、方式 C 和方式 G 下 s1 和 s2 的压下对成品厚度的影响系数要高于其他方式。从图 8-27 中可以看出，方式 B、方式 C 和方式 G 下 s1 和 s2 的压下对成品凸度影响较小。

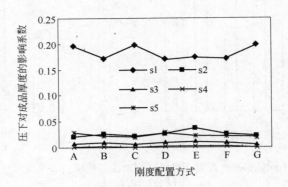

图 8-24　不同刚度配置下各机架压下对成品厚度的影响系数

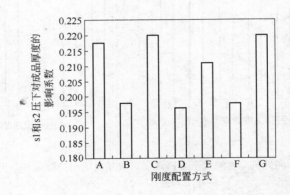

图 8-25　不同刚度配置下 s1 和 s2 压下对成品厚度的影响系数

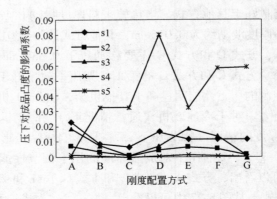

图 8-26　不同刚度配置下各机架压下对成品凸度的影响系数

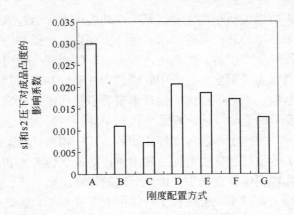

图 8-27 不同刚度配置下 s1 和 s2 压下对成品凸度的影响系数

从表 8-14 中可以看出，冷连轧机各机架弯辊力的控制效果与弯辊力的横向刚度分布一致，弯辊力对凸度控制效果方式 B 最好，方式 A 效果最差。从图 8-28 中可以看出，各机架弯辊力对成品厚度的影响方式 A、方式 C 和方式 G 较小。由以上分析可以看出，方式 C 和方式 G 弯辊力对凸度控制效果较好，对成品厚度的影响较小。

表 8-14 不同刚度配置方式下弯辊力对本机架凸度的影响系数

影响系数	A	B	C	D	E	F	G
$K_{F_{W1}}^{CR1}$	1.98×10^{-4}	3.96×10^{-4}	1.98×10^{-4}	3.96×10^{-4}	3.96×10^{-4}	3.92×10^{-4}	1.98×10^{-4}
$K_{F_{W2}}^{CR2}$	1.94×10^{-4}	3.91×10^{-4}	1.95×10^{-4}	3.91×10^{-4}	1.94×10^{-4}	3.84×10^{-4}	1.95×10^{-4}
$K_{F_{W3}}^{CR3}$	1.95×10^{-4}	3.92×10^{-4}	3.92×10^{-4}	3.92×10^{-4}	1.95×10^{-4}	3.86×10^{-4}	3.86×10^{-4}
$K_{F_{W4}}^{CR4}$	1.94×10^{-4}	3.92×10^{-4}	3.92×10^{-4}	1.95×10^{-4}	3.92×10^{-4}	3.85×10^{-4}	3.85×10^{-4}
$K_{F_{W5}}^{CR5}$	1.95×10^{-4}	3.92×10^{-4}	3.92×10^{-4}	1.95×10^{-4}	3.92×10^{-4}	3.85×10^{-4}	3.85×10^{-4}

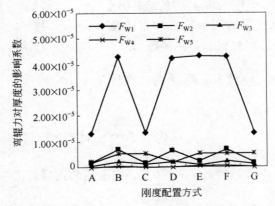

图 8-28 不同刚度配置下各机架弯辊力对该机架出口厚度的影响系数

8.6 不同机型下的辊间接触压力比较

近年来，随着市场竞争的加剧，用户对冷轧板的质量（尤其表面质量、尺寸精度）

要求不断提高，故对影响钢板质量的主要因素——轧辊的要求也越来越高。一方面要求轧辊必须有很高的精度来满足冷轧产品的要求；另一方面在生产成本中占较大比例的轧辊消耗尽可能低，以降低冷轧生产成本，提高经济效益。轧辊消耗一般可分为有效损耗和无效损耗两类。有效损耗通常为带钢生产过程中轧辊的正常磨削和磨损部分；无效损耗主要为轧辊因各种事故，如断辊、剥落、掉肉、辊环掰裂等事故所造成的异常消耗部分。在带钢的实际生产中，各种类型的轧辊事故出现是不可避免的。宽带钢冷连轧机轧制产品大纲的不同、生产条件的差异和操作水平的区别等，使各生产厂家对轧辊事故的控制方面存在着比较大的差异，轧辊无效损耗在轧辊消耗总量中所占的比例也各不相同。轧辊沿轴向不均匀磨损严重，特别是轧辊剥落时有发生，由此导致的辊耗居高不下，严重影响着生产正常进行。轧辊的剥落，特别是对于四辊轧机支持辊的剥落和对于六辊轧机中间辊和支持辊的剥落，属于接触疲劳破坏，是该剥落处轧辊辊面下某一深度处产生的循环切应力超过材料接触疲劳极限的结果。

　　如假设辊间作用力沿轴向均匀分布，由弹性力学知，辊间接触问题可简化成一个平面应变问题。H. 赫兹（Hertz）理论认为：两个圆柱体在接触区内产生局部的弹性压扁，存在呈半椭圆形分布的压应力（图 8-29）。半径方向产生的法向正应力在接触面的中部最大。最大正应力及接触区宽度 $2b$ 可由下式计算：

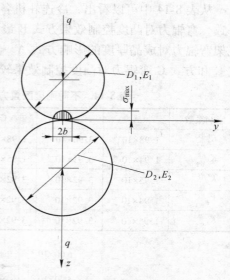

$$\sigma_{max} = \frac{2q}{\pi b} = \sqrt{\frac{2q(D_1 + D_2)}{\pi^2(K_1 + K_2)D_1 D_2}}$$

$$= \sqrt{\frac{q(r_1 + r_2)}{\pi^2(K_1 + K_2)r_1 r_2}}$$

式中，q 为加在接触表面单位长度上的负载；D_1、D_2 及 r_1、r_2 分别为相互接触的两个轧辊的直径及半径；K_1、K_2 分别为与轧辊材料有关的系数，$K_1 = \frac{1 - \nu_1^2}{\pi E_1}$，$K_2 = \frac{1 - \nu_2^2}{\pi E_2}$；$\nu_1$、$\nu_2$ 及 E_1、E_2 为两轧辊材

图 8-29　工作辊与支持辊相接触的情况

料的泊松比和弹性模量。

$$b = \sqrt{\frac{2q(K_1 + K_2)D_1 D_2}{D_1 + D_2}}$$

　　若两辊泊松比相同并取 $\nu_1 = \nu_2 = \nu = 0.3$，则上述两式可简化为：

$$\sigma_{max} = 0.418\sqrt{\frac{qE(r_1 + r_2)}{r_1 r_2}} = 0.637\frac{q}{b}$$

$$b = 1.52\sqrt{\frac{qr_1 r_2}{E(r_1 + r_2)}}$$

　　此应力虽然很大，但对轧辊不致产生很大的危险。因为在接触区，材料的变形处于三向压缩状态，能承受较高的应力。

在辊间接触区中，除了需校核最大正应力 σ_{max} 外，对于轧辊体内的最大切应力也应进行校核。图 8-30 表示了辊内切应力分布的状况。主切应力 $\tau_{45°}$ 在接触点 O 处其值为零，从 O 点到 A 点逐渐增大，主切应力 $\tau_{45°}$ 在 A 点距接触表面深度 $z = 0.78b$ 处达到最大值，即

$$\tau_{45°(max)} = 0.304\sigma_{max}$$

其中，b 为接触半宽；σ_{max} 为接触面法向最大正应力。

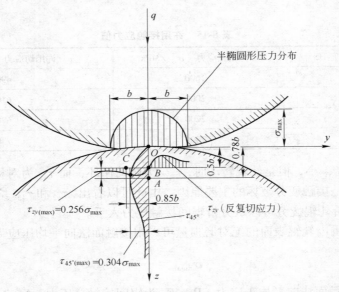

图 8-30　工作辊和支持辊接触区上各主要应力的大小及分布

为了保证轧辊不产生疲劳破坏，$\tau_{45°(max)}$ 值应小于许用值：

$$\tau_{45°(max)} = 0.304\sigma_{max} \leqslant [\tau]$$

图 8-31 给出了轧辊接触应力与深度的关系，可以看出各应力分量 σ_x、σ_y、σ_z 及 $\tau_{45°}$ 的分布状况（x 轴方向指轧辊轴向方向）。

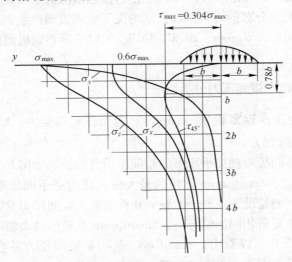

图 8-31　轧辊接触应力与深度的关系

辊身内部 zy 平面内的切应力 τ_{yz} 的存在，也是造成轧辊剥落的原因，τ_{yz} 沿 y 轴是反复交变存在的。由图 8-30 可见，τ_{yz} 在 $y = \pm(\sqrt{3}/2)\, b$、$z = 0.5b$ 处（C 点）达到最大值（一般称 $\tau_{yz(max)}$ 为最大反复切应力），即：

$$\tau_{yz(max)} = 0.256\sigma_{max}$$

正应力和切应力的许用值与轧辊表面硬度有关，按照支持辊表面硬度列出的许用值如表 8-15 所示。

表 8-15　许用接触应力值

支持辊表面硬度 HS	许用正应力 $[\sigma]$ /MPa	许用切应力 $[\tau]$ /MPa
30	1600	490
40	2000	610
60	2200	670
85	2400	730

虽然 τ_{yz} 比 $\tau_{45°}$ 小，但是轧辊转动时，$\tau_{45°}$ 为脉动循环，而 τ_{yz} 为对称循环。因此，τ_{yz} 比 $\tau_{45°}$ 更危险，是接触疲劳破坏的主要原因。由此可以看出，τ_{yz} 和 $\tau_{45°}$ 均可以通过 σ_{max} 来体现，因此，分析轧辊疲劳可以从分析辊间接触压力入手。

辊间接触范围内轧辊表面的绝对磨损量可以用接触面法向平均压应力 σ_{mean} 表示：

$$\sigma_{mean} = \frac{F_C}{S_A}$$

式中，σ_{mean} 为接触面法向平均正应力，Pa；F_C 为辊间接触总压力，N；S_A 为辊间接触总面积，m^2。

辊间接触范围内辊间接触压力分布不均匀度系数可以用 ξ_q 表示，定义为：

$$\xi_q = \frac{\sigma_{max}}{\sigma_{mean}}$$

式中，σ_{max} 为接触面法向最大正应力，Pa；σ_{mean} 为接触面法向平均正应力，Pa。它反映了轧制过程中轧辊表面磨损分布的均匀性和极端情况下轧辊表面产生剥落的可能性。

下面利用有限元对 SmartCrown、HCW、UCW、CVC6 等不同机型的辊间接触压力进行了分析。

8.6.1　SmartCrown 轧机的辊间压力分析

本节提到的 W_s 为工作辊窜辊量，mm；W_b 为工作辊弯辊力，kN；I_s 为中间辊窜辊量，mm；I_b 为中间辊弯辊力，kN。

SmartCrown 轧机不同板形调控手段下的辊间压力分析结果如图 8-32~图 8-35 所示。

从图 8-33 可以看出，SmartCrown 轧机的最大辊间压力受不同板形调控手段的影响比较明显。在弯辊力相同的情况下，SmartCrown 轧机的最大辊间压力受工作辊窜辊量影响变化比较大。在工作辊窜辊量相同的情况下，SmartCrown 轧机的最大辊间压力受弯辊力的影响比较明显。从图 8-35 中可以看出，SmartCrown 轧机的辊间压力系数在不同板形调控手段下变化不是很大，其范围为 1.195~1.475。

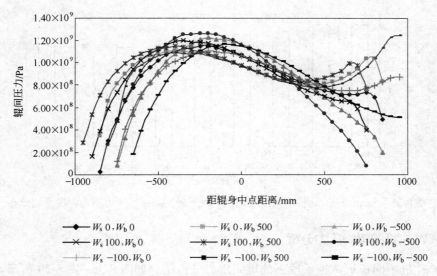

图 8-32 SmartCrown 轧机不同板形调控手段下的辊间接触压力分布

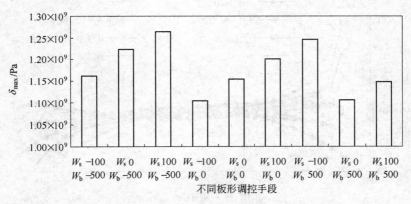

图 8-33 SmartCrown 轧机不同板形调控手段下的最大辊间接触压力分布

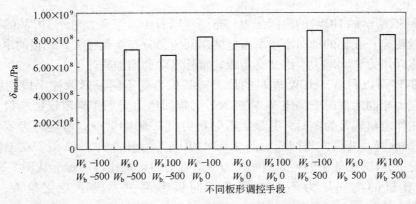

图 8-34 SmartCrown 轧机不同板形调控手段下的平均辊间接触压力分布

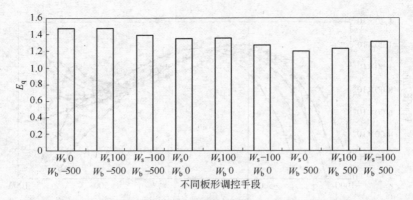

图 8-35 SmartCrown 轧机不同板形调控手段下的辊间接触压力不均匀度系数分布

8.6.2 HCW 轧机的辊间压力分析

HCW 轧机不同板形调控手段下的辊间压力分析结果如图 8-36 ~ 图 8-39 所示。

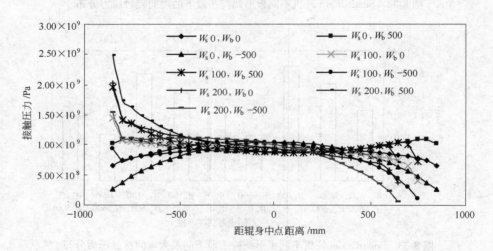

图 8-36 HCW 轧机不同板形调控手段下的辊间接触压力分布

从图 8-36 所示的 HCW 的辊间压力分布图可以看出，弯辊力对于 HCW 的辊间压力分布影响比较明显；轧辊的轴向窜动所引起的辊间压力分布变化很大，轧辊的窜动引起轧辊移入端的辊间压力急剧增大，因此会造成轧辊移入端磨损加剧。

从图 8-37 可以看出，HCW 轧机的最大辊间压力受不同板形调控手段的影响比较明显。在弯辊力相同的情况下，HCW 轧机的最大辊间压力受工作辊窜辊影响很大，如弯辊力为零，工作辊窜辊量为零时，其最大辊间压力为 $9.60 \times 10^8 \mathrm{Pa}$；弯辊力为零，工作辊窜辊量为 200mm 时，其最大辊间压力为 $2.03 \times 10^9 \mathrm{Pa}$，为前者的 2.12 倍。在工作辊窜辊量相同的情况下，HCW 轧机的最大辊间压力受弯辊力的影响比较明显。从图 8-39 中可以看出，HCW 轧机的辊间压力不均匀度在不同板形调控手段下变化很大，其范围为 1.097 ~ 2.284。

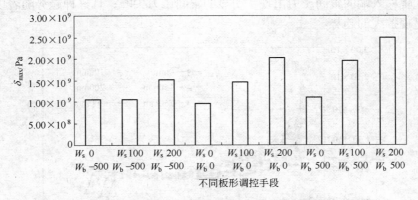

图 8-37　HCW 轧机的不同板形调控手段下的最大辊间接触压力

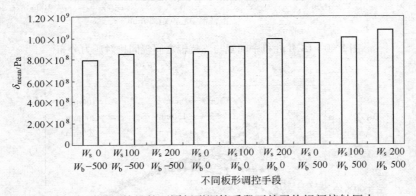

图 8-38　HCW 轧机的不同板形调控手段下的平均辊间接触压力

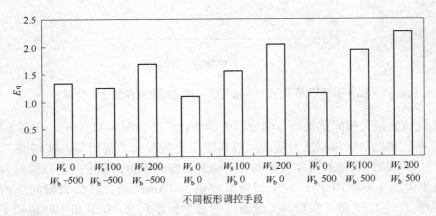

图 8-39　HCW 轧机的不同板形调控手段下的辊间接触压力不均匀度系数

8.6.3　UCM 轧机的辊间压力分析

　　图 8-40 和图 8-41 分别为 UCM 轧机中间辊与支持辊之间辊间压力分布和 UCM 轧机工作辊与中间辊之间辊间压力分布。由图中可以看出，UCM 轧机随着中间辊窜辊量的增加，中间辊与支持辊之间辊间压力分布和工作辊与中间辊之间辊间压力分布呈现明显的三角形

分布，在轧辊移入端的辊间压力出现了明显的辊间压力尖峰；且这种趋势随着中间辊窜辊量的增加呈现扩大的趋势。

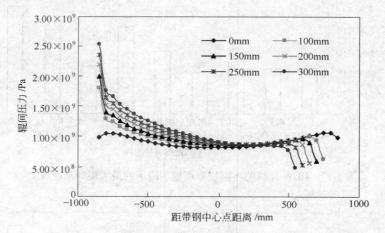

图 8-40　UCM 轧机中间辊与支持辊之间辊间接触压力分布

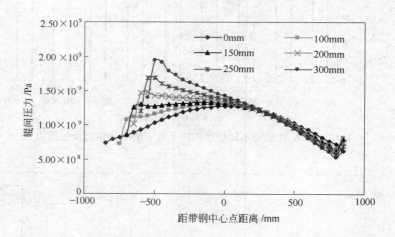

图 8-41　UCM 轧机工作辊与中间辊之间辊间接触压力分布

UCM 轧机的最大辊间接触压力随中间辊的变化情况如图 8-42 所示。从图 8-42 中可以看出，UCW 轧机的最大辊间压力随中间辊窜辊变化的影响非常明显。在相同工况下（弯辊力为零），UCW 轧机中间辊和支持辊之间的最大辊间压力，在中间辊窜辊量为零时，其最大辊间压力为 1.06×10^9 Pa；在中间辊窜辊量为 300mm 时，其最大辊间压力为 2.53×10^9 Pa，为前者的 2.39 倍；在相同工况下（弯辊力为零），UCW 轧机中间辊和工作辊之间的最大辊间压力，在中间辊窜辊量为 0 时，其最大辊间压力为 9.14×10^8 Pa；在中间辊窜辊量为 300mm 时，其最大辊间压力为 1.11×10^9 Pa，为前者的 1.214 倍。同时可以看出，在相同工况下，UCW 轧机中间辊和支持辊之间的最大辊间压力明显大于中间辊和工作辊之间的最大辊间压力。

UCM 轧机的平均辊间接触压力随中间辊窜辊量的变化情况如图 8-43 所示。UCM 轧机的辊间接触压力不均匀度系数随中间辊窜辊量的变化情况如图 8-44 所示。

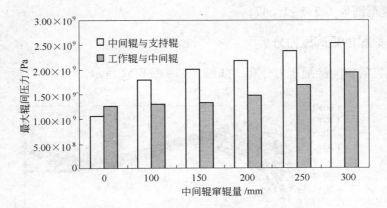

图 8-42 UCM 轧机的最大辊间接触压力随中间辊窜辊量的变化情况

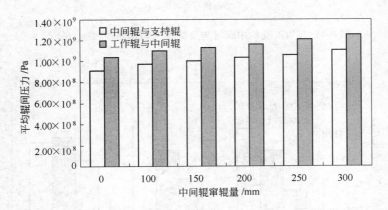

图 8-43 UCM 轧机的平均辊间接触压力随中间辊窜辊量的变化情况

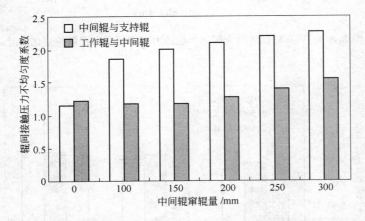

图 8-44 UCM 轧机的辊间接触压力不均匀度系数随中间辊窜辊量的变化情况

从图 8-43 和图 8-44 中可以看出，UCW 轧机的平均辊间压力和辊间压力不均匀度随中间辊窜辊变化非常明显，当中间辊窜辊量为 0~300mm 时，中间辊和支持辊之间的最大辊间压力不均匀度系数变化范围为 1.162~2.277；中间辊和工作辊之间的最大辊间压力不均匀度系数变化范围为 1. 217 ~ 1. 547。

8.6.4　CVC6 轧机的辊间压力分析

CVC6 轧机的辊间接触压力分布，如图 8-45 ~ 图 8-52 所示。

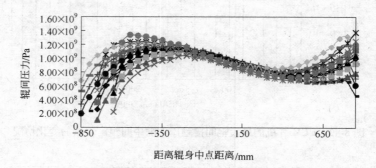

图 8-45　CVC6 轧机中间辊与支持辊之间辊间接触压力分布

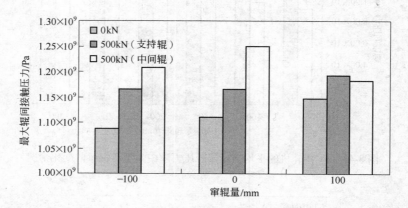

图 8-46　CVC6 轧机的最大辊间接触压力随中间辊窜辊量的变化情况

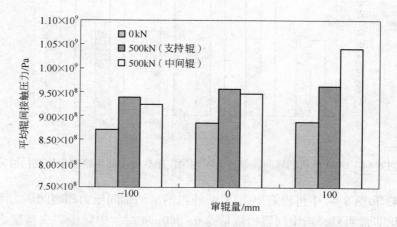

图 8-47　CVC6 轧机的平均辊间接触压力随中间辊窜辊量的变化情况

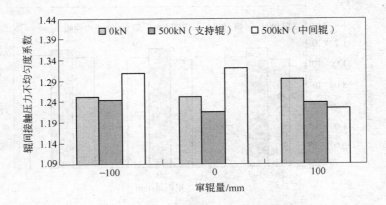

图 8-48 CVC6 轧机的辊间接触压力不均匀度系数随中间辊窜辊量的变化情况

从图 8-45~图 8-48 中可以看出，CVC6 轧机中间辊和支持辊的辊间压力呈现 S 形分布，中间辊和支持辊之间的最大辊间压力系数变化范围为 1.216~1.358，最大辊间压力为 1.38×10^9 Pa。

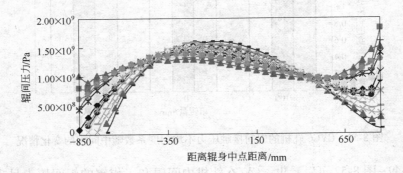

图 8-49 CVC6 轧机工作辊与中间辊之间辊间接触压力分布

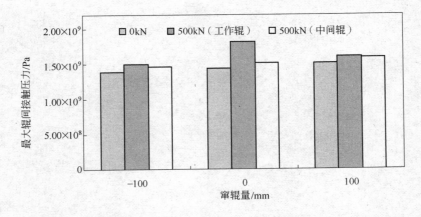

图 8-50 CVC6 轧机的最大辊间接触压力随中间辊窜辊量的变化情况

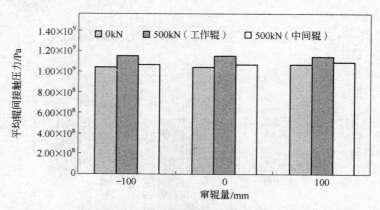

图 8-51 CVC6 轧机的平均辊间接触压力随中间辊窜辊量的变化情况

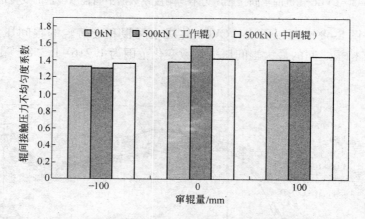

图 8-52 CVC6 轧机的辊间接触压力不均匀度系数随中间辊的变化情况

从图 8-49～图 8-52 可以看出，CVC6 轧机中间辊和工作辊的辊间压力呈现 S 形分布，中间辊和工作辊之间的辊间接触压力不均匀度系数的变化范围为 1.218～1.578，最大辊间压力为 $1.61×10^9$Pa。

参 考 文 献

[1] 日本钢铁协会编. 板带轧制理论与实践 [M]. 王国栋、吴国良，等译. 北京：中国铁道出版社，1990：12.

[2] Shohet K N, Townsend N A. Flatness control in plate rolling [J]. Journal of the Iron and Steel Institute, Oct. 1971.

[3] V. B. Ginzburg. High-Quality Steel Rolling：Theory and Practice [M]. Marcel Dekker. New York：Marcel Dekker, Inc. , 1993.

[4] 连家创，刘宏民. 板厚板形控制 [M]. 北京：兵器工业出版社，1996. 4.

[5] 孙一康. 带钢冷连轧计算机控制 [M]. 北京：冶金工业出版社，2002. 2.

[6] 王国栋. 板形控制和板形理论 [M]. 北京：冶金工业出版社，1986.

[7] V. B. Ginzburg, M. Azzam. Selection of optimum strip profiles and flatness technology for rolling mills [J]. Iron and Steel Engineer, 1997, 32 (7)：30~38.

[8] 陈先霖. 新一代高技术薄带冷轧机的发展趋向 [J]. 上海金属，1995, 17 (4)：1~8.

[9] 陈先霖. 新一代高技术宽带钢轧机的板形控制 [J]. 北京科技大学学报，1997, 19 (增刊)：1~5.

[10] 陈先霖. 宽带钢冷连轧机的机型设计问题 [C]. 2005 中国钢铁年会论文集，2005：511~514.

[11] 陈先霖，张杰，张清东，等. 宽带钢热连轧机板形控制系统的开发 [J]. 钢铁，2000, 35 (7)：28~33.

[12] 杨荃. 冷轧带钢屈曲理论与板形控制目标的研究 [D]. 北京：北京科技大学，1992.

[13] 张清东，陈先霖. CVC 四辊冷轧机板形控制策略 [J]. 北京科技大学学报，1996, 18 (4)：347~351.

[14] Vladimir B Ginzburg, Riccardo Fanchini, Fereidoon A Bakhtar, Mario Azzam. Selection of optimum mill configurations for cold rolling [J]. Steel Technology, 1997, 11：34~39.

[15] 曹建国，张杰，陈先霖，等. 宽带钢冷连轧机选型配置研究 [J]. 北京科技大学学报，2003, 25 (3)：109.

[16] 何安瑞，张清东，杨荃，等. 现代化冷连轧机的最佳机型配置 [J]. 钢铁，2004, 39 (5)：43~46.

[17] 张杰. CVC 轧机辊形及板形的研究 [D] . 北京：北京科技大学，1990.

[18] Seilinger A, Mayrhofer A, Kainz A. SmartCrown - A new system for improved profile & flatness control in strip mills [J]. Steel Times International, 2002, 11：11.

[19] G. Finstermann, G. Nopp, 等. 奥钢联在平整技术领域的新进展 [J]. 钢铁，2004, (39) 7：47~50.

[20] 张清东. 宽带钢冷轧机板形自动控制系统的研究 [D] . 北京：北京科技大学，1994.

[21] Furuya T. New design six-High cold mill (HC Mill) solves shape problems [J]. AISE Year Book, 1979：282~287.

[22] Kersting E, Teichert H. The UPC technology：Modernization of hot strip Mills, specifically in regard to profile control [J]. Proceedings of the 4th international Steel Rolling Conference：The Science and Technology of Flat Rolling. France：Deauville. 1987, 1 (6)：A. 19. 1~19. 7.

[23] Bald W, Beisemann G, Feldmann H, et al. Continuously variable crown (CVC) rolling [J]. Iron and Steel Engineer, 1987, 22 (3)：32~40.

[24] Xu Lejiang, Xu Yaohuan, Zhang Yong. CVC Technology in China's largest cold strip mill [J]. Steel Technology International (London), 1994：203~208.

[25] 张杰，陈先霖，徐耀寰，等. 四辊轧机轴向位移变凸度辊型的研究 [J]. 钢铁研究学报，1993, 5 (6)：25~30.

［26］ 张杰，陈先霖，徐耀寰，等. 轴向移位变凸度四辊轧机的辊型设计［J］. 北京科技大学学报，1994，16（增）：98.

［27］ 曹建国，张杰，陈先霖，等. 1700 冷连轧机连续变凸度辊形的研究［J］. 北京科技大学学报，2003，25（增）：1~3.

［28］ 张云鹏，吴庆海，王长松. 六辊 CVC 冷轧机板形控制性能研究［J］. 冶金设备，1998，112（12）：8~10.

［29］ 窦鹏，李友国，梁开明，等. CVC 热轧机支撑辊接触应力有限元分析［J］. 清华大学学报（自然科学版），2005，45（12）：1668~1671.

［30］ 苏鸿英. SmartCrown——一种新板型平直度控制系统［J］. 世界有色金属（World Nonferrous Metals），2003，9：73~74.

［31］ 王邦文，胡秉军. PC 轧机辊系变形的研究［J］. 北京科技大学学报，1996，18（5）：454~459.

［32］ 王邦文，胡秉军. PC 轧机辊轧制力分布的研究［J］. 北京科技大学学报，1996，3：1~6.

［33］ 卢秉林. 轧辊非对称交叉轧制交叉角控制模型［J］. 钢铁，1996，31（2）：30~33.

［34］ 郭剑波，连家创，江光彪，等. PC 带钢热连轧机力能参数研究之一——轧制力的计算［J］. 钢铁研究学报，1998，10（2）：23~26.

［35］ 郭剑波，连家创，陈键就，等. PC 带钢热连轧机力能参数研究之二——轴向力的计算［J］. 钢铁研究学报，1998，10（8）：20~22.

［36］ 李纬民，刘助柏，倪利勇，等. 单辊倾斜非对称 PC 轧机板行控制的技术原理［J］. 钢铁研究学报，2002，14（2）：13~17.

［37］ Nakamura M, et al. Pair-Crossed rolling mill-Mitsubishi PC mill［C］. In：Proceedings of the 4th international Steel Rolling Conference：The Science and Technology of Flat Rolling. France：Deauville. 1987，1（6）：A. 22. 1~22. 8.

［38］ Yamada J, et al. The development of the sumitomo VC（Variable Crown）roll system［J］. Iron and Steelmaker, 1982, (6)：37~42.

［39］ Chen Xanlin, Yang Quan, Zhang Qingdong, et al. Varying contact back-up roll for improved strip flatness［J］. Steel Technology International, Sterling Publications Limited, London, 1994/1995（yearly）：174~178.

［40］ 杨荃，陈先霖，徐耀寰，等. 应用变接触长度支撑辊提高板形综合调控能力［J］. 钢铁，1995，30（2）：48~51.

［41］ 何安瑞，杨荃，陈先霖，等. 变接触轧制技术在热带钢轧机上的应用［J］. 钢铁，2007，42（2）：31~34.

［42］ 何安瑞. 宽带钢热轧精轧机组辊形的研究［D］. 北京：北京科技大学，2000.

［43］ Legmann R, et al. The NIPCO system for the rolling of metals［J］. Advances in Cold Rolling Technology. Institute of Metals. London, 1985：122~127.

［44］ 张清东，何安瑞，周晓敏，等. 冷轧 CVC 和 DSR 板形控制技术比较［J］. 北京科技大学学报，2002，18（6）：291~294.

［45］ 周西康，张清东，吴彬，等. DSR 板形调控功效的 ANSYS 仿真［J］. 冶金设备，2004，47（5）：8~11.

［46］ 周西康. DSR 冷轧宽带钢轧机板形控制性能研究［D］. 北京：北京科技大学，2005.

［47］ 何安瑞，曹建国，吴庆海，等. 热轧精轧机组变接触支持辊综合性能研究［J］. 上海金属，2001，23（1）：14~17.

［48］ 刘立文，韩静涛. 冷轧板形控制理论的发展［J］. 钢铁研究学报，1997，9（12）：51~54.

［49］ Wang Bangwen, Hu Bingjun. Study of rolling force distribution along the rolling of pair cross mill［J］.

Journal of Univ. of Sci. and Tech. , Beijing, 1996, 3（2）：107～114.

[50] Ishikawa T, Tozawa Y, Nakamura M, et al. Distribution of rolling pressure measured under various rolling conditions [J]. JJapn Soc Technol Plasticity, 1981, 22：816.

[51] Wang J S, Jiang Z Y, Tieu A K. Adaptive calculation of deformation resistance model of online process control in tandem cold mill [J]. Journal of Material Processing Technology, 2005：585～590.

[52] Venkata Reddy N, Suryanarayana G. A set-up model for tandem cold rolling mills [J]. Journal of Material Processing Technology, 2001：269～277.

[53] 邸洪双, 王哲, 栗守维, 等. 带有中间辊横移的新型六辊轧机的刚度特性 [J]. 东北大学学报（自然科学版）, 1999, 20（6）：637～640.

[54] 戚向东, 连家创, 李山青. 新建冷带连轧机机型选择和配置方案研究 [J]. 重型机械, 2005, 1：1～4.

[55] 戚向东, 连家创. 考虑轧件弹性变形时冷轧薄板轧制压力分布的精确求解 [J]. 重型机械, 2001, 5：41～44.

[56] 时旭, 刘相华, 王国栋, 等. 四辊冷轧机轧辊弯曲和压扁变形的有限元分析 [J]. 东北大学学报（自然科学版）, 2004, 25（10）：958～960.

[57] Chen Xianlin, et al. Varying Contact Back-up Roll for improved Strip Platness [J] . Steel Technology International, 1994/1995（yearly）, Sterling Publications Limited, London.

[58] Vladimir B Ginzburg. Basic principles of customized computer models for cold and hot strip mills [J] . Iron and Steel Engineer, 1985.

[59] Vladimir B Ginzburg. Selection of optimum strip profile and flatness technology for rolling mills [J] . Iron and Steel Engineer, 1997.

[60] Zhang Jinzhi. Analytical theory for shape stiffness [J]. Science in China, Ser. E, 2000, 43（4）：337～343.

[61] 张进之, 吴增强, 杨新法, 等. 板带轧制动态理论的发展和应用 [J]. 钢铁研究学报, 1999, 11（5）：63～66.

[62] 张云鹏. 宽带钢冷轧机板形控制效应函数研究 [D]. 北京：北京科技大学, 1999.

[63] Ginzburg V B. Strip profile control with flexible edge backup rolls [J]. Iron and Steel Engineer, 1987, 22（7）：23～34.

[64] 曹建国. 宽带钢热连轧机板形板厚解耦控制研究 [D]. 北京：北京科技大学, 2000.

[65] 曹建国, 张杰, 陈先霖, 等. 宽带钢热连轧机板形设定的解耦与应用 [J]. 钢铁, 2001, 36（4）：42～46.

[66] Vladimir B Ginzburg. 高精度板带材轧制理论与实践 [M]. 北京：冶金工业出版社, 2000.

[67] 卿伟杰. 武钢 1700 冷连轧机组板形控制目标的设定 [D] . 北京：北京科技大学, 2000.

[68] 杨荃, 陈先霖. 冷轧机的板形控制目标模型 [J]. 北京科技大学学报, 1995, 17（6）：254～258.

[69] 杨荃, 张清东, 陈先霖. 冷轧带钢翘曲形状分析与浪形函数 [J]. 钢铁, 1993, 28（6）：41～45.

[70] 王珝成. 有限单元法基础原理和数值解法 [M]. 北京：清华大学出版社, 1997.

[71] 于秋林. 四辊轧机辊系弹性变形的理论与实验研究 [D] . 秦皇岛：东北重型机械学院, 1990.

[72] 曹建国. 宽带钢热连轧机板形板厚解耦控制研究 [D]. 北京：北京科技大学, 2000.

[73] 王祖城, 汪家才. 弹性和塑性理论及有限单元法 [M]. 北京：冶金工业出版社, 1983. 11.

[74] 时旭, 李青山, 刘相华, 等. 薄带钢冷轧过程带钢变形的有限元分析 [J]. 钢铁, 2004, 39（11）：45～47.

[75] Chen Xianlin, Zou Jiaxiang. A Specialized Finite Element Model for Investigating Controlling Factors Affecting Behavior of Rolls and Strip Flatness [C] . In：4th Int. Steel Rolling Conf. , 1987, Deauvile,

France.

［76］顾云舟. 宽带钢热连轧机板形前馈与反馈建模及控制策略的研究［D］. 北京：北京科技大学，2002.

［77］王军生. 锥形工作辊横移与交叉冷连轧机组动态变规格原理与应用研究［D］. 沈阳：东北大学，2002.

［78］Janusz Pospiech. Method of planning draughts for a cold-rolled strip［J］. Journal of Material Processing Technology, 2002, 124 (5): 120~125.

［79］Vladimir B. Ginzburg, Riccardo Fanchini, Mario Azzam. Selection of optimum mill configurations for cold rolling［J］. Steel Technology, 1999, 11: 34~39.

［80］Iohn W Turley. Selection of optimum work roll size for cold rolling applications［J］. Iron and Steel Engineer, 1985, 8: 53~63.

［81］Dixit U S, Robi P S, Sarma D K. A systematic procedure for the design of a cold rolling mill［J］. Journal of Materials Processing Technology, 2002, 121: 69~76.

［82］Reddy N Venkata, Suryanarayana G. A set-up model for tandem cold rolling mills［J］. Journal of Materials Processing Technology, 2001, 116: 269~277.

［83］Pierre Montmitonnet. Hot and cold strip rolling processes［J］. Computer Method in Applied Mechanics and Engineering, 2006, 195: 6604~6625.

［84］Finstermann G, Monier N, Nappez C, et al. 连续冷轧的新设备及技术特点［J］. 中国冶金，2004，79 (6): 30~32.

［85］马鸣图，M. F. Shi. 先进的高强度钢及其在汽车工业中的应用［J］. 钢铁，2004，39 (7): 70~72.

［86］刘华强，唐荻，杨荃，等. 多目标遗传算法在八辊五机架全连续冷连轧机轧制策略优化中的应用［J］. 冶金自动化，2006，4: 49~53.

［87］于孟生，郑秉霖. 基于遗传算法的冷连轧机轧制策略优化［J］. 冶金自动化，2001，5: 12~15.

［88］王焱，孙一康. 基于板厚板形综合目标函数的冷连轧机轧制参数智慧优化新方法［J］. 冶金自动化，2002，3: 11~14.

［89］张大志，李谋谓，孙一康，等. 四机架冷连轧机轧制力模型的研究与应用［J］. 轧钢，2000，17 (3): 15~17.

［90］张大志，李谋谓，李东明，等. 强适应性支撑辊在四机架冷连轧机上的应用［J］. 钢铁，2000，35 (12): 42~46.

［91］张大志，李谋谓，孙一康，等. 基于遗传算法的冷连轧机辊型配置优化系统的开发及应用［J］. 冶金自动化，2001，1: 17~20.

［92］张大志，尹凤福，李谋谓，等. 基于遗传算法的冷连轧参数优化设计系统［J］. 上海金属，2000，22 (6): 25~30.

［93］张大志. 考虑来料板形遗传影响的带钢平直度模型［J］. 北京科技大学学报，2002，24 (5): 541~543.

［94］许健勇，姜正连，阚月海. 热轧来料及冷轧工艺对连轧机出口板形的影响［J］. 中国冶金，2005，15 (5): 13~17.

［95］贾生晖，曹建国，张杰，等. 冷连轧机 SmartCrown 轧辊磨损辊形对板形调控能力影响［J］. 北京科技大学学报，2006，28 (5): 468~470.

［96］杨光辉，曹建国，张杰，等. SmartCrown 四辊冷连轧机工作辊辊形［J］. 北京科技大学学报，2006，28 (7): 669~671.

［97］杨光辉，曹建国，张杰，等. SmartCrown 冷连轧机板形控制新技术改进研究与应用［J］. 北京科技

大学学报, 2006, 41 (9): 56~59.

[98] 鲁海涛, 张杰, 曹建国, 等. 板带冷轧机单锥度辊边降控制窜辊模型的研究 [J]. 冶金设备, 2006, 61 (1): 13~15.

[99] 鲁海涛, 曹建国, 张杰, 等. 冷连轧机带钢单锥度辊边降控制 [J]. 北京科技大学学报, 2006, 28 (8): 541~543.

[100] 曹建国, 张杰, 陈先霖, 等. 宽带钢热连轧机选型配置与板形控制 [J]. 钢铁, 2005, 40 (6): 40~43.

[101] 朱泉, 于九明, 齐克敏. 冷轧薄板时的延伸困难问题与适轧厚度 [J]. 东北大学学报, 1988, 57 (4): 420~426.

[102] 姚林. 大型工业轧机的三维板带轧制解析 [J]. 北京科技大学学报, 2003, 25 (1): 57~61.

[103] 刘立文, 韩静涛, 梅富强, 等. 冷轧板带变形的三维分析 [J]. 轧钢, 1999, 3: 24~27.

[104] 孙仁孝, 周一林. 攀钢冷轧厂 HC 连轧机组大压下率轧制研究 [J]. 四川冶金, 1999, 5: 3~8.

[105] 罗裕厚, 周一林, 刘刚. 攀钢冷轧厂 HC 轧机板形控制优化 [J]. 轧钢, 2001, 18 (5): 21~24.

[106] 刘刚. 四机架六辊 HC 冷连轧机轧制模型分析 [J]. 轧钢, 1997, 2: 31~35.

[107] 刘立文, 张树堂, 武志平. 张力对冷轧板带变形的影响 [J]. 轧钢, 2000, 35 (4): 37~39.

[108] 连家创, 段振勇. 轧件宽展量的研究 [J]. 钢铁, 1984, 19 (11): 15~19.

[109] 张凤泉, 王宽盛. 无取向低牌号硅钢片横向厚差的研究 [J]. 轧钢, 2001, 18 (6): 18~20.

[110] 黄清录. 铝板带材平直度与横向厚差及宽展的函数关系 [J]. 铝加工, 1999, 22 (2): 9~11.

[111] 胡国栋, 孙登月, 许石民. 冷轧带材前张应力分布、横向厚差与板形关系 [J]. 钢铁, 1998, 33 (12): 62~64.

[112] 朱简如, 徐耀寰. 边缘降控制技术的应用 [J]. 宝钢技术, 2001, 5: 10~13.

[113] 国尾北村, 等. 移动带锥度的工作辊控制冷热轧带钢的边部减薄 [J]. 宝钢技术, 1995, 17 (5): 55~59.

[114] 王仁忠, 何安瑞, 杨荃, 等. LVC 工作辊辊型的板形控制性能研究 [J]. 钢铁, 2006, 41 (5): 41~44.

[115] 王仁忠, 何安瑞, 杨荃, 等. LVC 工作辊辊型窜辊优化策略研究及应用 [J]. 冶金自动化, 2006, 6: 15~18.

[116] 刘宏民, 郑振忠, 彭艳. 六辊 CVC 宽带轧机板形控制特性的计算机模拟 [J]. 钢铁研究学报, 2001, 13 (1): 14~18.

[117] 刘宏民, 郑振忠, 彭艳, 等. 六辊 CVC 宽带轧机轧辊接触压力横向分布特性的计算机仿真 [J]. 机械工程学报, 2000, 36 (8): 69~73.

[118] Kajiwara T, Fujino N, Nishi H, et al. Hitachi HC-mill em dash a breakthrough in strip rolling [J]. Iron and Steel Engineer. 1976, 8: 6~12.

[119] Nakanishi T, Sugiyama T. Applications of HC mill in hot steel strip Rolling [J]. Hitachi Review, 1987, 36 (2): 59~64.

[120] Ken-ichi Yasuda, Kenjirou Narita, Kazuo Kobayashi, et al. Shape controllability in new 6-high mill (UC-4 Mill) with small diameter work rolls [J]. ISIJ International, 1991, 31 (6): 594~598.

[121] Hata Kazunori, Yoshimura Yasutsugu, Nihei Mitsuo, et al. Universal crown control mills [J]. Hitachi Review, 1985, 34 (8): 168~174.

[122] Kobayashi K, Yasuda K, Nakajima M. Universal crown control mill (UC-mill) for higher shape control technology [J]. Hitachi Review, 1988, 37 (8): 213~220.

[123] Kimura Tomoaki, Miyakozawa Keiji, Nihei Mitsuo. Hot strip mill capability enhanced by UC-Mill technology [J]. Hitachi Review, 1990, 39 (8): 189~194.

[124] 白剑. 宽带钢冷连轧机组辊形设计与机型研究 [D]. 北京：北京科技大学，2009.

[125] 孙向明. CVC-6h 冷轧机板形调控性能仿真与支持辊辊形设计（硕士学位论文）[D]. 北京：北京科技大学，2006.

[126] 杨光辉. 五机架四辊冷连轧机板形及机型的研究 [D]. 北京：北京科技大学，2007.

[127] 陈国良，王熙法，庄镇泉，等. 遗传算法及应用 [M]. 北京：人民邮电出版社，1999.

[128] 周明，孙树栋. 遗传算法原理及应用 [M]. 北京：国防工业出版社，2001.

[129] 思科技产品研发中心. MATLAB6.5 辅助优化计算与设计 [M]. 北京：电子工业出版社，2003.

[130] 苏金明，张莲花，刘波，等. MATLAB 工具箱应用 [M]. 北京：电子工业出版社，2004.

[131] 连家创. 冷轧薄板轧制压力和极限最小厚度的计算 [J]. 重型机械，1979（3）：21~34.

[132] 戚向东. 宝钢新建板带轧机轧制规程及机型选择的研究 [D]. 秦皇岛：燕山大学，2002.

[133] 邹家祥. 冶金机械设计理论 [M]. 北京：冶金工业出版社，1997.

[134] 华建新，王贞祥，汪祥能，等. 全连续式冷连轧机过程控制 [M]. 北京：冶金工业出版社，1999.

[135] 李明. 板带轧机系统自动控制，教案.

[136] 管克智. 冶金机械自动化 [M]. 北京：冶金工业出版社，1998.

[137] 谈芬芳. 基于 BP 神经网络的冷轧轧制压力预报 [D]. 武汉：武汉科技大学，2005.

[138] 董长虹. Matlab 神经网络与应用 [M]. 北京：国防工业出版社，2005.

[139] 朱洪涛，王哲，刘相华，等. 轧辊磨损模型研究 [J]. 钢铁研究，1999（3）：38~41.

[140] Yang Guanghui, Cao Jianguo, Zhang Jie, et al. Backup roll contour of a SmartCrown tandem cold rolling mill [J]. Journal of Science and Technology Beijing, 2008, 15（3）：357~361.

[141] 杨光辉，张杰，李洪波. 宽带钢冷轧机辊系纵向刚度特性对比 [J]. 北京科技大学学报，2012，34（5）：576~581.

[142] 杨光辉，曹建国，张杰，等. 宽带钢四辊冷连轧机边降控制辊型配置 [J]. 天津大学学报，2012，45（12）：1051~1056.

[143] 杨光辉，曹建国，张杰，等. 单锥度辊冷连轧机的板形调控特性 [J]. 钢铁，2011，46（10）：48~51.

[144] Yang Guanghui, Cao Jianguo, Zhang Jie, et al. Edge drop control technology of 4-hi tandem cold rolling mill on the premise of considering roll grinding accuracy [J]. Advanced Materials Research, 2011, 291~294：732~735.

[145] Yang Guanghui, Zhang Jie, Cao Jianguo, et al. Edge drop constituent analysis of cold rolled strip [J]. Applied Mechanics and Materials, 2011, 117~119：134~137.

[146] 杨光辉，张杰，李洪波，等. 超宽带钢典型板形缺陷向量提取方法 [J]. 北京科技大学学报，2014，36（4）：523~527.

[147] Yang Guanghui, Cao Jianguo, Zhang Jie, et al. Target curve setting model for automatic flatness control on stand 5 of 2180 mm tandem cold rolling mill [J]. Applied Mechanics and Materials, 2011, 665：37~41.

[148] 杨光辉，张杰，曹建国，等. SI-FLAT 板形仪激振频率设定 [J]. 天津大学学报，2012，47（10）：871~878.

冶金工业出版社部分图书推荐

书　名	定价（元）
轧钢工艺学	58.00
轧制工程学	32.00
轧制测试技术	28.00
轧钢机械（第3版）	49.00
轧钢机械设备	28.00
轧钢车间机械设备（中）	32.00
轧钢生产基础知识问答（第3版）	49.00
型钢生产知识问答	29.00
热轧钢管生产知识问答	25.00
金属轧制过程人工智能优化	36.00
金属挤压理论与技术	25.00
钢管连轧理论	35.00
高精度轧制技术	40.00
高精度板带材轧制理论与实践	70.00
钢材的控制轧制和控制冷却（第2版）	32.00
轧制过程自动化（第3版）	59.00
轧制工艺参数测试技术（第3版）	30.00
板带轧制工艺学	79.00
板带铸轧理论与技术	28.00
板带连续轧制	28.00
板带冷轧生产	42.00
冷轧生产自动化技术	45.00
板带冷轧机板形控制与机型选择	59.00
冷轧带钢生产	41.00
冷轧深冲钢板的性能检测和缺陷分析	23.00
冷轧薄钢板生产（第2版）	69.00
国外冷轧硅钢生产技术	79.00
中国中厚板轧制技术与装备	180.00